DIE ERKUNDUNG VON SELBORNE

DIE ERKUNDUNG VON SELBORNE

DURCH REVEREND
GILBERT WHITE

Eine illustrierte Naturgeschichte

Erstmals übersetzt aus dem Englischen,
mit Anmerkungen, einer Zeittafel
und einem Personenverzeichnis versehen
von Rolf Schönlau

Mit einem Essay von Virginia Woolf
und einer Einführung von
June E. Chatfield

*Illustriert mit 74 Abbildungen, darunter
zwölf für Gilbert White von S. H. Grimm
angefertigte Landschaftsansichten*

Die Andere
Bibliothek

INHALT

EINFÜHRUNG

June E. Chatfield
Ehemalige Kuratorin des
Gilbert White Museum

Reverend Gilbert White (1720–93) verbrachte fast sein ganzes Leben in dem abgelegenen Dorf Selborne in Hampshire, ein ruhiger und versteckter Ort, der den größten Teil des Materials für das Buch abgab, das ein Klassiker der englischen Literatur wurde: *The Natural History and Antiquities of Selborne*. Wie von Whites Studienfreund John Mulso korrekt vorausgesagt, machte das Buch seinen Autor und dessen Geburtsort berühmt.

Gilbert White wurde am 18. Juli 1720 im Pfarrhaus von Selborne geboren. Sein Großvater, Reverend Gilbert White sen. (1650–1728), war Pfarrer an der dortigen St. Mary's Church. Die Pründe wurde vom Magdalen College in Oxford verliehen, weshalb der Naturforscher (Reverend Gilbert White jun.) als Graduierter eines anderen Colleges nicht Pfarrer von Selborne werden konnte. Allerdings verrichtete er dort des Öfteren Dienste als Vikar.

Die Familie White stammt aus Oxfordshire, der geschäftstüchtige Sir Sampson White war Bürgermeister von Oxford. Die Verbindung mit Selborne begann 1681, als dem Großvater des Naturforschers (Sir Sampsons Sohn) die Kirchenpfründe erteilt wurde, woraufhin er Rebecca Luckin heiratete, die Tochter eines örtlichen Farmers. Ihr einziger Sohn, John White, studierte die Rechte und wurde Anwalt, ein Beruf, den er nicht sehr schätzte. Gelegenheit, sich aus dem Rechtswesen zu verabschieden, bot sich, als er 1719 Anne Holt heiratete, eine minderjährige Erbin, die ein beträchtliches Vermögen in die Ehe einbrachte. John

Blick auf *The Wakes* vom Selborne Hanger

und Anne White hielten sich im väterlichen Haus der Pfarrei von Selborne auf, als ihr erstes Kind Gilbert geboren wurde. Kurz darauf verließen sie das Dorf, um neun oder zehn Jahre später zurückzukehren und mit Rebecca White, deren Mann gestorben war, das kleine *Wakes* genannte Haus, fast direkt gegenüber der Kirche, zu beziehen. Das Haus war nach einem früheren Bewohner benannt.

Gilbert White, der Naturforscher, wurde in Basingstoke und später am Oriel College in Oxford erzogen, wo er 1743 den Bachelorgrad erwarb, 1744 als Fellow ins College aufgenommen wurde, 1745 den Magistergrad verliehen bekam und 1747 die Ordination erhielt. In seiner kirchlichen Laufbahn war White provisorischer Kurat an verschiedenen Kirchen in Hampshire und Wiltshire. Er blieb auch Fellow vom Oriel College, wurde dort 1751 für ein Jahr zum Proktor gewählt und bewarb sich später erfolglos um das Amt des Kanzlers. Verhältnismäßig spät im Leben übernahm Gilbert White 1757 eine Pfründe des Oriel College in Moreton Pinkney, Northamptonshire. Eher gegen den Wunsch seines Colleges übte er das Amt nicht in Person aus, sondern ließ sich durch einen Kurat vertreten und versah selbst weiter seine Dienste als Kurat in Hampshire. Obwohl White keine religiösen Schriften veröffentlichte, erhielt sich eine Anzahl von Originalmanuskripten seiner Predigten.

Da Gilbert White auf dem Land aufwuchs, verbrachte er seit jeher viel Zeit im Freien. Während des Studiums war er ein begeisterter Jäger, worüber seine frühen Ausgabenbücher Aufschluss geben, in denen regelmäßig der Kauf von Munition verzeichnet ist. Gilbert und sein Vater hatten beide großes Interesse am Garten des inzwischen als *The Wakes* bekannten Hauses und hielten ihre Arbeiten daran seit 1751 im *Garden Kalendar* fest, der bis 1771 geführt wurde. Der Kalender wurde 1975 (mit einer Einführung von John Clegg) als Faksimile veröffentlicht und bietet, aus Gilbert Whites unverwechselbarer Hand, einen großen Detailreichtum über einen Garten des 18. Jahrhunderts. Ergänzt wurden die Aufzeichnungen durch Wetterprotokolle und Beobachtungen zu Wildpflanzen und Vögeln.

Whites Brüder teilten sein Interesse an der Naturgeschichte, waren ihm durch regelmäßige Korrespondenzen und Besuche eine große Hilfe und versorgten Gilbert mit Kontakten, allen voran sein Bruder Benjamin, Verleger und Buchhändler in London, dem viele wichtige naturgeschichtliche Werke des 18. Jahrhunderts zu verdanken sind. Bedeutende Naturforscher aus allen Teilen Großbritanniens suchten häufig seinen Verlag auf, was Gilbert zum Kontakt mit dem Honourable Daines Barrington und dem berühmten Zoologen Thomas Pennant verhalf und damit den bemerkenswerten Briefwechsel in Gang setzte, der Grundlage für *The Natural History of Selborne* war.

Daines Barrington, Anwalt, Altertumsforscher und Naturforscher, hatte mit dem *Naturalist's Journal* ein Tagebuch für Naturbeobachtungen entwickelt und Gilbert White 1768 ein Exemplar davon überreicht. Dieses neuartige Journal wurde von White fortan regelmäßig bis zu seinem Tode geführt und ersetzte praktisch den *Garden Kalendar*, der 1771 aufgegeben wurde. Ausgewählte Auszüge aus Whites *Naturalist's Journal* (herausgegeben von Walter Johnson) wurden 1931 veröffentlicht und 1970 neu aufgelegt. Durch die kontinuierliche Arbeit am Journal entstand eine reichhaltige Sammlung bemerkenswerter und wichtiger Beobachtungen zur Naturgeschichte und damit das Rohmaterial für die Briefe, die Gilbert White über einen Zeitraum von zwanzig Jahren an Barrington und Pennant schrieb. Der Keim für die Idee, die Beobachtungen für eine spätere Publikation auszuarbeiten, wurde in der Zeit um 1770 gelegt (5. Brief an Barrington), woraufhin White sich der mühseligen Aufgabe unterzog, die originalen Briefe abzuschreiben. Dabei erhielt er Unterstützung von mehreren Gehilfen, darunter seinem Neffen »Gibraltar Jack« (der einzige Sohn seines Bruders John), der von 1772 bis 1774 in Selborne lebte.

Das Originalmanuskript von Whites *The Natural History of Selborne* wurde 1980 von The Oates Memorial Library and Museum and The Gilbert White Museum bei einer Auktion erworben. Das Manuskript zeigt, wie White die Briefe als Herausgeber bearbeitete, wie er einige Zeitangaben änderte, ganze Absätze von einem Brief zum anderen verschob, neues Material hinzufügte und persönliche Bemerkungen löschte, die nicht bedeutsam für das Buch waren. Bei den Veränderungen kam es zu einigen Anachronismen, vor allem, wenn ein Absatz aus einem anderen Brief eingefügt wurde und das Datum am Kopf des Briefes nicht mit dem im Text korrespondierte (21., 52. und 53. Brief an Barrington).

Obwohl die Arbeit an dem Buch bereits in der Zeit um 1770 begann, wurde es erst 1789 vom Verlag Benjamin White and Son herausgebracht, nur viereinhalb Jahre vor Whites Tod. Die erste Ausgabe mit dem Titel *The Natural History and Antiquities of Selborne, in the County of Southampton: with Engravings, and an Appendix* bestand aus zwei Teilen:

den Briefen an Pennant und Barrington (im Wesentlichen über Naturgeschichte) und der Geschichte der Gemeinde, den Antiquities. Der zweite Teil, wenn auch gründlich recherchiert, wurde niemals so populär wie der erste und infolgedessen in den meisten späteren Ausgaben von Whites Buch, so auch in der vorliegenden, weggelassen.

Erfolg und Reiz von *The Natural History of Selborne* beruhen zum Großteil auf der unmittelbaren Beobachtung lebender Tiere und der Ungezwungenheit eines echten Briefwechsels. Nur wenige Briefe (die ersten neun an Pennant und einige der späteren, undatierten an Barrington) wurden eigens für das Buch geschrieben. Viele der Briefe sind im Original in der Britisch Library erhalten, eine Transkription wurde 1900 von R. Bowdler Sharpe zusammengestellt und in *Gilbert White's Selborne* veröffentlicht. Stilistisch lassen die Briefe an Thomas Pennant einen beträchtlichen Unterschied zu denen an Daines Barrington erkennen, was auf die verschiedenartigen Persönlichkeiten der Korrespondenzpartner zurückzuführen ist. Pennant war ein anerkannter Zoologe und Whites Briefe an ihn sind, verglichen mit denen an den Laien-Naturforscher Barrington, kurz und förmlich.

In beiden Brieffolgen behandelt Gilbert White ein breites Spektrum an Themen und formuliert auch seinen Ansatz zum Studium der Naturgeschichte. Er war fest überzeugt vom Wert der direkten Beobachtung im Freien und glaubte, dass etliche Naturforscher zuviel Zeit im Studierzimmer verbrachten. Whites interessierte sich in erster Linie für das Verhalten der Tiere und schenkte den traditionellen Zoologen und Botanikern, die nichts anderes taten und tun wollten, als neue Arten mit Namen zu versehen, verhältnismäßig wenig Beachtung. Was die spezifischen Eigenschaften angeht, um einen Vogel zu erkennen, wies White neben den Merkmalen des Gefieders auf die Bedeutung von Verhalten, Gewohnheiten und Gesang hin. Gilbert White war ein Pionier der Verhaltensforschung,

Die Felder um Selborne

der Feldstudien und der intensiven Untersuchung eines begrenzten Gebietes.

The Natural History of Selborne gilt als zeitloser Klassiker der englischen Literatur, denn White schreibt klar, plastisch und markant. Bei vielen Naturforschern gehören Zeichnungen zum integralen Bestandteil ihrer Notizen, Gilbert White drückt sich dagegen nur in Worten aus und verzichtet auf eigene Skizzen. Für die wenigen Illustrationen der ersten Ausgabe des Buches beauftragte White den Schweizer Künstler S. H. Grimm, der 1776 zum Zeichnen nach Selborne kam. [Zwölf dieser Landschaftsansichten sind dieser Ausgabe beigegeben.]

Für ein Jahrhundert, in dem viele Naturforscher wie Thomas Pennant oder Joseph Banks die Welt bereisten, um Tiere und Pflanzen zu sammeln und zu studieren, hat Gilbert White etwas Sesshaftes. Doch machte er auch eine Anzahl Reisen auf der britischen Insel, von denen häufig in Briefen die Rede ist, die Gilbert von seinem Freund John Mulso erhielt (herausgegeben von Rasleigh Holt-White, ca. 1906). Daraus geht hervor, dass White regelmäßig seine

Brüder in London, sein College in Oxford, seine Tante in Ringmer in Sussex und die Pfründe in Moreton Pinkney in Northamptonshire besuchte sowie auch Reisen nach Bristol, South Devon und Derby unternahm. Sein Interesse, unterschiedliche Landesteile kennenzulernen, wurde allerdings durch eine Reisekrankheit beschnitten, über die es mehrere Briefzeugnisse gibt und die ihn veranlasste, wenn möglich auf dem Pferd unterwegs zu sein. Obwohl White niemals im Ausland war, interessierte er sich für fremde Faunen und kannte die Werke anderer europäischer Naturforscher. Ein direkter Bezug entstand durch die Korrespondenz mit seinem Bruder John, der als Kaplan in Gibraltar stationiert war. Die beiden Brüder teilten ihr Interesse an Vögeln. Einige Briefe in *The Natural History of Selborne* beziehen sich auf Johns Exemplare und Beobachtungen in Gibraltar – vor allem über das verblüffende Thema des Vogelzugs. Die gegensätzlichen Theorien über Hibernation und Migration der Schwalbenfamilie tauchen immer wieder im Buch auf, wenn White sorgfältig anhand der spärlichen verfügbaren Fakten das Für und Wider erwägt. Er hielt regelmäßig das früheste und das späteste Datum fest, wann die Vögel gesehen wurden, und fand es, bei aller Unterstützung der Migrationsthese, offensichtlich schwer begreiflich, wie so kleine Vögel derartige Leistungen vollbringen sollten. Andererseits zögerte er, die Vorstellung aufzugeben, auch wenn es keinen eindeutigen Beweis dafür gab, dass nicht wenigstens einige Schwalben im Land blieben, um dort zu überwintern.

Gilbert Whites spezielles Interesse galt den Vögeln und dem Studium ihrer Lebensgewohnheiten. Die Briefe, aus denen *The Natural History of Selborne* besteht, enthalten Berichte über Raben, die in Blackmoor nisten, über Krähen, Kuckucke, Nachtschwalben (die er Ziegenmelker nennt) und Laubsänger, von denen er drei Arten mit ähnlichem Gefieder am Gesang unterscheiden konnte. White erwähnt auch (im 9. Brief an Barrington), dass die Eulen, wie sein

Bruder Thomas feststellte, in B rufen, was in den folgenden Briefen diskutiert wurde, denn es gab Belege dafür, dass Eulen auch in anderen Tönen rufen. Kein Vogel entging seinem aufmerksamen Auge, erst recht nicht diejenigen, die ihn besonders interessierten oder erfreuten, wie Ringdrosseln, Regenpfeifer, Goldhähnchen (»das schwächliche Wintergoldhähnchen, der Hauch eines Vogels«) oder die seltenen Stelzenläufer mit ihren unglaublich langen Beinen, die 1779 Frensham Pond aufsuchten.

Von den Insekten wurden die zirpenden Grillen – die Feldgrille, die Hausgrille und die Maulwurfsgrille – in den Briefen 46 bis 48 an Barrington eingehend beschrieben. Gilbert White war ein großer Musikliebhaber, daher rührte seine Fähigkeit, Geräusche in der Natur präzise zu erkennen. In den Briefen an Barrington beschreibt er auch verschiedene Echos, die es am Hanger gab, und besonders das eine Echo an der gekrümmten Wand einer Hopfenscheune am Galley Hill (38. Brief).

Der Name Gilbert White taucht oft in Zusammenhang mit der Zwergmaus auf, denn er war anscheinend der erste auf der britischen Insel, der sie als eigene Spezies erkannte. Im 12. Brief an Thomas Pennant heißt es, dass er diesem einige Exemplare schickte, in Brandy konserviert, die dann 1770 in der neuen Auflage von Pennants *British Zoology* beschrieben werden sollten.

Whites Auseinandersetzung mit dem Phänomen des Winterschlafs führte dazu, dass er an Timothy, der Schildkröte seiner Tante, ein besonderes Interesse zeigte. Nach dem Tod der Tante, Mrs. Snooke, übernahm Gilbert White die Schildkröte und brachte sie in einer Postkutsche nach Selborne, um dort weitere Beobachtungen und Untersuchungen an ihr vorzunehmen. Der Panzer von Timothy ist heute im British Museum (Abteilung für Naturgeschichte) in South Kensington ausgestellt.

White lebte nach der Veröffentlichung seines Buches kaum mehr als vier Jahre und starb am 26. Juni 1793 in *The*

Blick auf Selborne von der Hermitage

Wakes. Trotz Krankheit behielt er Interesse an allem, was in seiner Umgebung vor sich ging, und machte bis elf Tage vor seinem Tod Eintragungen im *Naturalist's Journal*. Er wurde nach seiner testamentarischen Verfügung auf dem Kirchhof von Selborne begraben, »so schlicht und privat wie möglich, ... sechs ehrliche Tagelöhner (zu berücksichtigen sind vor allem Männer mit großer Familie) sollen mich zu Grabe tragen, von denen jeder für seine Mühe den Betrag von zehn Shilling erhält«. Das Grab befindet sich an der Nordseite der Kirche, der kleine Grabstein trägt nur die Initialen G.W. und das Todesdatum.

Bildnerische Darstellungen der Person des Gilbert White sind rar und beruhen auf unterschiedlichen Quellen. Es ist kein Portrait von ihm bekannt, die einzigen authentischen Bildnisse sind zwei Bleistift-Tusche-Skizzen auf dem vorderen Deckel einer Buchsammlung, die er zu seiner Graduierung geschenkt bekam. Alles Weitere ist aus Briefen und mündlichen Berichten von Bekannten zu erschließen. Wir wissen, dass er von kleiner Statur war, denn in einem Brief an den Bruder John vergleicht er sich (»meine kur-

Nordansicht der Kirche in Selborne

zen Stümpfe«) mit seinem größeren Neffen (»Jack mit seinen langen Beinen«). Ein anderer Neffe, Reverend Francis White (Sohn vom Bruder Henry) beschrieb Gilbert White dem viktorianischen Zoologen Thomas Bell als »nur 1,60 groß, von schlanker Gestalt und bemerkenswert aufrechter Haltung«, was gut zur Aussage eines Dorfbewohners passt, der ihn, Frank Buckland gegenüber, einen »kleinen, dünnen, steifen und aufrechten Mann« nannte. Er wurde von den einfachen Leuten im Dorf genauso geschätzt und respektiert wie im Kreis seiner Familie und Freunde.

White war ein eifriger Briefschreiber. Viele Briefe an ihn und von ihm erschienen in *The Life and Letters of Gilbert White of Selborne*, herausgegeben von Rasleigh Holt-White (1901), die auch die sehr aufschlussreichen Briefe von Whites lebenslangem Freund John Mulso für die Publikation bearbeitete (ca. 1906). Professor Thomas Bell, der Whites Haus von 1844 bis 1880 besaß, nahm viele persönliche Briefe von Gilbert White in seine zweibändige Ausgabe von *The Natural History and Antiquities of Selborne* auf, die 1877 erschien.

In seinem Buch beschränkte sich Gilbert White absichtlich auf eher lokale Themen von Natur und Geschichte und befasste sich nicht mit den größeren, zeitgenössischen Fragen. White lebte im Georgianischen Zeitalter, seine Lebensspanne umfasste die Regierungszeiten von drei englischen Königen: George I., II. und III. Es war eine Ära der Eleganz und Prosperität, mit großen Errungenschaften in Architektur, Landschaftsgestaltung und der Herstellung feiner Möbel. Gilbert White brachte den Geist des 18. Jahrhunderts nach Selborne, indem er ein Ha-Ha errichtete, den Garten mit neuen Verzierungen versah und den großen Salon von *The Wakes* baute.

Das Jahrhundert sah Fortschritte in der Medizin, die Gründung von Krankenhäusern und den damit verbundenen Rückgang der Sterblichkeit, der zu einem Bevölkerungswachstum führte. Gilbert White hielt für Selborne fest, dass die Geburten in einem Zeitraum von zwanzig Jahren die Begräbnisse um 140 übertrafen (5. Brief an Pennant). Man entwickelte ein größeres Bewusstsein für die Bedürfnisse der Armen, die auch von White unterstützt wurden, denn er spendete regelmäßig Geld und Kleidung für die Bedürftigen der Gemeinde. Trotz des medizinischen Fortschritts waren die Pocken noch weit verbreitet, an denen auch Gilbert White im Oktober 1747 in Oxford erkrankte.

Zu Whites Lebenszeit wurden die Grundlagen der landwirtschaftlichen und industriellen Revolution gelegt, die im darauffolgenden Jahrhundert ihre Dynamik entfalteten. Er erlebte den Niedergang der Baumwollmanufaktur (5. Brief an Pennant), Flurbereinigungen und die Verbesserung von Verkehrswegen durch Mautstraßen. Zu den einflussreichen Persönlichkeiten der Zeit gehörten Sir Robert Walpole, William Pitt der Ältere und der Jüngere, Dr. Johnson, John Wesley, William Cowper und Charles »Turnip« Townshend. Großbritannien war im 18. Jahrhundert in der Lebensmittelversorgung autark, Townshends Einführung der Fruchtwechselwirtschaft hatte eine Steigerung der landwirtschaftlichen Produktivität bewirkt. Nur Luxusgüter und Gewürze mussten eingeführt werden.

England war in verschiedene Kriege verwickelt – 1739 mit Spanien und Frankreich, 1756–62 in den Siebenjährigen Krieg, als Friedrich der Große Österreich angriff, dann 1778 mit Frankreich, 1779 mit Spanien und 1780 mit Holland. In Frankreich begann 1789, dem Jahr der Veröffentlichung von *The Natural History and Antiquities of Selborne*, die Französische Revolution und führte 1793, dem Todesjahr von Gilbert White, zur Exekution von Ludwig XVI. Jenseits des Atlantiks kämpften die amerikanischen Kolonien in einem revolutionären Krieg gegen England, der in der Unabhängigkeitserklärung von 1776 gipfelte, während auf der anderen Seite der Welt Frankreich und Großbritannien die Vorherrschaft in Indien ausfochten. Doch Gilbert White bezog sich nicht einmal beiläufig auf irgendeines dieser Ereignisse.

Seit Gilbert Whites Tod sind fast zweihundert Jahre vergangen, doch hat sich sein Dorf, Selborne, in mancher Hinsicht erstaunlich wenig verändert. Der heutige Besucher erblickt die auf das 12. Jahrhundert zurückgehende normannische Kirche, wie auch die ebenso alte Eibe vor der Kirchentür. Zwischen Kirchhof und Straße ist eine kleine Rasenfläche, der Plestor oder Dorfanger, umstanden von Häusern aus dem heimischen Malmstein. Das Pfarrhaus, in dem Gilbert White das Licht der Welt erblickte, wurde in Viktorianischer Zeit abgerissen und durch ein größeres Gebäude ersetzt.

The Wakes, wo White den größten Teil seines Lebens wohnte, steht schräg gegenüber vom Plestor, aber es wurde nach beiden Seiten beträchtlich erweitert und ist jetzt doppelt so groß wie das Haus, das White kannte. Es wurde von The Oates Memorial Trust angekauft und 1955 als Museum eröffnet. Zu besichtigen sind die original gestalteten Räume und Ausstellungen über Gilbert White und Selborne; auch

Südansicht der Kirche

der Garten mit Whites Sonnenuhr, dem Ha-Ha und der Obstwand sind für Museumsbesucher zugänglich. Direkt gegenüber von *The Wakes* befinden sich der alte Metzgerladen und zwei von den Linden, die Gilbert White pflanzte, »um den Anblick von Blut und Schmutz vor dem Fenster zu verdecken«. Neben dem Metzgerladen ist ein schönes Beispiel für die 10-Penny-Nägel – kleine Stückchen heimischen Eisensteins, mit denen die Mauerfugen dekoriert sind (4. Brief an Pennant).

Der steile Hangwald, Selborne Hanger, und andere Ländereien im Dorf, früher im Besitz vom Magdalen College, gehören jetzt zum National Trust und werden von ihm verwaltet. Gilbert Whites Zickzack-Weg, den er 1753 mit Hilfe seines Bruders anlegte, sowie der später gebaute, schräg verlaufende Pfad werden nach wie vor genutzt und ermöglichen den Zugang zu den Buchenwäldern am Hanger und nach Selborne Common.

Die schmalen Straßen, die aus dem Dorf ins Umland führen, verlaufen bei West Worldham, Hartley Mauditt und auf dem Weg nach Oakhanger und nach Temple durch

Hohlwege. Die Sandheide des Woolmer Forest, die White in seinem Buch beschrieb, ist jetzt ein Truppenübungsplatz, aber Shortheath Common bei Oakhanger bietet Beispiele für trockenes sowie feuchtes Heideland und ist für die Öffentlichkeit zugänglich.

Die Gegend um Selborne spielte eine entscheidende Rolle bei der Entstehung von Whites Buch. Gilbert White war zweifellos ein außergewöhnlich begabter Beobachter und Schriftsteller, aber er hatte auch das Glück, in einem Teil des Landes zu leben, der eine überdurchschnittlich große Vielfalt an Lebensräumen bot, jeder mit einer einzigartigen Mischung von Pflanzen und Tieren. Im Umkreis von wenigen Meilen fand White Wälder, kalkhaltige Schafweiden, saures Heideland, Ackerflächen, Teiche und Flüsse, Trockengebiete, Morast und Sumpf. Die Mannigfaltigkeit der Landschaft hängt zum einen von der Geologie und den diversen Böden ab (wie von White in den ersten Briefen an Pennant beschrieben), zum anderen aber auch von der Nutzung des Landes. Die meisten von Gilbert White beschriebenen Lebensräume sind heute noch in Selborne zu finden. Der Hauptunterschied in der Landnutzung besteht im Rückgang der einst so dominierenden Schafweiden und der damit verbundenen Ausbreitung von Buschland und Waldgebieten.

Gilbert White hatte das Glück, die richtige Person am richtigen Ort zur richtigen Zeit zu sein, um seine Nachwelt mit einem wahren Klassiker zu beschenken, der aus der einzigartigen Kombination glücklicher Umstände hervorging.

Ansicht von Selborne

VORREDE

Der Autor der nachfolgenden Briefe erlaubt sich mit allem gebotenen Respekt, der Öffentlichkeit seine Vorstellung von einer Gemeindegeschichte zu präsentieren, die seiner Überzeugung nach die Schöpfungen und Vorkommnisse der Natur sowie die Altertümer beinhalten sollte. Würden ortsansässige Menschen den Dingen in ihrer Umgebung mehr Aufmerksamkeit schenken und ihre Gedanken darüber veröffentlichen, dann könnten aus dem Material lückenlose Regionalgeschichten hervorgehen, an denen es in verschiedenen Teilen unseres Königreichs immer noch mangelt, vor allem auch in der Grafschaft Southampton.

Hier bietet sich ihm die, wenn auch späte, Gelegenheit, dem ehrwürdigen Präsidenten und den ehrwürdigen Fellows des Magdalen College der Universität Oxford seinen innigsten Dank abzustatten für ihr großzügiges Entgegenkommen, einem Mitglied des Colleges zu ermöglichen, die Archive nach Zeugnissen aus der Gemeinde und der Abtei Selborne zu durchforschen. Auch diesem Gentleman und seinem Assistenten, deren Mühe und Sorgfalt nur der außerordentlichen Höflichkeit gleichkommen, die sie dabei zu erkennen gaben, ist der Autor zu größtem Dank verpflichtet.

Die Echtheit der oben erwähnten Dokumente steht außer Zweifel, da sie aus Urkunden und Aufzeichnungen bestehen, die zur Zeit der Auflösung der Abtei in das College gelangten und dort unverzüglich und mit höchster Sorgfalt kopiert wurden, weswegen sie als authentisch anzusehen sind. Die niemals zuvor veröffentlichten Dokumente können die Wissbegierde des Altertumsforschers ebenso befriedigen, wie sie den Nachweis historischer Glaubwürdigkeit erbringen.

Sollte der Autor auch nur einen seiner Leser dazu veranlasst haben, den Wundern der Schöpfung, die allzu häufig als gewöhnliche Ereignisse übersehen werden, mehr Beachtung zu schenken; oder sollte er durch seine Studien auf irgendeine Weise zur Erweiterung der Grenzen des historischen und topographischen Wissens beigesteuert haben; oder sollte er ein wenig Licht auf altertümliche Bräuche und Gewohnheiten, insbesondere denen des klösterlichen Lebens, geworfen haben, hat er sein Ziel voll und ganz erreicht. Aber sollte er in diesen, seinen Absichten in keiner Weise erfolgreich gewesen sein, so bleibt ihm immer noch der eine Trost – dass seine Studien dank der damit verbundenen körperlichen und geistigen Beschäftigung, der Vorsehung gemäß, viel zu seiner Gesundheit und Lebensfreude bis ins hohe Alter beigetragen haben und, was sein Glück noch vermehrt, ihn mit einem Kreis von Gentlemen bekannt machten und einen geistreichen Schriftwechsel eröffneten, der dem Autor nicht nur zu erfreulichen Erkenntnissen verhalf, sondern sich auch künftig, sollte er sich glücklich schätzen können, den Austausch fortzuführen, als höchst befriedigend und gewinnbringend erweisen wird.

Gil. White
Selborne,
1. Januar 1788

BRIEFE AN THOMAS PENNANT, ESQUIRE

To Thomas Pennant Esquire.

Dear Sir.

Letter 1.

The soils of this district are almost as vario[us &]
[d]iversifyed as the views & aspects. The high part to
[the S.]W: consists of a vast hill of chalk rising 300 feet ab[ove the]
village, & is divided into a sheep-down, the high wood, a[nd a long]
hanging wood, called the Hanger. The covert of th[is]
[em]inence is altogether beech, the most lov[ely of all]
forest-trees, whether we consider its smooth rind or bar[k, its]
glossy foliage, or graceful pendulous boughs. [The]
[dow]n or sheep-walk is a pleasing park-like spot of ab[out one]
mile by half that space, jutting out on the verge of the [hill-]
country where it begins to break-down into the pl[ains, &]
commanding a very engaging view, being an [assemblage]
[of] hill, dale, woodlands, heath, & water. The prospect is bounded
[to the] S.E. & E. by the vast range of mountain[s]
[cal]led the Sussex-downs; by Guild-down near Guil[dford, &]
[by] the downs round Dorking, & Ryegate in Surr[ey] to the N.[E.;]
[wh]ich altogether, with the country beyond Alton & Farnham, form a noble, & extensive outlin[e.]
At the foot of this hill, one stage or step from the [up-]
lands, lies the village, & runs
[p]arallel with the hanger. The houses are divided fro[m the]
hill by a vein of stiff clay, good wheat-land: [but]
stand on a rock of white [stone,]
[lit]tle in appearance removed from chalk; but seems [so far fro]m being calcarious, that it endures the most ex[treme hea]t. & is used for hearths, the bedding of ovens, & [for the lin]ing of lime-kilns. When chizzeled smooth it makes
[elegan]t fronts for houses, equal in colour & grain to
[the Ba]th-stone; & superior in one respect, that it does n[ot]

1. BRIEF

An Thomas Pennant, Esq.[1]

Die Gemeinde Selborne ganz in der östlichen Ecke der Grafschaft Hampshire, mit Grenzen zur Grafschaft Sussex, unweit der Grafschaft Surrey, liegt etwa 50 Meilen südöstlich von London, auf dem 51. Breitengrad, etwa auf halber Strecke zwischen den Städten Alton und Petersfield. Wegen seiner Größe und Ausdehnung stößt Selborne an zwölf Gemeinden, zwei davon in Sussex, namentlich Trotton und Rogate. Die Nachbargemeinden, von Süden aus in westlicher Richtung gesehen, sind Empshott, Newton Valence, Farringdon, Hartley Mauditt, Great Ward le ham, Kingsley, Headleigh, Bramshot, Trotton, Rogate, Lysse und Greatham. Die Böden in dem Landstrich sind fast so unterschiedlich und abwechslungsreich wie die Szenerien und Geländeformen. Das hochgelegene Gebiet nach Südwesten besteht aus einem kalkhaltigen Berg, der sich 300 Fuß über das Dorf erhebt, und gliedert sich in die Schafweide, den Hochwald und einen langen Hangwald, Hanger genannt. Die Anhöhe ist komplett mit Buchen bestanden, dem lieblichsten aller Waldbäume, ob man nun die glatte Rinde oder Borke in Betracht zieht, das glänzende Blattwerk oder die anmutig hängenden Zweige. Die Schafweide, ein heiterer, parkähnlicher Flecken, etwa eine auf eine halbe Meile groß, stößt am Rande des Hügellandes hervor, ergießt sich ins Flachland und bietet eine prächtige Zusammenschau von Berg und Tal, Waldstück, Heide und Wasser. Der Ausblick wird nach Südosten und Osten durch die ausladende Bergkette der Sussex Downs und des Guild Down nahe Guildford begrenzt, nach Nordosten durch die Downs bei Dorking und Reigate in Surrey, was zusammen

Karte der Gegend von Selborne

mit dem Land hinter Alton und Farnham eine noble und weitläufige Silhouette abgibt.

Am Fuße des Berges, eine Stufe oder einen Schritt unterhalb der Anhöhe, liegt das Dorf, bestehend aus einer einzigen gewundenen Straße, eine dreiviertel Meile lang, in einem geschützten Tal, das parallel zum Hanger verläuft. Die Häuser sind vom Berg geschieden durch einen Streifen zähen Lehms (gutes Weizenland) und stehen selbst auf weißem Gestein,[2] das den Anschein von Kalk erweckt, aber alles andere als kalkartig ist, denn es verträgt extreme Hitze. Dass aber dieser Sandstein etwas Kalkähnliches enthalten muss, zeigen die Buchen an, die so weit herunterreichen, wie sich das Gestein erstreckt, jedoch nicht darüber hinaus, und auf diesem, auch wenn der Boden abschüssig ist, ebenso gut gedeihen wie auf Kalk.

Der Feldweg des Dorfes trennt in auffälliger Weise zwei äußerst verschiedenartige Böden. Nach Südwesten findet sich ein fetter Lehm, der jahrelange Arbeit erfordert, bis er weich wird. Dagegen bestehen die Gärten nach Nordosten, und darüber hinaus einige kleine Inseln, aus einer warmen, dankbaren, bröseligen Ackererde, Schwarzer Malm genannt, offenbar hochgesättigt mit pflanzlichem und tierischem Dünger. Dies mag der ursprüngliche Standort der Ansiedlung gewesen sein, während Wald und Unterholz bis zur gegenüberliegenden Böschung gereicht haben könnten.

An beiden Enden des Dorfes, das sich von Südosten nach Nordwesten erstreckt, entspringt ein kleines Flüsschen. Das am nordwestlichen Ende trocknet regelmäßig aus, das andere hingegen wird von einer beständigen Quelle gespeist, die in der trockenen und in der nassen Jahreszeit fast gleichmäßig schüttet und Wellhead* genannt wird. Die Quelle bricht aus einer Hochebene hervor, die an den Nore Hill grenzt, einen noblen Felsvorsprung, der erstaunlicherweise zwei Flüsse in zwei Meere entsendet. Der südliche wird zu einem Nebenfluss des Arun, fließt nach Arundel und mündet in den Ärmelkanal. Der andere, die Selborne, fließt nach Norden, ist einer der Nebenflüsse der Wey, trifft bei Hedleigh auf die Blackdown, bei Tilford auf die Alton und die Farnham, schwillt zu einem beachtlichen Wasserlauf an, schiffbar ab Godalming, der dann Guildford durchfließt und weiter bei Weybridge in die Themse und schließlich bei Nore in die Nordsee mündet.

Unsere Brunnen, im Durchschnitt 63 Fuß tief, fallen auch bei niedrigem Wasserstand selten trocken und haben ein ausgezeichnetes, klares Wasser, sanft im Geschmack und wärmstens empfohlen von denen, die das reine Element trinken; mit Seife aber schäumt es kaum.

* Wellhead: Die Quelle förderte am 14. September 1781, nach einem extrem heißen Sommer, der auf einen trockenen Frühling und Winter folgte, 40 Liter Wasser in einer Minute, also 25 Hektoliter in der Stunde, 589 Hektoliter in 24 Stunden oder einem ganzen Tag. Zu dem Zeitpunkt waren viele Brunnen versiegt und alle Teiche in den Tälern ausgetrocknet.

Im Nordwesten, Norden und Osten des Dorfes findet sich eine Reihe stattlicher Flächen, die aus sogenanntem Weißem Malm[3] bestehen, einer Art Bruchgestein, das, dem Frost und Regen ausgesetzt, in Stücke zerfällt und sein eigener Dünger wird.*

Weiter nach Nordosten, eine Stufe darunter, findet sich eine Art heller Erde,[4] weder Kalk noch Lehm, weder als Weideland noch für den Pflug geeignet, aber dankbar für den Hopfen, der tief im Sandstein wurzelt und für den die Stangen und das Holz für die Holzkohle gleich nebenan wachsen. Hier gedeiht der beste Hopfen.

Da das Gemeindegebiet weiter zum Wolmer Forest[5] abfällt, geht der Boden von Lehm in Sand über und wird zu einer nassen Lehmerde, hervorragend geeignet für Bauholz und berüchtigt beim Straßenbau. Die Eichen von Temple und Blackmoor sind bei den Händlern hochbegehrt und haben manches Schiff ausgestattet, wohingegen die Bäume auf dem Sandstein stark in die Höhe wachsen, aber, wie die Zimmerleute sagen, rissig sind und so brüchig, dass sie beim Sägen in Stücke zerfallen. Jenseits der Lehmerde findet sich ein karger, magerer Sandboden, der sich schließlich mit dem Wolmer Forest vermischt und ohne Zusatz von Kalk kaum mehr als Rüben hervorbringt.

2. BRIEF

An Selbigen

Im Hof der Norton Farm, einem Landgut im Nordwesten des Dorfes, stand auf dem Weißen Malm eine breitblättrige Ulme, ein Hexenhasel, *Ulmus folio latissimo scabro* nach Ray, die zwar beim großen Sturm von 1703[1] einen mächtigen Ast von der Stärke eines mittleren Baumes verloren hatte, aber beim Fällen trotzdem acht

* Dünger wird: Der Boden bringt guten Weizen und Klee hervor.

Der Plestor

Fuder Holz ergab. Zu sperrig für den Transport, musste man sie sieben Fuß über der Erde absägen, wo ihr Durchmesser fast acht Fuß betrug. Ich erwähne das, um zu zeigen, welche Ausmaße gepflanzte Ulmen erreichen können, denn in Anbetracht seines Standortes muss der Baum gepflanzt worden sein.

Im Zentrum des Dorfes, nahe der Kirche, ist ein viereckiger Platz, umstanden von Häusern, der gemeinhin Plestor genannt wird. In der Mitte wuchs von alters her eine enorme Eiche mit kurzem, gedrungenem Stamm und riesigen horizontalen Ästen, die fast bis an die Ränder des Platzes reichten. Der altehrwürdige Baum, umgeben von einer steinernen Einfassung mit Sitzgelegenheiten, war die Freude von Jung und Alt, ein Ort der Entspannung an Sommerabenden, wo die Alten im ernsten Gespräch saßen, während die jungen Leute vor ihnen scherzten und tanzten. Lange hätte die Eiche noch stehen können, wäre sie nicht von dem schrecklichen Sturm von 1703 umgeworfen worden, zum unendlichen Bedauern der Einwohner und des Vikars, der mehrere Pfund spendete, um sie wieder aufzurichten. Aber seine Fürsorge war vergebens, denn der Baum schlug eine Zeit lang aus, bis er schließlich verdorrte und abstarb. Ich erwähne das, um zu zeigen, welche Ausmaße auch gepflanzte Eichen erreichen können, denn gepflanzt worden sein muss dieser Baum, wie aus den Ausführungen hervorgeht, die von den Altertümern von Selborne handeln.

Auf dem Anwesen Blackmoor gibt es ein Wäldchen, Losel's genannt, nur wenige Morgen groß, auf dem vor einiger Zeit eine Reihe Eichen von besonderer Form und hohem Wert wuchsen. Sie waren groß und spitz wie Tannen, aber da sie eng beisammen standen, hatten sie sehr kleine Kronen, fast wie ein Busch ohne dickere Äste. Vor ungefähr zwanzig Jahren wurden für die Reparatur der arg beschädigten Brücke bei Toy, nahe Hampton Court, einige Bäume benötigt, die 50 Fuß lang sein sollten, ohne Äste und am dünnen Ende mit einem Durchmesser von 12 Zoll. Ein Händler fand zwanzig solcher Bäume in dem kleinen Waldstück, von denen viele sogar 60 Fuß maßen. Die Bäume wurden für 20 Pfund das Stück verkauft.

In der Mitte des Wäldchens stand eine Eiche, alles in allem zwar groß und hochgewachsen, aber auf halber Höhe des Stammes wölbte sich eine große Wucherung aus. Darauf hatten Kolkraben seit so vielen Jahren ihr Quartier bezogen, dass die Eiche als Rabenbaum bezeichnet wurde. Die Burschen aus der Nachbarschaft versuchten immer wieder, auf den Horst zu gelangen, wobei die Schwierigkeit ihren Ehrgeiz anstachelte, sodass sich jeder anstrengte, die heikle Aufgabe zu meistern. Aber die Verdickung kragte so weit hervor und entzog sich ihrem Zugriff, dass selbst die mutigsten Burschen eingeschüchtert waren und sich eingestehen mussten, dass das Vorhaben zu riskant war. Also bauten die Raben weiter, Nest für Nest, in vollkommener Sicherheit, bis der verhängnisvolle Tag kam, an dem das Wäldchen abgeholzt wurde. Es war im Monat Februar, wenn diese Vögel gewöhnlich brüten. Die Säge wurde am Stamm angesetzt, die Keile wurden in den Schlitz gesteckt, der Wald dröhnte bei den mächtigen Schlägen von Hammer und Schlegel, der Baum neigte sich, aber die Rabenmutter brütete weiter. Als er schließlich nachgab, wurde der Vogel aus dem Nest geschleudert und, auch wenn die elterliche Liebe ein besseres Schicksal verdient hätte, von den Zweigen erschlagen und fiel tot zu Boden.

3. BRIEF

An Selbigen

Die versteinerten Muscheln aus unserer Gegend und andere Steine, die mir ins Auge gefallen sind, dürfen nicht stillschweigend übergangen werden. Zuerst muss ich als große Rarität ein Stück erwähnen, das in den kalkhaltigen Feldern am Hügel aufgepflügt und mir wegen der Einzigartigkeit seines Äußeren gebracht wurde. Es mag dem unkundigen Auge wie ein versteinerter Fisch von etwa vier Zoll Länge erscheinen, das Cardo[1] kann als Kopf und Mund durchgehen. In Wirklichkeit handelt es sich um eine *Bivalvia* der Linnéschen Gattung *Mytilus* aus der Spezies *Crista Galli*,[2] von Lister *Rastellum* genannt, von Rumphius *Ostream plicatum minus*, von D'Argenville *Auris Porci* oder *Crista Galli* und von denen, die Sammlungen anlegen, *Hahnenkamm.* Obwohl ich bei mehreren Sammlern in London nachgefragt habe, konnte ich kein einziges vollständiges Exemplar finden, auch in Büchern keinen Stich mit einem ganzen Stück. Das hervorragende Museum im Leicester House[3] gab mir die Erlaubnis, dort für diesen Artikel zu recherchieren. Auch wenn ich enttäuscht wurde, was das Fossil betraf, so war ich höchst erfreut beim Anblick der Muscheln selbst, von denen dort einige aufs Beste konserviert zu finden sind. Die *Bivalvia* ist nur als Bewohner des Indischen Ozeans bekannt, wo sie sich an ein Zoophyt[4] heftet, das *Gorgonia* genannt wird. Die seltsamen, sich in-

Ammonit

einander verschränkenden Faltungen an der Naht, die alternierenden Kräuselungen und Rillen sowie die gewölbte Form meines Exemplars sind viel einfacher mit dem Zeichenstift zu erfassen als mit Worten, sodass ich es reißen und stechen ließ.

Cornua Ammonis oder Ammoniten sind im Umkreis des Dorfes sehr gewöhnlich. Als man einen Pfad zum Hanger[5] hinauf schlug, fanden die Arbeiter sie häufig direkt unter der Erdoberfläche, im Kalkstein, und zwar von beachtlicher Größe. Auf dem Weg oberhalb des Wellhead in Richtung Empshott gibt es sie im schwärzlichen Mergel der Böschung in Hülle und Fülle, aber eher klein und weich. Ein

Stückchen weiter, im Clay's Pond, am Ende der Grube, wo die Erde als Dünger ausgegraben wird, habe ich sie gelegentlich in beträchtlichen Größen gesehen, vielleicht 14 bis 16 Zoll im Durchmesser. Aber da sie nicht aus festem Stein bestanden, sondern aus einer Art *terra lapidosa* oder gehärtetem Lehm geformt waren, zerfielen sie, sobald sie dem Regen oder Frost ausgesetzt waren. Mir schien, als wären sie in jüngerer Zeit[6] entstanden. In der Kalkgrube am nordwestlichen Ende des Hanger findet man auch manchmal große *Nautili*.

In den dicksten Schichten unseres Sandsteins findet man beim Brunnenbau in größerer Tiefe oft große Jakobs- und Kammmuscheln, beide mit gestreiften Schalen, abwechselnd gezahnt und gerillt. Sie bestehen größtenteils, wenn nicht vollständig, aus Bruchstein.

4. BRIEF

An Selbigen

Da der Sandstein der Gegend in einem früheren Brief nur beiläufig erwähnt wurde, will ich nun genauer darauf eingehen.

Der Stein ist sehr beliebt für Kaminplatten und Grundplatten von Backöfen. Er wird auch gerne verwendet, um Kalköfen auszukleiden. Dazu nimmt man sandigen Lehm anstelle von Mörtel, denn der Sand schmilzt[*] durch die enorme Hitze und beginnt zu fließen, sodass die gesamte Innenfläche des Ofens mit einer glasähnlichen Schicht überzogen wird, die wetterbeständig und 30 bis 40 Jahre haltbar ist. Glattgemeißelt gibt der Stein elegante Häuserfronten ab, in Farbe und Korn vergleichbar mit dem aus Bath, ihm aber in der Hinsicht überlegen, dass er beim Altern nicht abblättert. Er wird darüber hinaus zu ansehnlichen Ka-

[*] der Sand schmilzt: Vermutlich ist im Kalkstein, der zu Kalk gebrannt wird, ein Anteil Sand, denn Kalksteine sind selten rein.

minaufsätzen verarbeitet, da er ein dichteres und feineres Korn besitzt als Portlandstein. Auch werden Fußböden damit ausgelegt, aber für diesen Zweck ist er eher zu weich. Der Sandstein kann in alle Richtungen geschnitten werden, aber da seine Körnung horizontal liegt, kann er nicht hochkant gesetzt werden, sondern nur in derselben Position, wie er im Steinbruch gewachsen ist.* Zur Verlegung im Freien eignet sich dieser Feuerstein nicht, denn da er vermutlich etwas Salz enthält, brechen die Platten bei Regen entzwei.* Obwohl der Stein zu hart ist, um von Essig angegriffen zu werden, reagiert das weiße und sogar das blaue Schiefergestein stark mit mineralischen Säuren. Zwar verträgt der weiße Stein keinen Regen, doch gibt es in jedem Steinbruch in Abständen dünne Schichten von blauem Schiefer, der Regen und Frost widersteht und sich ausgezeichnet für das Pflastern von Stallungen, Wegen und Höfen eignet, auch um Trockenmauern an Böschungen zu errichten und als Material für Einhegungen und Straßenreparaturen. Dieses Schiefergestein ist schroff und widerspenstig und lässt sich nicht zu einer glatten Oberfläche behauen, dafür ist es sehr haltbar. Doch da die Schichten dünn sind und tief liegen, können keine größeren Mengen zu annehmbaren Kosten gefördert werden. Zwischen dem blauen Schiefer finden sich einige gelbe und rostrot gefärbte Blöcke, die ähnlich beständig zu sein scheinen wie die blauen, zuweilen gibt es auch Klumpen aus einem bröckeligen Material, wie Rost oder Eisen, die man Rostbälle nennt.

Im Wolmer Forest habe ich nur eine einzige Sorte von Steinen gefunden, die gemeinhin Sandsteine genannt werden. Sie haben gewöhnlich die Farbe von rostigem Eisen

* im Steinbruch gewachsen ist: Steine hochkant zu setzen ist für unsere Trockenmauern ungeeignet. Auch in Öfen wird das nicht gemacht, auch wenn Dr. Plot in seiner *History of Oxfordshire*, S. 77, das für den Stein aus Teynton am besten hält.

* bei Regen entzwei: »Feuerstein ist voller Salze, enthält keinen Schwefel, muss feinkörnig sein und darf keine Zwischenräume haben. Nichts unterstützt Feuer mehr als Salz. Salzsteine werden bei Nässe und Frost zerstört.« Plot: *History of Staffordshire*, S. 152.

und können vermutlich wie Eisenerz verarbeitet werden. Sie sind sehr hart und schwer, von fester und kompakter Beschaffenheit, bestehen aus kleinen, rundlichen, kristallinen Kieseln, sind mit einem braunen, tellurischen, eisenhaltigen Material verkittet und lassen sich nur schwer schneiden, auch schlagen sie mit Eisen nicht leicht Funken. Da man sie oft in breiten und flachen Stücken findet, machen sie sich gut für Gehwege um das Haus, denn sie werden bei Frost und Regen nicht glitschig, aber auch für Trockenmauern und in Gebäuden finden sie bisweilen Verwendung. Die Steine liegen im Wolmer Forest an vielen Stellen verstreut an der Oberfläche. In Weaver's Down, einem großen Hügel am östlichen Rand des Forest, wo die Gruben nicht tief sind und die Schichten dünn, gräbt man sie auch aus. Der Stein ist unverwüstlich.

Im Bemühen um Eleganz, und um ihrer Arbeit den letzten Schliff zu geben, zerhacken die Steinmetze den Stein in kleine Stücke von der Größe eines breiten Nagelkopfes und drücken diese dann zwischen den Sandsteinen in den nassen Mörtel. Die Verzierung ergibt ein seltsames Erscheinungsbild und hat Fremde manchmal dazu veranlasst, uns scherzhaft zu fragen, ob wir unsere Mauern mit 10-Penny-Nägeln zusammenhielten.

5. BRIEF

An Selbigen

Von den Besonderheiten des Ortes verdienen die beiden steinigen Hohlwege, der eine nach Alton, der andere zum Wolmer Forest, unsere Aufmerksamkeit. Die Wege, die streckenweise mit rohem Schiefer ausgelegt sind, verlaufen durch Mergelgebiete und sind durch jahrhundertelange Nutzung und Ausspülung bis zur ersten Sand-

Fasan

steinschicht, teilweise auch bis zur zweiten ausgegraben, sodass sie eher wie Wasserläufe anmuten und nicht wie Straßen. An manchen Stellen liegen sie 16 oder 17 Fuß unter der Geländehöhe und bieten nach Regenfluten und bei Frost einen äußerst grotesken und wilden Anblick, der von den verknoteten Wurzeln zwischen den Gesteinsschichten herrührt und von den Sturzbächen an den eingefallenen Böschungen, vor allem, wenn diese zu Eiszapfen gefroren sind und in den phantastischsten Formen der Eiswelt herabhängen. Solche rauen und düsteren Szenen erschrecken die Ladies, wenn sie von den Fußpfaden oben hinunterspähen, und lassen auch furchtsame Reiter beim Passieren erschaudern, aber sie beglücken den Naturforscher mit ihrer vielfältigen Botanik, vor allem mit den seltenen *Filices* oder Farnen, die dort in Hülle und Fülle wachsen.

Die Herrschaft Selborne mit all ihren verschiedenartigen Geländeformen, den Böschungen und Dickichten, kümmerte man sich ernsthaft um sie, würde strotzen vor Wild, aber auch so sind reichlich Hasen, Rebhühner und Fasane vorhanden, früher auch viele Schnepfen. Es gibt kaum Wachteln, da sie Einhegungen meiden und das offene Feld bevorzugen; nach der Ernte sieht man einige wenige Wachtelkönige.

Die Gemeinde Selborne ist wegen der großen Waldgebiete ein ausgedehnter Bezirk. Wer die Grenzen abschreitet, ist gut und gerne drei Tage damit beschäftigt, denn alle Biegungen und Einschnitte eingerechnet, soll ihr Umfang nicht weniger als 30 Meilen betragen.

Das Dorf steht an einer geschützten Stelle und ist vom Hanger vor den starken Westwinden gefeit. Die Luft ist mild, aber durch die Ausdünstungen der vielen Bäume verhältnismäßig feucht, dabei sehr gesund und frei von Fieberkeimen.

Die Regenmengen, die hier fallen, sind sehr beträchtlich, wie man in einer so waldreichen und hügeligen Gegend vermuten sollte. Da ich keine größere Erfahrung im Messen von Niederschlägen habe, bin ich nicht in der Lage, mittlere Mengen* anzugeben. Ich weiß nur,

			Zoll	Hundertstel
vom 1. Mai 1779 bis zum Ende des Jahres fielen			28	37!
vom 1. Jan. 1780 bis 1. Jan. 1781	-	-	27	32
vom 1. Jan. 1781 bis 1. Jan. 1782	-	-	30	71
vom 1. Jan. 1782 bis 1. Jan. 1783	-	-	50	26!
vom 1. Jan. 1783 bis 1. Jan. 1784	-	-	33	71
vom 1. Jan. 1784 bis 1. Jan. 1785	-	-	33	80
vom 1. Jan. 1785 bis 1. Jan. 1786	-	-	31	55
vom 1. Jan. 1786 bis 1. Jan. 1787	-	-	39	57

* mittlere Mengen: Ein sehr gebildeter Gentleman [gemeint ist Whites Schwager Thomas Barker] hat mir versichert (und er spricht aus mehr als 40 Jahren Erfahrung), dass die mittlere Regenmenge eines Ortes nicht ermittelt werden kann, wenn man sie nicht über einen sehr langen Zeitraum misst. »Hätte ich den Regen«, sagt er, »nur in den ersten vier Jahren von 1740 bis 1743 gemessen, wäre ich zu dem Ergebnis gekommen, die mittlere Regenmenge in Lyndon betrüge 16½ Zoll pro Jahr; von 1740 bis 1750 dagegen 18½ Zoll. Die mittlere Regenmenge vor 1763 betrug 20¼, nach 1763 25½ und von 1770 bis 1780 26 Zoll. Wäre nur 1773, 1774 und 1775 in die Messung eingegangen, hätte man die mittlere Regenmenge in Lyndon mit 32 Zoll angeben müssen.«

Oakhanger

Das Dorf Selborne und der große Weiler Oakhanger zählen zusammen mit den alleinstehenden Farmen und den vielen verstreuten Häusern am Rand des Wolmer Forest über 670 Einwohner.*

Wir haben reichlich arme Leute, von denen viele nüchtern und fleißig sind, gut in Stein- oder Ziegelhäusern leben, mit Fensterscheiben und Zimmern im oberen Stock; Lehmhütten gibt es bei uns nicht. Neben ihrer Beschäftigung in der Landwirtschaft, vor allem auf den zahlreichen Hopfenfeldern, schlagen und schälen die Männer Holz. Im Frühling und Sommer jäten die Frauen das Getreide und erfreuen sich im September beim Hopfenpflücken einer zweiten Ernte. Früher haben sie in den stillen Monaten mit Gewinn Wolle gesponnen, für Barragon, einen leichten Cordstoff, der ehemals sehr beliebt war für Sommerkleidung und vor allem in Alton hergestellt wurde, einer Nachbarstadt, von Leuten, die Quäker genannt wurden. Aber die Umstände haben diesem Gewerbe ein Ende bereitet.* Unsere

* über 670 Einwohner: Bestand der Gemeinde Selborne, aufgenommen am 4. Oktober 1783 [siehe S. 355].

* ein Ende bereitet: Nachdem die obige Passage geschrieben wurde, freue ich mich berichten zu können, dass das

Einwohner erfreuen sich guter Gesundheit und eines langen Lebens, in der Gemeinde wimmelt es von Kindern.

6. BRIEF

An Selbigen

Sollte ich es versäumen, den Wolmer Forest, der vielleicht zu drei Fünftel in unserer Gemeinde liegt, mit einiger Genauigkeit zu beschreiben, bliebe meine Darstellung von Selborne sehr unvollkommen, denn es handelt sich um eine Gegend, die viele Besonderheiten aufzuweisen hat, sowohl an Tieren als an Pflanzen, und mir als Jäger und Naturforscher oftmals großes Vergnügen bereitet hat.

Der königliche Wolmer Forest ist ein Landstrich von etwa 7 Meilen Länge und 2½ Meilen Breite, der nahezu von Norden nach Süden verläuft und, um im Süden zu beginnen und nach Osten fortzufahren, an die Gemeinden Greatham, Lysse, Rogate und Trotton in der Grafschaft Sussex, dann Bramshot, Hedleigh und Kingsley grenzt. Das Krongut besteht ausschließlich aus Sand, bedeckt mit Heide und Farn, ein wenig aufgelockert durch Anhöhen und Senken, ohne dass es in dem ganzen Gebiet einen einzigen Baum gäbe. In den Senken, wo das Wasser stehen bleibt, sind viele Sümpfe, in denen früher zahlreiche Bäume zu finden waren, obwohl Dr. Plot definitiv behauptet,* dass »in den Torfmooren der südlichen Grafschaften niemals umgestürzte Bäume verborgen waren«. Aber er irrt sich, denn ich selbst habe am Rande dieser wilden Landschaft Hütten gesehen, deren Balken aus schwarzem, hartem Holz bestanden, das wie Eiche aussah und von dem die Besitzer sagten, sie hätten es aus den Sümpfen geholt, als sie den Morast mit

Spinnen wieder ein wenig aufgelebt ist, zum Trost der fleißigen Hausfrauen.

* definitiv behauptet: Siehe seine *History of Staffordshire*.

Spießen oder ähnlichen Werkzeugen durchforschten. Aber es ist so viel Torf gestochen worden und die Moore wurden so gründlich durchsucht, dass in letzter Zeit kein Holz mehr gefunden wurde.* Neben Eichen zeigte man mir auch Stücke versteinerten Holzes, blasser in der Farbe und von weicherer Beschaffenheit, die von den Bewohnern als Tannen bezeichnet wurden. Bei einer genaueren Untersuchung mit Feuerprobe konnte ich allerdings kein Harz darin entdecken und nehme deshalb an, dass es sich eher um Stücke von Weiden, Erlen oder anderen am Wasser wachsenden Bäumen handelt.

Die einsame Gegend bietet Lebensraum für viele Arten von Federwild, das dort nicht nur den Winter verbringt, sondern auch im Sommer brütet, namentlich Kiebitze, Schnepfen, wilde Enten und, wie ich in den letzten Jahren feststellen konnte, Krickenten. Rebhühner werden am Rande des Wolmer Forest in einer guten Saison reichlich ausgebrütet und halten sich gern in dem Gebiet auf. Insbe-

* kein Holz mehr gefunden wurde: Ältere Leute haben mir versichert, sie hätten diese Bäume an einem Wintermorgen an Stellen im Moor entdeckt, wo der Raureif länger lag als auf dem Schlamm in der Umgebung. Es scheint sich nicht um Phantasievorstellungen zu handeln, sondern den wahren Gegebenheiten zu entsprechen. Dr. Hales sagt, »dass die Wärme der Erde, in einiger Tiefe unter der Oberfläche, einen Tauvorgang hervorrufen kann. Der Wetterwechsel von Frost zu Tauwetter manifestiert sich auch in den Aufzeichnungen vom 29. Nov. 1731, wo die geringe Menge Schnee, die nachts gefallen war, am nächsten Morgen um elf Uhr an der Erdoberfläche größtenteils geschmolzen war, abgesehen von einigen Orten in Bushy Park, wo Tonrohre zur Drainage verlegt worden waren, auf denen der Schnee liegen blieb, egal ob die Rohre mit Wasser gefüllt oder trocken waren; nicht anders verhielt es sich bei Drainagerohren aus Ulmenholz. Ein klarer Beweis, dass die Rohre das Aufsteigen der Erdwärme aus größeren Tiefen unterbrechen, denn der Schnee blieb liegen, wo die Rohre tiefer als 4 Fuß lagen, so auch auf Reetdächern, Ziegelsteinen und Mauern.« Siehe Hales: *Haemastatics*, S. 360. Frage: Könnten solche Beobachtungen bei Ansiedlungen nicht die Entdeckung von alten, vergessenen Rohren und Brunnen befördern und in Römerlagern zum Auffinden von Wegen, Bädern und Gräbern sowie anderen verborgenen Überresten interessanter Altertümer führen?

Birkhuhn

sondere in den trockenen Sommern 1740 und 1741, auch ein paar Jahre später, tauchten sie in solchen Schwärmen auf, dass Trupps von unvernünftigen Jägern manchmal zwanzig oder sogar dreißig Stück am Tag erlegten.

Es gab auch edleres Federwild im Forest, das heute ausgerottet ist und von dem die Alten erzählen, es sei im Überfluss vorhanden gewesen, als es noch nicht gang und gäbe war, die Tiere im Auffliegen zu schießen, und zwar das Birkhuhn, Haselhuhn und Moorhuhn. Ich weiß noch, dass solche Vögel gelegentlich bei meinem Vater auf den Tisch kamen, als ich ein kleiner Junge war. Die letzten, an die man sich erinnert, wurden vor circa 35 Jahren erlegt. In den letzten zehn Jahren wurde ein einziges Haselhuhn bei einer Hasenjagd von Beagles aufgescheucht. Der Jäger rief: »Ein Fasanhuhn«, aber ein Gentleman, der mit von der Partie war und sich aus dem Norden Englands mit Raufußhühnern auskannte, versicherte mir, dass es ein Haselhuhn war.

Der Verlust an Raufußhühnern stellt nicht die einzige Lücke in der *Fauna Selborniensis* dar, denn ein herrliches Glied in der Stufenleiter der Natur[1] fehlt uns ebenfalls – ich meine das Rotwild, dessen Bestand sich zu Beginn des Jahrhunderts auf 500 Stück belief und einen imposanten Eindruck gemacht haben muss. Es lebt noch ein alter Wildhüter mit Namen Adams, dessen Urgroßvater (erwähnt in einer Begehung aus dem Jahre 1635), Großvater, Vater und er selbst seit mehr als hundert Jahren in ununterbrochener Folge die Stelle des Ersten Wildhüters des Wolmer Forest innehaben. Dieser Mann beteuerte mir, sein Vater habe ihm oft erzählt, dass Queen Anne, unterwegs auf der Portsmouth Road, es nicht unter ihrer königlichen Würde empfunden habe, dem Wolmer Forest Beachtung zu schenken. Sie verließ die große Straße bei Liphook, das ganz in der Nähe liegt, und rastete an einem Damm, der eigens für sie geglättet worden war – die Stelle wird noch immer nach ihr benannt –, eine halbe Meile östlich des Teiches von Wolmer, um mit Wohlgefallen und Genugtuung das riesige Rudel Rotwild zu betrachten, das die Wildhüter in die Mulde vor ihr getrieben hatten, mehr als 500 Stück. Ein Anblick, würdig der Aufmerksamkeit der großen Herrscherin! Aber, fügte der Wildhüter hinzu, durch die Waltham Blacks[2] oder, um seine eigenen Worte zu gebrauchen, als sie mit dem Blacking begannen, sei der Bestand auf ungefähr 50 Stück dezimiert worden und immer weiter zurückgegangen bis zur Zeit des verstorbenen Duke of Cumberland. Vor über dreißig Jahren schickte seine Majestät einen Jäger und sechs Reiter, alle in scharlachroten Jacken mit goldenen Litzen, begleitet von Hirschhunden, mit dem Auftrag, jedes lebende Stück Wild im Wolmer Forest einzufangen und auf Wagen nach Windsor zu bringen. Im Laufe des Sommers fing man sämtliche Hirsche, von denen einige außergewöhnliche Ablenkungsmanöver machten. Im folgenden Winter, als man auch die Hirschkühe einfing, wurden herrliche Jagden veranstaltet, die bei den Leuten hier noch Jahre später Staunen erregten und als Gesprächsstoff dienten. Ich habe mit eigenen Augen gesehen, wie einer der Reiter einen Hirsch vom Rudel aussonderte, und ich muss gestehen, es war das größte Kunststück, das ich je erblickt habe, allem überlegen, was Mr. Astley in seiner Reitschule zu bieten hat. Die Anstrengungen von Pferd und Wild übertrafen alle meine Erwartungen, auch wenn die Pferde viel schneller waren. Als der ausgewählte Hirsch schließlich von dem Rudel getrennt war, gab man ihm sein Recht, wie sie es nannten, zwanzig Minuten nach der Uhr. Dann erklangen die Hörner, die Hunde durften die Fährte aufnehmen und es folgte eine prächtige Jagd.

7. BRIEF

An Selbigen

Obwohl große Rudel Wild in der Umgebung viel Schaden anrichten können, ist die Verletzung der Sitten unter den Menschen von größerer Tragweite als Ernteeinbußen. Doch die Versuchung ist unwiderstehlich, denn die meisten Männer sind geborene Jäger. Das Jagen gehört zur menschlichen Natur und kann kaum durch Verbote unterdrückt werden. Deshalb war man im ganzen Land zu Beginn des Jahrhunderts versessen auf den Wilddiebstahl. Ein Jüngling, der kein Jäger war, hieß es, konnte weder zum Mann werden noch seine Tapferkeit beweisen. Die Waltham Blacks verübten über lange Zeit solche Gräueltaten, dass die Regierung sich gezwungen sah, mit einem strengen, blutigen Gesetz einzugreifen, das Black Act genannt wurde und inzwischen mehr Verbrechen erfasst als alle anderen zuvor erlassenen Gesetze. Darum weigerte sich auch ein verstorbener Bischof von Winchester, in der Jagd von Waltham[*] neues Wild auszusetzen, und begründete das mit dem eines Prälaten würdigen Satz: »Diese Jagd hat schon genügend Unheil angerichtet.«

Die alte Generation von Wilddieben ist noch nicht ausgestorben. Erst vor kurzem erzählten sie sich beim Bier die Heldentaten ihrer Jugend – wie sie eine tragende Hirschkuh in ihrem Einstand beobachtet und dem Kalb, kaum war es gefallen, auf die Schnelle die Klauen mit dem Taschenmesser geschält hatten, um zu verhindern, dass es weglief, sodass sie es töten könnten, sobald es groß und feist war; oder wie ein Nachbar angeschossen worden war, den sie bei Mondschein auf einem Rübenfeld mit einem Reh verwechselt hatten; oder wie sie auf ungewöhnlichste Weise einen Hund verloren hatten, als ein paar Burschen mit einem Lurcher[1] zu einer bestimmten Stelle im dichten Farn gegangen waren, wo sie ein neugeborenes Hirschkalb vermuteten, woraufhin das Muttertier aus dem Unterholz brach und sich in einem weiten Sprung mit geschlossenen Vorderläufen auf den Kopf des Hundes stürzte und diesen glatt spaltete.

Eine weitere Versuchung zu Müßiggang und Jagd ging von den Kaninchen aus, die alle Hügel und trockenen Stellen in Beschlag genommen hatten. Da die Kaninchenbaue den Jägern lästig waren, wenn sie das Wild abtransportierten, erlaubten sie den Leuten, alles zu zerstören.

Solche Jagdgebiete und Wüsteneien, wenn die Verlockungen zu Gesetzesverstößen beseitigt werden, sind von beträchtlichem Nutzen für die Menschen, die an den Rän-

[*] Jagd von Waltham: Die Jagd wurde bis zum heutigen Tag nicht wieder mit Wild ausgestattet; der Bischof war Dr. Hoadly.

dern leben, denn sie können sich mit Plaggen und Torf zum Feuermachen versorgen, mit Brennmaterial für die Kalköfen und mit Asche für das Grasland, auch die Haltung ihrer Gänse und ihres Bestandes an Jungvieh kostet sie wenig bis gar nichts.

Das Landgut in der Gemeinde Greatham hat anerkanntermaßen das Vorrecht (wie ich aus alten Aufzeichnungen aus dem Tower of London ersehen konnte), seinen gesamten Viehbestand zur betreffenden Jahreszeit in den Wolmer Forest zu treiben,* *bibentibus exceptis.** Der Grund, warum Schafe ausgenommen sind, ist vermutlich darin zu suchen, dass sie alles bis auf die Keimlinge abgrasen, sodass für das Wild nichts mehr übrig bleibt.

Obwohl es gesetzlich durch Statuten geregelt ist, dass »das Verbrennen von jedwedem Abfall zwischen Lichtmess und Mittsommer, ob von Heidekraut, Ginster oder Farn, mit Auspeitschen und Einsperren ins Zuchthaus bestraft wird«, flammen im März oder April, je nach Trockenheit, enorme Heidefeuer auf, die oft außer Kontrolle geraten, die Hecken erfassen und sich auf Unterholz, Gebüsch und Buschwald ausbreiten, wodurch schon große Schäden angerichtet wurden. Das Abbrennen wird damit gerechtfertigt, dass die Heide etc. durch die Vernichtung der alten Büschel neu ausschlägt und zartere Sprossen für das Vieh nachwachsen. Doch bei großen, alten Ginsterbüschen greift das Feuer auch auf die Wurzeln über und ruiniert den ganzen Boden, sodass man über Hunderte von Morgen nur Qualm und Verwüstung erblickt, die ganze Umgebung wie mit Vulkanasche bedeckt ist und auf dem völlig ausgelaugten Boden über Jahre keine Spuren von Vegetation zu finden sind. Solche Flächenbrände, die gewöhnlich bei Nordost- und Ostwind ausbrechen, belästigen die Dorfbewohner mit ihrem Rauch und versetzen oft die ganze Gegend in Alarm. Ich erinnere mich, dass einmal ein Gentleman, der hinter Andover lebte, zu Besuch kam und auf den Hügeln zwi-

* zu treiben: Für dieses Privileg hatten die Besitzer dem König jährlich sieben Scheffel Hafer zu zahlen.

* bibentibus exceptis: Im Holt, wo bis vor kurzem Damwild gehalten wurde, sind bis heute keine Schafe geduldet.

schen Andover und Winchester, in 25 Meilen Entfernung, so verwundert war über den Rauch und den Brandgeruch, dass er daraus schloss, Alresford stände in Flammen, und als er dort ankam, dieselbe Befürchtung für das nächste Dorf hegte und so weiter bis zum Ende der Reise.

Auf den beiden auffälligsten Anhöhen des Wolmer Forest stehen zwei Hütten oder Lauben aus Eichenbohlen, die eine heißt Waldon Lodge, die andere Brimstone Lodge. Die Waldhüter erneuern sie jährlich zum Fest von St. Barnabas und bekommen das alte Material als Vergütung. Die Blackmoor Farm aus unserer Gemeinde ist verpflichtet, Holz und Reisig für die Erstere zu stellen, während die Farmen in Greatham in turnusmäßigem Wechsel die Letztere auszustatten haben; alle sind genötigt, das Holz zu besorgen und an Ort und Stelle abzuliefern. Ich erwähne das, weil ich glaube, dass der Brauch aus sehr alten Zeiten stammt.

8. BRIEF

An Selbigen

Am Rande des heute abgegrenzten Wolmer Forest gibt es drei Seen, zwei davon in Oakhanger, von denen ich nichts Besonderes zu berichten weiß, und den Bin's oder Bean's Pond, der die Beachtung eines jeden Naturforschers und Jägers verdient. Da am oberen Ende dicht gedrängt Weiden stehen und darunter *Carex cespitosa*[*] wächst, gewährt der Platz einen so ansprechenden Schutz für Wildenten, Schnepfen, Krickenten etc., dass sie dort brüten. Im Winter suchen Füchse die Deckung auf, manchmal auch Fasane; im Sumpf gedeihen viele seltene Pflanzen. (Mehr dazu im 42. Brief an Mr. Barrington.)

Nach einem Schnatgang[1] im Wolmer Forest und Holt aus dem Jahre 1635, im elften Regierungsjahr von Charles I.

[*] Carex cespitosa: Ich meine die Rasen-Segge, die in hohen Büscheln wächst.

Fuchs

(ich habe das Schriftstück vor mir liegen), war der Wolmer Forest viel ausgedehnter als heute. Von der gegenüberliegenden Seite, die mir nicht so vertraut ist, kann ich nichts sagen, aber auf unserer Seite verlief die Grenze in früheren Zeiten bei Binswood und dehnte sich bis zum Park bei Ward le ham aus, mit dem eigenartigen Berg, der King John's Hill oder Lodge Hill genannt wird. Weiter ging es bis zur Grenze von Hartley Mauditt, dann bis Short Heath, Oakhanger und Oakwoods – ein großes Gebiet, heute in Privatbesitz, das ehemals zur königlichen Domäne gehörte.

Erstaunlicherweise taucht der Begriff *purlieu*[2] nicht ein einziges Mal in der langen Pergamentrolle auf, die neben dem Schnatgang eine grobe Schätzung über den Wert des Holzes enthält, das dort zur fraglichen Zeit in ansehnlicher Menge wuchs. Es werden auch die Beamten aufgezählt, hohe und niedere, die damals in den Wäldern Dienst taten, sowie ihre Vergütungen und Vergünstigungen angegeben. Zu der Zeit gab es, wie auch heute, kaum einen Baum im Wolmer Forest.

Innerhalb seiner heutigen Grenzen liegen drei nennenswerte Seen: Hogmer, Cranner und Wolmer, die alle mit Karpfen, Schleien, Aalen und Barschen besetzt sind. Aber die Fische gedeihen nicht gut, weil das Wasser nährstoffarm ist und die Sohle aus nacktem Sand besteht.

Einen Sachverhalt, der mit den Teichen zu tun hat, auch wenn er nicht für sie allein gilt, kann ich nicht stillschweigend übergehen, und zwar den Instinkt, mit dem sich alle Rinder, egal ob Ochsen, Kühe, Färsen oder Kälber, um sich vor den Fliegen zu retten und das kühle Element zu genießen, einige bauchtief, andere nur bis zu den Knien, während der heißen Stunden im Sommer ins Wasser zurückziehen, wo sie sich von zehn Uhr morgens bis vier Uhr nachmittags wiederkäuend ergötzen, bevor sie erneut zu grasen beginnen. In diesen langen Stunden lassen sie viel Dung fallen, in dem Insekten nisten und so den Fischen Nahrung bieten, die sich ohne diese Bedingung nur schlecht erhalten könnten. So verwandelt die Natur als großer Ökonom die Entspannung des einen Tieres in die Versorgung des anderen! Thomson, der ein feiner Beobachter von natürlichen Phänomenen war, ließ sich diesen ergötzlichen Sachverhalt nicht entgehen. In seinem Gedicht *Sommer* schreibt er:

»Eine bunte Gruppe bilden Rind und Schaf
… Einige liegen grübelnd
Am Ufer im Gras; andere stehen
Halb in der Flut und schlabbern gebeugt
Die kreiselnde Oberfläche.«
[James Thomson: *The Seasons*, 485–489]

Der Teich von Wolmer, der vermutlich aufgrund seiner Bedeutung diesen Namen trägt,[3] ist mit einem Umfang von 2646 Yards, also fast anderthalb Meilen, ein für unsere Verhältnisse riesiger See. Die Länge der nordwestlichen und gegenüberliegenden Seite beträgt etwa 704 Yards, die Breite am südwestlichen Ende etwa 456 Yards. Das Aufmaß, das

Krickenten

ich mit hoher Genauigkeit durchführen ließ, ergibt eine Fläche von circa 66 Morgen, nicht eingerechnet den breiten, unregelmäßigen Arm in der nordöstlichen Ecke.

Auf dem ausgedehnten Wasser liegen im Winter, völlig sicher vor den Jägern, den ganzen Tag lang große Scharen von Entenvögeln, Krickenten und Pfeifenten verschiedener Unterfamilien, wo sie sich putzen und ergötzen und bis zum Sonnenuntergang ausruhen, bevor sie in kleinen Gruppen aufbrechen (denn sie sind ursprünglich Nachtvögel), um in den Bächen und Wiesen zu fressen und dann in der Morgendämmerung zurückzukehren. Hätte dieser See ein oder zwei weitere Arme und wäre er ringsherum mit dichtem Gebüsch bewachsen (denn jetzt liegt er völlig nackt da), würde er eine ausgezeichnete Entenfalle abgeben.

Doch weder seine Ausmaße noch sein klares Wasser, noch sein Erholungswert für interessantes Federwild, noch die pittoresken Gruppen von Rindern sichern dem See so viel Aufmerksamkeit wie die größere Menge Münzen, die vor ungefähr 40 Jahren auf seinem Grund gefunden wurde.

Aber da solche Entdeckungen korrekterweise zu den Altertümern des Ortes gehören, werde ich die Einzelheiten vorerst zurückstellen, bis ich die ältere Geschichte des Dorfes und Bezirks in einer Reihe von Briefen[4] behandele.

9. BRIEF

An Selbigen

Ergänzend muss ich noch auf das vorige Thema zurückkommen und Ihnen Auskunft darüber geben, dass der Wolmer Forest und der verschwisterte Ayles Holt, alias Alice Holt, wie es in alten Verzeichnissen heißt, ein von der Krone für einen gewissen Zeitraum verliehenes Privileg ist.

Die mit dem Privileg Beliehenen, an die sich der Autor erinnert, sind der Brigadegeneral Emanuel Scroope Howe und seine Gemahlin Ruperta, eine uneheliche Tochter von Prince Rupert mit Margaret Hughs, dann ein Mr. Mordaunt aus Petersborough, der die verwitwete Lady Pembroke heiratete, und jetzt Lord Stawel, ihr Sohn.

Die Gemahlin von General Howe erreichte ein hohes Alter, überlebte ihren Mann um viele Jahre und hinterließ bei ihrem Tod eine Menge interessanter mechanischer Objekte, die ihr Vater konstruiert hatte, der sowohl ein angesehener Mechaniker und Künstler* als auch ein Kriegsheld war. Darunter befand sich eine äußerst komplizierte Uhr, neuerdings im Besitz von Mr. Elmer aus Farnham in Surrey, dem gefeierten Maler von Jagdszenen.

Obwohl die beiden Gebiete nur durch einen schmalen Streifen Land getrennt sind, könnten die Böden nicht verschiedener sein, denn der Holt besteht aus dickem, schlammigem Lehm, mit einem guten Anteil Torf, auf dem die

* Künstler: Dieser Prinz war der Erfinder des Mezzotinto. [Prince Rupert (Ruprecht von der Pfalz) verbreitete das auch Schabdruck genannte Tiefdruckverfahren in England.]

Eichen prächtig gedeihen und lange Balken abgeben, während der Wolmer Forest nichts als eine magere, sandige und öde Wüstenei ist.

Der Holt liegt vollständig in der Gemeinde Binsted, misst von Norden nach Süden etwa zwei Meilen, fast ebenso viel von Osten nach Westen, und umfasst Waldgebiete und Wiesen, das große Landhaus, in dem die mit dem Privileg Beliehenen ihren Wohnsitz haben, sowie ein kleineres Landhaus, Goosegreen genannt. Das Gebiet grenzt an die Gemeinden Kingsley, Frinsham, Farnham und Bentley, die dort allesamt Nutzungsrechte haben.

Eines ist erstaunlich: Obwohl der Holt seit alters her mit Damwild besetzt ist, das abgesehen von den üblichen Hecken durch keinerlei Zäune und Gatter eingehegt wird, hat man das dortige Wild niemals innerhalb der Grenzen von Wolmer gesehen, wie umgekehrt das Rotwild von Wolmer niemals die Dickichte und Lichtungen im Holt aufsuchte.

Derzeit ist der Wildbestand des Holt stark ausgedünnt und wird durch nächtliche Wilddiebe dezimiert, die den Tieren fortwährend zusetzen, trotz aller Anstrengungen der zahlreichen Wildhüter und der schweren Strafen, die ihnen drohen, wenn sie entdeckt und von der Schärfe des Gesetzes zur Rechenschaft gezogen werden. Weder Geldstrafen noch Inhaftierung kann sie jedoch abschrecken, denn das Jagdfieber, das der menschlichen Natur angeboren zu sein scheint, ist unmöglich auszulöschen.

General Howe hatte zum großen Schrecken der Nachbarschaft einige deutsche Wildschweine und Sauen, einmal auch einen wilden Bullen oder Büffel in seinem Wald ausgesetzt, doch die ganze Gegend erhob sich dagegen und tötete die Tiere.

Eine sehr große Partie Holz von ungefähr 1000 Eichen wurde diesen Frühling (also 1784) im Holt geschlagen, wovon angeblich ein Fünftel dem privilegierten Lord Stawel gehört. Er beansprucht auch das abgehauene Astwerk, aber die Armen der Gemeinden Binsted und Frinsham, Bentley und Kingsley behaupten, dass es ihnen gehört, und haben sich zusammengerottet und es sich geholt. Ein Mann, der ein Gespann besitzt, hat seinen Anteil von 40 Klafter Holz nach Hause gefahren. Seine Lordschaft hat insgesamt 45 Leute mit Klage überzogen. Die Bäume, die alle sehr gesund und von bester Qualität waren, wurden im Winter geschlagen, im Februar und März, als sie noch nicht im Saft standen. Früher war das Holt geschätzte 18 Meilen von einem Wasserweg entfernt, nämlich der Stadt Chertsey an der Themse, doch seit die Wey bis Godalming in der Grafschaft Surrey schiffbar gemacht wurde, ist es nicht halb so weit.

10. BRIEF

An Selbigen
4. August 1767

Unglücklicherweise hatte ich niemals Nachbarn, deren Studien sie zur Naturkunde führte, sodass ich aus Mangel an Weggefährten, die meinen Fleiß anspornen und meine Aufmerksamkeit hätten schärfen können, nur magere Fortschritte in einem Wissensgebiet gemacht habe, das mich von Kindheit an in Beschlag genommen hat.

Berichten über Rauchschwalben (*Hirundines rusticae*), die im Winter auf der Isle of Wight oder anderswo im Land in Kältestarre gefunden worden sein sollen, Beachtung zu schenken habe ich nie für der Mühe wert gehalten. Aber ein wissbegieriger Geistlicher versicherte mir, dass in seinen jungen Jahren ein paar Arbeiter, die in den ersten Frühlingstagen an einem alten Kirchturm beschäftigt waren, unter dem Gerümpel zwei oder drei Mauersegler (*Hirundines apodes*) fanden, die dem ersten Anschein nach tot waren, aber zum Leben erwachten, als sie ans Feuer gebracht wurden. Er steckte die Vögel, um sie zu retten, in eine Papiertüte und hängte sie ans Küchenfeuer, wo sie erstickten.

Ein anderer gebildeter Mensch erzählte mir von seiner Schulzeit in Brighton, Sussex, wo in einem stürmischen Winter ein großes Stück der Kalkklippen abgebrochen sei und einige Leute unter dem Geröll Schwalben gefunden hätten. Aber zu meiner nicht geringen Enttäuschung verneinte er meine Frage, ob er einen der Vögel mit eigenen Augen gesehen habe, und sagte, andere hätten ihm das versichert.

Junge Rauchschwalben tauchten dieses Jahr zum ersten Mal am 11. Juli auf, die Hausschwalben (*Hirundines urbicae*) wurden zur selben Zeit flügge. Beide Arten brüten ein zweites Mal, denn aus meinen Aufzeichnungen vom Vorjahr geht hervor, dass noch am 18. September welche schlüpften. Spricht eine so späte Brut nicht eher für Unterschlupf als für Migration? Ja, einige junge Hausschwalben blieben sogar bis zum 29. September in ihren Nestern, doch waren sie am 5. Oktober alle verschwunden.

Ist es nicht verwunderlich, dass Mauersegler oder Turmschwalben, die genauso zu leben scheinen wie Rauchschwalben und Hausschwalben, uns ausnahmslos vor Mitte August verlassen, während Letztere oftmals bis Mitte Oktober bleiben? Einmal sah ich noch am 7. November Hausschwalben, die zusammen mit rotflügeligen Wacholderdrosseln in einem Schwarm flogen. Eine sonderbare Mischung von Sommervögeln und Wintervögeln!

Ein kleiner gelber Vogel[1] (entweder aus der Spezies *Alauda trivialis* oder vielleicht eher *Motacilla trochilus*) gibt in den Gipfeln hoher Bäume zischend-zittrige Töne von sich. Die *Stoparola* nach Ray (für die wir in unseren Breiten noch keinen Namen haben) heißt in Ihrer Zoologie Fliegenfänger[2]. Ein charakteristisches Merkmal dieses Vogels scheint der Beobachtung entgangen zu sein, denn er stürzt sich von einem Pfosten oder Pfahl auf seine Beute, etwa eine Fliege

Mönchsgrasmücke

in der Luft, fängt sie und berührt fast nie den Boden, sondern kehrt immer wieder auf seinen Posten zurück.

Ich gehe davon aus, dass es mehr als eine Art von *Motacilla trochilus* gibt. Mr. Derham schreibt in Rays *Philosophical Letters,* er habe drei Arten entdeckt. Hier haben wir es ebenfalls mit einigen sehr verbreiteten Vögeln zu tun, die bisher keinen englischen Namen haben.

Mr. Stillingfleet stellt die Frage, ob die Mönchsgrasmücke (*Motacilla atricapilla*) ein Zugvogel ist. Meiner Meinung nach besteht kein Zweifel daran, denn in den ersten schönen Apriltagen tauchen sie alle auf einmal auf, doch sind sie im Winter nie anzutreffen. Es sind phantastische Sänger.

Eine große Menge Schnepfen brütet jeden Sommer in den Moorgründen an den Grenzen der Gemeinde. Es ist sehr unterhaltsam, die Männchen zu dieser Zeit fliegen zu sehen und ihren pfeifenden und summenden Tönen zu lauschen.

Ich hatte bisher nicht die Gelegenheit, eine der Mäuse zu besorgen, die ich Ihnen gegenüber in der Stadt[3] erwähnte. Der Mann, der sie mir zuletzt brachte, sagte, es gebe im Herbst viele davon. Ich werde mich dann bemühen, mir einige zu verschaffen, sodass die Frage geklärt werden kann, ob es sich um eine bisher nicht klassifizierte Spezies handelt oder nicht.

Ich vermute stark, dass es mehr als zwei Arten von Wasserratten gibt. Ray sagt, und nach ihm Linnaeus, dass die Wasserratte an den Hinterfüßen Schwimmhäute besitzt. Nun habe ich aber am Ufer unseres kleinen Flusses eine entdeckt, die keine Schwimmfüße hat und trotzdem ein exzellenter Schwimmer und Taucher ist. Sie entspricht vollkommen *Mus amphibius* nach Linnaeus (siehe *Systematum Naturae*), von der er sagt: »natat in fossis et urinatur« [schwimmt in Gräben und taucht]. Ich würde gern eine »plantis palmatis« [mit Schwimmfüßen] vorlegen. Linnaeus scheint wegen seiner *Mus amphibius* in Verlegenheit zu sein und zweifelt, ob sie sich von seiner *Mus terrestris* unterscheidet. Wenn dem so ist, was er für möglich hält, dann unterscheidet sich Rays *Mus agrestis capite grandi brachyuros* in Größe, Gestalt und Lebensweise deutlich von der Wasserratte.

Was den *Falco* betrifft, den ich ebenfalls in der Stadt erwähnte, erlaube ich mir, Ihnen diesen nach Wales zu schicken, im Vertrauen auf Ihre Freimütigkeit, mich für den Fall zu entschuldigen, dass er Ihnen so bekannt vorkommt, wie er mir fremd ist. Wenn er auch verstümmelt ist, »qualem dices ... antehac fuisse, tales cum sint reliquiae!« [von dem man sagen kann ... wie er vorher war, so sind auch die Überreste][4]

Er lebte im Moor und jagte nach wilden Enten und Schnepfen, aber als man ihn schoss, war er gerade im Begriff, eine Krähe zu zerrupfen. Er entspricht keinem unserer englischen Falken, auch in der höchst interessanten Ausstellung ausgestopfter Vögel in Spring Gardens[5] konnte ich nichts Ähnliches entdecken. Ich fand das Tier an der Rückwand einer Scheune angenagelt, dem Museum der Leute hier.

Die Gemeinde, in der ich lebe, liegt in einer zergliederten und uneinheitlichen Landschaft mit vielen Bergen und Wäldern und ist darum reich an Vögeln.

11. BRIEF

An Selbigen
Selborne, 9. September 1767

Nicht ohne Ungeduld bin ich gespannt auf Ihre Meinung bezüglich des *Falco*, dessen Gewicht, Größe etc. ich Ihnen am besten sofort hätte mitteilen sollen. Soweit ich mich erinnere, wog er 2½ Pfund und hatte eine Spannweite von 38 Zoll. Die Wachshaut und die Füße waren gelb, die Augenlider hellgelb. Da man ihn schon einige Tage zuvor geschossen hatte und die Augen eingesunken waren, konnte ich die Farbe von Pupillen und Iris nicht bestimmen.

Die ungewöhnlichsten Vögel, die ich in der hiesigen Gegend jemals zu sehen bekam, waren ein Wiedehopfpärchen (*Upupa*), das vor ein paar Jahren im Sommer in meinem Ziergarten neben dem Gemüsegarten auftauchte und dort einige Wochen blieb. Stattlich marschierten sie einher, fraßen mehrmals täglich im Gehen und schienen bei mir nisten zu wollen, wurden aber von ein paar gelangweilten Burschen daran gehindert, die sie nicht in Ruhe lassen wollten.

Wiedehopf

Forelle

Drei Kernbeißer (*Loxia coccothraustes*) erschienen vor ein paar Jahren im Winter auf meinem Grund, einen davon schoss ich. Seitdem habe ich in der stillen Jahreszeit ab und zu einen gesichtet.

Ein Fichtenkreuzschnabel (*Loxia curvirostra*) wurde letztes Jahr in der Nachbarschaft getötet.

In unseren Flüssen, die klein sind und am Ende des Dorfes entspringen, finden sich nur folgende Fische: Kaulkopf oder Ochsenkopf (*Gobius fluviatilis capitatus*), Forelle (*Trutta fluviatlis*), Aal (*Anguilla*), Neunauge (*Lampaetra parva et fluviatilis*) und Stichling (*Pisciculus aculeatus*).

Wir sind 20 Meilen vom Meer und beinahe ebenso weit von einem großen Fluss entfernt und bekommen deswegen nur selten Seevögel zu sehen. An Federwild gibt es hier einen kleinen Entenbestand, der in den Sumpfgebieten brütet, wo auch Schnepfen zu finden sind. Bei rauem Wetter suchen große Mengen von Krickenten und Pfeifenten die Seen im Wolmer Forest auf.

Da ich öfter Gelegenheit hatte, einen zahmen Waldkauz zu beobachten, fand ich heraus, dass er, nach der Art der Falken, Mäusefelle und Vogelfedern knäuelweise wieder auswürgt. Wenn er satt ist, versteckt er, wie ein Hund, was er nicht verzehren kann.

Junge Schleiereulen sind nicht leicht aufzuziehen, denn

sie verlangen ständig nach frischen Mäusen, während junge Waldkauze alles fressen, was ihnen gebracht wird: Schnecken, Ratten, Kätzchen, Hündchen, Elstern und alle Arten von Aas oder Gedärmen.

In den Nestern der Hausschwalben sind immer noch Eier und Küken. Um den 25. August beobachtete ich den letzten Mauersegler, offenbar ein Nachzügler.

Gartenrotschwanz, Fliegenschnäpper, Dorngrasmücke und Goldhähnchen sind noch da, aber in letzter Zeit habe ich keine Mönchsgrasmücke gesehen.

Ich vergaß zu erwähnen, dass ich im Innenhof des Christ Church College in Oxford an einem sonnigen, sehr warmen Morgen noch am 20. November eine Hausschwalbe fliegen sah, die sich dort auf eine Brüstung setzte.

Bis jetzt sind mir nur zwei Fledermausarten bekannt, die gewöhnliche *Vespertilio murinus* und die *Vespertilio auribus*.

Großes Vergnügen bereitete mir im letzten Sommer eine zahme Fledermaus, die Fliegen aus meiner Hand fraß. Gab man ihr etwas, schob sie ihre Flügel vor das Maul und verbarg dahinter den Kopf, wie es die Raubvögel tun, wenn sie fressen. Die Geschicklichkeit, mit der sie den Fliegen die Flügel ausriss, die sie verschmähte, war sehr sehenswert und machte mir viel Freude. Insekten schien sie zu bevorzugen, doch wies sie auch rohes Fleisch nicht zurück, wenn man es ihr anbot, weswegen Berichte über Fledermäuse, die in Kamine fliegen, um am Schinken zu nagen, nicht unglaubwürdig sind. Während ich mich mit diesem wunderbaren Vierfüßer amüsierte, konnte ich mehrmals beobachten, wie das Tier die landläufige Meinung widerlegte, dass Fledermäuse von einer flachen Oberfläche nicht auffliegen können. Sie erhob sich mit großer Leichtigkeit vom Fußboden und lief auch viel schneller, als ich gedacht hatte, allerdings auf eine lächerliche und groteske Art.

Fledermäuse trinken, wie Schwalben, im Flug, indem sie das Wasser schlürfen, während sie über Teiche und Flüsse

Fledermaus, Wasserratte, Kurzschwanzmaus
und Langschwanzmaus

streifen. Sie halten sich gern am Wasser auf, nicht nur um zu trinken, sondern auch der Insekten wegen, die es dort reichlich gibt. Als ich vor einigen Jahren an einem warmen Sommerabend von Richmond nach Sunbury auf der Themse unterwegs war, sah ich Myriaden von Fledermäusen über dem Wasser. Es wimmelte geradezu von ihnen, sodass man gleichzeitig Hunderte vor Augen hatte.

Ihr, etc.

12. BRIEF

An Selbigen
4. November 1767

Sir, es verschaffte mir keine geringe Genugtuung zu hören, dass es kein gewöhnlicher Falco[*] war. Ich muss zugeben, meine Freude wäre noch größer gewesen, wenn ich Ihnen einen Vogel geschickt hätte, den Sie nie zuvor gesehen haben, aber das ist, glaube ich, ein schwieriges Unterfangen.

Ich habe mir einige der Mäuse besorgt, die ich in meinen früheren Briefen erwähnte, ein Jungtier und ein tragendes Weibchen, beide in Brandy konserviert. Von der Farbe, Form, Größe und der Art des Nestbaus habe ich keine Zweifel, dass die Spezies noch nicht klassifiziert[1] und beschrieben ist. Sie ist viel kleiner und dünner als Rays *Mus domesticus medius* und hat mehr die Farbe von Eichhörnchen oder Haselmaus. Ihr Bauch ist weiß, eine schmale Linie an den Seiten scheidet den Farbton des Rückens von dem des Bauches. Die Mäuse kommen nie in die Häuser und werden mit den Strohgarben in Scheunen und Schober gebracht. Sie sind im Herbst sehr häufig und bauen ihre Nester über der Erde zwischen Getreidehalmen, manchmal auch an Disteln. Sie haben bis zu acht Junge in einem Wurf, der in einem kleinen, runden Nest aus Gras- oder Weizenblättern heranwächst.

Diesen Herbst besorgte ich mir eines der Nester. Es war sehr kunstvoll aus Weizenblättern gebaut, vollkommen gerundet und von der Größe eines Cricketballs, die Öffnung so raffiniert verschlossen, dass man sie nicht ausmachen konnte. Das Nest war so kompakt und gleichmäßig gefüllt, dass es sich auf dem Tisch herumrollen ließ, ohne auseinanderzufallen, obwohl es acht nackte, blinde Mäuse enthielt. Wie kann das Muttertier bei einem so vollen Nest zu ihrem Wurf kommen und jedem ihrer Jungen eine Zitze

[*] Falco: Der Raubvogel erwies sich als eine Varietät des Wanderfalken (*Falco peregrinus*).

geben? Vielleicht öffnet sie es zu diesem Zweck an verschiedenen Stellen und bringt alles wieder in Ordnung, wenn die Sache erledigt ist. Im Nest ist jedenfalls kein Platz für sie, zumal ihre Jungen täglich an Größe zunehmen. Diese wunderbar gebaute Wiege, die ein elegantes Beispiel darstellt, zu welchen Leistungen der Instinkt fähig ist, fand sich in einem Weizenfeld, oben an einer Distel.

Ein Gentleman, interessiert an Vögeln, schrieb mir, sein Diener habe letztes Jahr bei dem strengen Frost im Januar einen Vogel geschossen; er glaubte wohl, mich damit zu verblüffen. Ich besuchte ihn im Sommer, ohne zu wissen, was mich erwarten würde. Kaum hatte ich den Vogel in der Hand, erklärte ich, es sei ein männlicher *Garrulus bohemicus* oder deutscher Seidenschwanz, wegen der fünf charakteristischen purpurroten Zeichen oder Punkte am Ende der kurzen Armschwingen. Man kann ihn korrekterweise wohl nicht als englischen Vogel bezeichnen, und doch lese ich in Rays *Philosophical Letters*, dass im Winter 1685 ganze Schwärme davon nach England kamen und sich von Mehlbeeren ernährten.

Bei der Erwähnung von Mehlbeeren fällt mir ein, dass diese Wildfrucht, die so viel zur Versorgung der gefiederten Nation beiträgt, dieses Jahr völlig ausfällt. Die strengen Temperaturen im späten Frühling zerstörten nicht nur den Ertrag der empfindlicheren und interessanteren Bäume, sondern auch den der widerstandsfähigen und gewöhnlichen Arten.

Einige Vögel, die zusammen mit den Misteldrosseln jagen, sich von den Beeren der Eibe ernähren und an die Beschreibung der *Merula torquata* oder Ringdrossel erinnern, wurden kürzlich in meiner Nachbarschaft gesichtet. Ich hielt einige Leute an, mir ein Exemplar zu beschaffen, leider vergebens. Siehe 20. Brief.

Frage: Könnten Kanarienvögel nicht an unser Klima gewöhnt werden, indem man ihre Eier im Frühling in die Nester von Artgenossen legt, etwa Goldfinken oder Grün-

Seidenschwanz

finken? Vielleicht wären sie vor dem Winter abgehärtet und könnten sich selbst durchbringen.

Bis vor vielleicht zehn Jahren verbrachte ich jährlich einige Wochen in Sunbury [2], einem der schönen Dörfer an der Themse, unweit von Hampton Court. Im Herbst hatte ich viel Freude an den unzähligen Schwalben, die sich dort versammeln. Am meisten beeindruckte mich aber, dass sie zu diesem Zeitpunkt die Häuser und Schornsteine verlassen und jede Nacht die Korbweiden auf den kleinen Werdern im Fluss aufsuchen. Dass sie zu dieser Jahreszeit zum nassen Element Zuflucht nehmen, scheint die nordische Auffassung (so seltsam sie auch ist) von ihrem Rückzug unter Wasser zu unterstützen. Ein schwedischer Naturforscher ist so sehr davon überzeugt, dass er im Kalender seiner *Flora* vom Überwintern der Schwalben[3] unter Wasser schreibt, als wäre das so selbstverständlich wie das Aufsuchen der Schlafplätze vom Geflügel kurz vor Sonnenuntergang.

Ein Londoner Vogelbeobachter[4] schrieb mir, er habe am 23. Oktober in Southwark eine Hausschwalbe zu ihrem Nest und wieder herausfliegen sehen. Ich selbst sah am 29. Oktober letzten Jahres (als ich durch Oxford kam) vier oder fünf Schwalben umherfliegen, die sich dann auf dem Dach des Krankenhauses der Grafschaft niederließen.

Ist es denn wahrscheinlich, dass diese armen, kleinen Vögel (die vielleicht erst wenige Wochen vorher geschlüpft sind) noch so spät im Jahr aus einer Grafschaft in Mittelengland nach Gorée oder Senegal, ja fast bis zum Äquator ziehen?[*]

Ich schließe mich ganz Ihrer Meinung an, dass zwar die meisten Schwalbenarten migrieren, doch einige zurückbleiben und sich im Winter bei uns verbergen.

Ich weiß nicht, was ich von den kurzflügeligen und weichschnabeligen Vögeln halten soll, die im Frühling in so großen Schwärmen zu uns kommen. Ich beobachtete sie dieses Jahr sehr gründlich und sah viele davon bis Michaelis[5] und danach nicht mehr. Auf gewohnte Weise bei uns weiterleben können sie nicht, und doch entziehen sie sich den Augen der Beobachter. Was ihr Versteck angeht, so hat sie niemand jemals im Winter im Zustand der Kältestarre auffinden können. Aber welche Schwierigkeiten bringt die Hypothese der Migration mit sich! Diese schwachen Vögel, die dazu noch schlechte Flieger sind (und im Sommer gerade einmal von einer Hecke zur nächsten huschen), müssten fähig sein, weite Meere und Kontinente zu überqueren, um in den Genuss milderer Jahreszeiten in den Regionen Afrikas zu kommen!

* Siehe Adanson: *Voyage to Senegal.*

13. BRIEF

An Selbigen
Selborne, 22. Jan. 1768

Sir, da Sie in einem Ihrer früheren Briefe darauf hingewiesen haben, die Korrespondenz mit mir umso mehr zu schätzen, als ich in der südlichsten Grafschaft lebe, so möchte ich nun das Kompliment zurückgeben und hoffe, meinen Wissensdurst in Bezug darauf zu stillen, dass Sie viel weiter im Norden leben.

Seit vielen Jahren beobachte ich gegen Weihnachten auf den Feldern große Schwärme von Buchfinken, weit mehr, dachte ich, als in der Umgebung ausgebrütet werden können. Aber noch mehr wunderte ich mich, als ich bei näherer Betrachtung feststellte, dass es fast lauter Weibchen waren. Ich teilte meine Vermutung einigen verständigen Nachbarn mit, die sich der Sache annahmen und ebenfalls herausfanden, dass es sich fast nur um Weibchen handelte, mindestens im Verhältnis fünfzig zu eins. Das außergewöhnliche Vorkommnis erinnerte mich an Linnés Bemerkung, vor dem Winter zögen alle Buchfinkenweibchen aus Schweden durch Holland nach Italien. Nun möchte ich von einem wissbegierigen Menschen im Norden erfahren, ob es dort im Winter größere Schwärme vom Buchfinken gibt und welchen Geschlechts die meisten davon sind. Aus der Beobachtung könnte man ableiten, ob unsere vorwiegend weiblichen Schwärme von einem Ende der Britischen Inseln zum anderen ziehen oder ob sie vom Kontinent herüberkommen.

Im Winter finden sich bei uns große Schwärme von Hänflingen, wiederum mehr, als in einer einzigen Gegend ausgebrütet werden können. Wenn der Frühling kommt, versammeln sie sich, wie ich beobachtet habe, auf einem Baum in der Sonne und stimmen ein sanftes Gezwitscher an, als ständen sie im Begriff, ihre Winterquartiere zu ver-

Steinschmätzer

lassen und die angestammten Sommersitze zu beziehen. Es ist bekannt, dass Schwalben und Wacholderdrosseln sich mit einem ähnlich sanften Gezwitscher vereinigen, ehe sie woanders hinziehen.

Sie können sich darauf verlassen, dass die Grauammer (*Emberiza miliaria*) unsere Grafschaft im Winter nicht verlässt. Im Januar 1767 sah ich bei strengem Frost mehrere Dutzende im Gebüsch auf den Downs bei Andover; in unserem waldreichen Gebiet ist sie selten.

Weiße und gelbe Bachstelzen bleiben den ganzen Winter im Land. An unserer Südküste gibt es reichlich Wachteln, die von den Leuten gejagt und häufig in großer Zahl getötet werden.

Mr. Stillingfleet sagt in seiner Abhandlung: »Wenn der Steinschmätzer (*Oenanthe*) England auch nicht verlässt, so wechselt er doch seinen Standort, denn zur Erntezeit findet man ihn dort nicht mehr, wo er vorher sehr häufig war.« Das erklärt, woher die großen Mengen an Steinschmätzern kommen, die man um diese Zeit in den South Downs bei Lewes fängt, wo man sie für eine Delikatesse hält. Man hat mir berichtet, dass die Schäfer sie dort in Fallen fangen und viel Geld damit verdienen. Obwohl sie in rauen Mengen getötet werden, sah ich niemals (und ich kenne mich in der Gegend[1] gut aus) mehr als zwei oder drei von ihnen an einer Stelle, denn sie sind nicht gesellig. Vielleicht migrieren sie üblicherweise und ziehen deswegen im Herbst zur Küste von Sussex. Ich bin mir aber sicher, dass sie nicht allesamt verschwinden, denn ich sehe über das ganze Jahr in vielen Grafschaften einige versprengte Tiere, insbesondere in Wildgehegen und Steinbrüchen.

Ich kenne im Moment keine Seeleute und habe mich deshalb an einen alten Freund gewandt, der im letzten Krieg[2] Kaplan zur See war, und ihn gebeten, seine Aufzeichnungen in Bezug auf Vögel zu konsultieren, die sich bei der Fahrt durch den Kanal in der Takelage niederließen. Was Hasselquist über das Thema sagt, ist erstaunlich, denn kleine, kurzflügelige Vögel kamen während seiner ganzen Reise vom Kanal bis zur Levante immer wieder an Bord, vor allem wenn Sturm aufzog.

Was Sie bezüglich Spanien ansprechen, trifft höchstwahrscheinlich zu. Die Winter in Andalusien sind so mild, dass weichschnabelige Vögel, die uns verlassen, dort gewiss genügend Insekten zur Nahrung finden.

Irgendein junger Mann, der über genügend Vermögen, Gesundheit und Zeit verfügt, sollte im Herbst eine Reise nach Spanien unternehmen und ein Jahr dort bleiben, um die Naturgeschichte des riesigen Landes zu erforschen.

Mr. Willughby bereiste das Königreich zu diesem Zweck, aber anscheinend sehr oberflächlich und dazu missmutig, denn er war abgestoßen von den rauen und zügellosen Sitten der Bewohner.

Ich habe jetzt keinen Freund mehr in Sunbury,[3] an den ich mich wenden könnte wegen der Schwalben, die auf den Werdern in der Themse schlafen. Auch kann ich nichts mehr über die Vögel erfahren, die ich für Ringdrosseln hielt.

Was die kleinen Mäuse angeht, so muss ich hinzufügen, dass sie ihre Nester zwar zwischen Kornhalme über den Boden hängen, sich aber im Winter tief in die Erde eingraben und warme Nester aus Gras bauen. Im Herbst versammeln sie sich offenbar in den Getreideschobern. Ein Nachbar fand neulich in seinem Heuschober fast 100 Stück, von denen die meisten gefangen wurden und ich einige untersuchen konnte. Ich stellte fest, dass sie von Nase bis Schwanz 2¼ Zoll maßen und der Schwanz 2 Zoll lang war. Zwei Mäuse wogen genauso viel wie ein kupfernes Halfpenny-Stück, hatten also etwa ein Gewicht von ⅓ Unze, woraus ich schließe, dass sie die kleinsten Vierfüßer auf den Britischen Inseln sind. Eine ausgewachsene *Mus medius domesticus* ist dagegen ein Brocken von 1 Unze, wiegt also sechs Mal so viel wie diese kleine Maus, und misst von Schnauze bis Schwanz 4¼ Zoll, genauso lang ist der Schwanz. Wir hatten diesen Monat strengen Frost und viel Schnee. Mein Thermometer zeigte innerhalb des Hauses auf 8 Grad unter dem Gefrierpunkt. Die empfindlichen immergrünen Sträucher wurden stark geschädigt. Es war eine glückliche Fügung, dass kein Wind wehte und die Erde mit Schnee bedeckt war, sonst hätte die ganze Pflanzenwelt ungeheuerlich gelitten. Es gibt Grund zu glauben, dass wir die kältesten Tage seit dem Winter 1739/40[4] erlebt haben.

Ihr, etc. pp.

14. BRIEF

An Selbigen
Selborne, 12. März 1768

Dear Sir, würde sich ein wissbegieriger Gentleman den Kopf eines Damhirschs besorgen und ihn sezieren, fände er zwei *Spiracula* oder Luftlöcher neben den Nasenlöchern, wahrscheinlich analog der *Puncta lachrymalia* oder Tränenpunkte beim Menschen. Wenn das Wild durstig ist, taucht es den Kopf, wie einige Pferde, tief ins Wasser und bleibt beim Trinken eine Zeit lang in dieser Position. Um Komplikationen zu vermeiden, kann es zwei Löcher öffnen, eins in jedem inneren Augenwinkel, die mit der Nase verbunden[1] sind. Hier haben wir es anscheinend mit einer erstaunlichen Einrichtung der Natur zu tun, die unsere Beachtung verdient und die, soweit ich weiß, bislang von keinem Naturforscher beschrieben wurde. Denn wie es aussieht, ersticken die Tiere nicht, auch wenn Mund und Nase versperrt sind. Die Besonderheit am Kopf könnte dem Wild einen einzigartigen Dienst erweisen, indem sie ihm freieres Atmen ermöglicht, denn ohne Zweifel werden die zusätzlichen Nasen beim schnellen Rennen geöffnet.* Mr. Ray merkt an, dass man in Malta den Lasteseln die Nase aufschlitzt, da diese von Natur aus schmal und klein ist und ihnen nicht genügend Luft verschafft, wenn sie bei dem heißen Klima laufen und arbeiten. Wir wissen auch, dass Pferdeknechte und die Gentlemen auf der Rennbahn es bei Jagd- und Rennpferden für eine hervorragende Eigenschaft halten, wenn sie große Nüstern haben.

* beim schnellen Rennen geöffnet: Auf diesen Bericht gab mir Mr. Pennant die folgende interessante und sachbezogene Antwort: »Ich war sehr überrascht, bei der Antilope etwas zu finden, das dem entspricht, was Sie beim Wild als so erstaunlich beschreiben. Das Tier hat einen langen Schlitz unter jedem Auge, der nach Bedarf geöffnet und geschlossen werden kann. Hält man ihm eine Orange hin, macht es von diesen Öffnungen genauso Gebrauch wie von seinen Nasenlöchern, wendet sie der Frucht zu und scheint diese damit zu riechen.«

Der griechische Dichter Oppian scheint mit der folgenden Zeile darauf anzuspielen, dass Hirsche vier Luftlöcher haben:

»τετράδυμοι ῥῖνες, πίσυρες πνοιῇσι δίαυλοι«

»Quadrifidae nares, quadruplices ad respirationem canales«

[Sie haben vierfache Nasenlöcher, vier Öffnungen zum Atmen]

Oppian: *Cynegetica*, II, 181

Autoren, die einer vom anderen abgeschrieben haben, veranlassten Aristoteles zu der Bemerkung, dass Ziegen durch die Ohren atmen, was er natürlich nicht ernst meint: »Ἀλκμαίων γὰρ οὐκ ἀληθῆ λέγει, φάμενος ἀναπνεῖν τὰς αἶγας κατὰ τὰ ὦτα« – »Alkmaion spricht nicht wahrheitsgemäß, wenn er sagt, dass Ziegen durch die Ohren atmen.« [Aristoteles: *Historia animalum,* I, 11, 482a]

15. BRIEF

An Selbigen
Selborne, 30. März 1768

Dear Sir, einige verständige Leute wollen hier in der Gegend ein Tier der Gattung *Mustelinum*[1] gesehen haben, das sich von Wiesel, Frettchen, Marder und Iltis unterscheidet, ein kleines, rötliches Raubtier, von dem sie sagen, es sähe aus wie ein Stock, nicht viel dicker, aber viel länger als eine Feldmaus. Die Informationen sind nicht sehr verlässlich, aber es sollen weitere Erkundigungen eingezogen werden.

Ein Gentleman aus der Nachbarschaft hatte zwei milchweiße Raben im Nest. Sein Trottel von Kutscher fand sie, ehe sie flügge waren, und tötete sie zum Bedauern des

Mauswiesel und Großes Wiesel (Hermelin)

Besitzers, der sich glücklich geschätzt hätte, so eine Rarität in seinem Rabenhorst zu haben. Ich sah die Vögel an die Rückwand einer Scheune genagelt und war überrascht festzustellen, dass Schnäbel, Beine, Füße und Krallen milchweiß waren.

Ein Schäfer glaubte in diesem Winter oberhalb meines Hauses[2] einige weiße Lerchen gesehen zu haben. Sollte das nicht *Emberiza nivalis*, die Schneeammer aus der *British Zoology*[3] gewesen sei? Ich bin überzeugt davon.

Vor einigen Jahren sah ich ein Dompfaffmännchen im Käfig, das gefangen worden war, nachdem es seine volle Farbigkeit erreicht hatte. Nach etwa einem Jahr sah der Vogel schmuddelig aus und wurde von Jahr zu Jahr dunkler, bis er nach vier Jahren schließlich kohlrabenschwarz war. Sein Hauptfutter bestand aus Hanfsamen. So groß ist der Einfluss der Ernährung auf die Färbung der Tiere! Die gefleckten und gesprenkelten Farben von gezähmten Tieren sind vermutlich auf das gehaltreiche, verschiedenartige und ungewohnte Futter zurückzuführen.

Seit Jahren beobachte ich, dass die Wurzeln des Gefleckten Aronstabs (*Arum maculatum*) in strengen Wintern aus den trockenen Böschungen gekratzt und gefressen werden.

Nach eingehender Beobachtung meinerseits und von Seiten anderer fanden wir heraus, dass Drosseln die Aronwurzel aufspüren, die doch außergewöhnlich scharf und brennend schmeckt.

Die Schwärme von Buchfinkenweibchen haben uns noch nicht verlassen. Der Bestand an Amseln und Drosseln wurde durch das eisige Wetter im Januar erheblich ausgedünnt.

Mitte Februar entdeckte ich in meinen hohen Hecken einen kleinen Vogel, der mein Interesse weckte. Er war von gelbgrüner Farbe, wie sie typisch für die Gattung *Salicaria* oder Laubsänger ist, und ich glaube, er hatte einen weichen Schnabel. Es war keine Meise, auch für ein Wintergoldhähnchen war er zu lang und groß. Er ähnelte am ehesten dem Zilpzalp und hing manchmal mit dem Rücken nach unten, blieb aber nie auch nur einen Moment lang an einer Stelle. Ich schoss auf ihn, aber so halbherzig, dass ich ihn verfehlte.

Mich erstaunt, dass man den Triel (*Charadrius oedicnemus*) als selten bezeichnet. In allen Jagdgebieten von Hampshire und Sussex ist er häufig anzutreffen und brütet, wie ich glaube, den ganzen Sommer hindurch, denn ich habe noch im Spätherbst Junge von ihm gesehen. Sie fangen schon an, am Abend zu zetern. Triele können korrekterweise nicht, wie bei Ray, als »circa aquas versantes« [sich um Gewässer herumtummelnd] bezeichnet werden, denn bei uns finden sie sich, zumindest bei Tage, weit vom Wasser entfernt, auf trockenen und offenen, höher gelegenen Feldern und Schafweiden. Was sie nachts machen, weiß ich nicht. Sie fressen gewöhnlich Würmer, aber auch Kröten und Frösche.

Ich kann Ihnen einige schöne Exemplare meiner neuen Maus zeigen. Linnaeus würde sie vermutlich *Mus minimus* nennen.

16. BRIEF

An Selbigen
Selborne, 18. April 1768

Dear Sir, hier nun die Beschreibung des Triels, *Charadrius oedicnemus*: Er legt gewöhnlich zwei, höchstens drei Eier auf die nackte Erde, ohne ein Nest zu bauen, sodass die Brut beim Bestellen der Brachfelder oft vernichtet wird. Sobald die Jungen geschlüpft sind, laufen sie wie Rebhühner umher, werden aber sogleich von der Mutter auf ein steiniges Feld gebracht, wo sie zwischen den Steinen umherhüpfen, die ihre beste Tarnung sind. Ihr Gefieder ist von genau derselben Farbe wie unsere grauflеckigen Feuersteine, sodass auch der genaueste Beobachter sie nur ausmachen kann, wenn er sie einzeln im Auge behält. Die Eier sind klein, rund, schmutzig-weiß und haben blutrote Flecken. Zwar kann ich Ihnen nicht jederzeit ein Exemplar besorgen, aber zeigen könnte ich Ihnen die Vögel praktisch jeden Tag. Abends vernimmt man sie um das ganze Dorf herum, denn sie machen ein Gezeter, das man eine Meile weit hören kann. *Oedicnemus* ist ein sehr angemessener und ausdrucksstarker Name, denn ihre Beine scheinen geschwollen, wie die von Gichtkranken. Nach der Ernte habe ich sie auf den Rübenfeldern geschossen.

Es besteht für mich kein Zweifel, dass es drei Arten von Laubsängern gibt – zwei davon kenne ich gut, die dritte habe ich bisher nicht gefunden. Zwei Vögel könnten sich nicht stärker in ihrem Gesang unterscheiden als die beiden mir bekannten Arten, denn der eine hat einen munteren, leichten und lachenden, der andere einen harten, lauten und zirpenden Ton. Der Sänger ist in jeder Hinsicht größer, nämlich ¾ Zoll länger und mit seinen 2½ Quentchen um ⅕ schwerer als der Zirper. Aus meinem Journal geht hervor, dass der Zirper (der, abgesehen vom Wendehals, der erste Sommerzugvogel ist, den wir zu hören bekommen)

Triel

von Mitte März über den ganzen Frühling und Sommer bis Ende August seine zwei Töne hervorbringt. Die Beine des Sängers sind fleischfarben, die des Zirpers schwarz.

Der Feldschwirl begann letzten Samstag mit seinem sirrenden Gesang. Nichts ist amüsanter als das Flüstern des kleinen Vogels, der ganz nahe zu sein scheint, auch wenn er 100 Yards entfernt ist; sogar direkt am Ohr hört er sich kaum lauter an als in größerer Entfernung. Wäre ich nicht ein wenig vertraut mit Insekten und wüsste nicht, dass die

Locusta bzw. Heuschrecke

Heuschrecken noch nicht geschlüpft sind, hätte ich annehmen müssen, dass es eine *Locusta* ist, die in den Büschen zirpt. Die Leute hier lachen, wenn man ihnen erzählt, dass es sich um den Gesang eines Vogels handelt. Es ist ein sehr schlaues Tier, das sich im dichten Gebüsch versteckt hält und direkt neben einem zu singen beginnt, sofern es verborgen ist. Ich bat jemanden, auf die andere Seite der Hecke zu gehen, in der sich der Vogel aufhielt, woraufhin wir uns in eine Richtung bewegten, während der Vogel wie eine Maus vielleicht 100 Yards die dornige Hecke entlangkroch, ohne herauszukommen. Nur am frühen Morgen, wenn er ungestört ist, singt er mit offenen, flatternden Flügeln von einem Ast herunter. Sogar Mr. Ray kannte den Vogel nicht und bekam eine Beschreibung von einem Mr. Johnson, der ihn offenbar mit dem Goldhähnchen verwechselte, von dem er sich allerdings deutlich unterscheidet. Siehe Rays *Philosophical Letters*, S. 108.

Der Fliegenschnäpper (*Stoparola*), der gewöhnlich in meinem Wein brütet, ist noch nicht aufgetaucht. Der Gartenrotschwanz fängt an zu singen, sein Gesang ist kurz und nicht sehr schön, hält aber bis Mitte Juni an. Die Laubsänger (die kleinere Sorte) sind eine entsetzliche Plage im Garten, weil sie Erbsen, Kirschen, Johannisbeeren etc. vernichten. Sie sind so zahm, dass sie nicht einmal vor einem Gewehr erschrecken.

Verzeichnis der Sommerzugvögel, die in unserer Umgebung entdeckt wurden, ungefähr nach ihrem Erscheinen geordnet:

	Linnésche Nomenklatur[1]
1. Kleiner Laubsänger	*Motacilla trochilus*
2. Wendehals	*Jynx torquilla*
3. Rauchschwalbe	*Hirundo rustica*
4. Hausschwalbe	*Hirundo urbica*
5. Uferschwalbe	*Hirundo riparia*
6. Kuckuck	*Cuculus canorus*
7. Nachtigall	*Motacilla luscinia*
8. Mönchsgrasmücke	*Motacilla atricapilla*
9. Dorngrasmücke	*Motacilla sylvia*
10. Größerer Laubsänger	*Motacilla trochilus*
11. Mauersegler	*Hirundo apus*
12. Triel?	*Charadrius oedicnemus?*
13. Turteltaube?	*Turtur aldrovandi?*
14. Feldschwirl	*Alauda trivialis*
15. Wachtelkönig	*Rallus crex*
16. Großer Laubsänger	*Motacilla trochilus*
17. Gartenrotschwanz	*Motacilla phoenicurus*
18. Ziegenmelker	*Caprimulgus europaeus*
19. Fliegenschnäpper	*Muscicapa grisola*

Meine Leute reden oft von einem Vogel, der mit dem Schnabel gegen einen trockenen Ast oder einen alten Pfahl klopft. Ich ließ einen schießen, als er das tat, und es zeigte sich, dass es eine *Sitta europaea* war, ein Kleiber. Mr. Ray sagt, dass der selten gesichtete Specht dasselbe macht. Man kann das Geräusch über Hunderte von Yards hören.

Jetzt ist die einzige Zeit, die kurzflügeligen Sommervögel zu bestimmen, denn wenn das Laub heraus ist, lässt sich kaum noch etwas über das rastlose Volk aussagen. Wenn dann erst einmal die Jungen kommen, gibt es ein heilloses Durcheinander, sodass Gattung, Art und Geschlecht nicht mehr zu unterscheiden sind.

Zur Brutzeit flattern die Schnepfen pfeifend und trommelnd über die Moore; wenn sie sich fallen lassen, summen sie. Hört sich das nicht nach Tönen aus dem Bauch an, wie die von Truthähnen? Einige vermuten, dass sie das Geräusch mit den Flügeln machen.

Heute früh sah ich ein Wintergoldhähnchen, dessen Scheitelstreif wie poliertes Gold glänzte. Der Vogel hängt oft wie eine Meise mit dem Rücken nach unten.

17. BRIEF

An Selbigen
Selborne, 18. Juni 1768

Dear Sir, letzten Mittwoch kam ihr liebenswürdiger Brief vom 10. Juni. Es erfüllt mich mit großer Genugtuung, dass Sie Ihre Studien mit solchem Elan verfolgen und in Bezug auf Reptilien und Fische so viel Tatkraft an den Tag legen.[1]

Was die Naturgeschichte der Reptilien angeht, so wenige es auch davon gibt, bin ich nicht so bewandert, wie ich es mir wünschte. Ein ähnlich hoher Grad an Ungewissheit und Dunkelheit, was die Fortpflanzung betrifft, findet sich beim Befruchtungssystem der Sporenpflanzen und in mancher Hinsicht auch bei Fischen, etwa Aalen etc.

Die Art und Weise, wie sich die Kröten vermehren und ihre Jungen hervorbringen, scheint mir arg im Dunkeln zu liegen. Einige Autoren sagen, sie seien lebendgebärend, aber Ray klassifiziert sie als eierlegende Tiere und schweigt sich über die Frage der Zeugung aus. Vielleicht sind sie

Grasfrosch

ἴσω μὲν ᾠοτόκοι, ἔξω δε ζωοτόκοι [gleichermaßen eierlegend wie auch lebendgebärend], wie es bekanntlich bei Vipern der Fall ist.

Die Kopulation der Frösche (zumindest hat es den Anschein, denn Swammerdam beweist, dass männliche Frösche keinen *Penis intrans* haben) ist notorisch, denn jeder weiß, wie sie im Frühling monatelang aufeinandersitzen, doch habe ich niemals gesehen oder gelesen, dass sich Kröten genauso verhielten. Seltsamerweise ist auch die Frage nach der Giftigkeit der Kröten[2] noch ungeklärt. Dass sie für einige Tiere nicht giftig sind, liegt auf der Hand: Enten, Bussarde, Eulen, Triele und Nattern fressen sie, soweit ich weiß, ohne dass es ihnen schadet. Darüber hinaus kann ich mich gut erinnern, auch wenn ich selbst nicht Augenzeuge war (aber viele haben es gesehen), wie ein Quacksalber hier im Dorf zum großen Staunen der Leute eine Kröte aß und danach einen Schluck Öl trank.

Ich weiß auch aus sicherer Quelle, dass einige Ladies (mit eigenartigem Geschmack, werden Sie sagen) Gefallen an einer Kröte gefunden hatten und sie über viele Jahre im

Sommer mit den Maden der Aasfliege fütterten, bis sie eine monströse Größe erreicht hatte. Das Tier kam Abend für Abend aus einem Loch unter der Gartentreppe hervor und wurde nach dem Dinner zum Füttern auf den Tisch gesetzt. Schließlich passte ein zahmer Rabe den Moment ab, als die Kröte ihren Kopf herausstreckte, versetzte ihr mit seinem Hornschnabel einen festen Stoß und stach ihr ein Auge aus. Nach diesem Unfall schmachtete das Tier dahin und verstarb nach einiger Zeit.

Einen Gentleman von Ihrer umfassenden Belesenheit muss ich nicht an den ausgezeichneten Aufsatz von Mr. Derham in Rays Schrift über die göttliche Weisheit in der Schöpfung erinnern, in dem es um die Wanderung der Frösche zu ihren Brutplätzen geht. Darin untergräbt er unverzüglich die törichte Vorstellung, die Frösche fielen bei Regen aus den Wolken, und zeigt, dass sie die wohltuende Kühle und Feuchtigkeit der Regenschauer abwarten, die sie erst dazu veranlasst, ihre Wanderung zu beginnen. Die Frösche befinden sich derzeit noch im Kaulquappenstadium, aber in ein paar Wochen wird es auf unseren Straßen, Wegen und Feldern für einige Tage wimmeln von diesen Emigranten, kaum größer als mein kleiner Fingernagel. Swammerdam beschreibt aufs Genaueste, wie und unter welchen Umständen das Männchen den Laich des Weibchens befruchtet. Wie wunderbar ist die Ökonomie der Vorsehung in Bezug auf die Gliedmaßen dieser gemeinen Geschöpfe! Während sie im Wasser leben, haben sie einen fischähnlichen Schwanz und keine Beine. Sobald die Beine wachsen, wird der Schwanz als nutzlos abgeworfen, und sie begeben sich an Land.

Merret irrt gewaltig, wie ich mich zu sagen getraue, wenn er vorschlägt, dass der Laubfrosch ein englisches Reptil ist. Es gibt ihn in Hülle und Fülle auch in Deutschland und der Schweiz.

Man darf nicht vergessen, dass Rays *Salamandra aquatica* (der Wassermolch) häufig nach dem Köder des

Landmolch

Anglers schnappt und oft auch am Haken hängt. Ich hielt es für gegeben, dass *Salamandra aquatica* im Wasser ausgebrütet wird, lebt und stirbt. Aber John Ellis, Esq. (der Korallen-Ellis) verweist in einem Brief vom 5. Juni 1766 an die Royal Society auf seine Untersuchung über den Schlamm-Leguan, eine amphibische Handwühle aus South Carolina, und stellt fest, dass der Wassermolch nur die Larve des Landmolches ist, analog zu Kaulquappe und Frosch. Damit man mir nicht unterstellt, ich hätte ihn missverstanden, zitiere ich hier aus seinem Aufsatz. Im Zusammenhang mit den Kiemendeckeln des Schlamm-Leguans schreibt er: »Die Form des Deckels kam dem sehr nahe, was ich vor einiger Zeit beim Larven- oder Wasserstadium unserer englischen *Lacerta*[3], auch bekannt als Wassermolche, beobachten konnte. Bei ihnen dient er als Kiemendeckel und als Schwanzflosse, die sie beide verlieren, wenn sie ihr Stadium verändern und Landtiere werden.«

Linnaeus deutet in seiner *Systema naturae* mehrmals an, was Mr. Ellis geltend macht.

Die Vorsehung war mit uns so gnädig, nur eine einzige giftige Schlange in unseren Königreichen zu dulden, und zwar die Viper. Da Sie das Wohl der Menschheit zum Ziel Ihrer Publikationen erklären, werden Sie gewiss nicht versäumen, gewöhnliches Salatöl als wichtigstes Mittel gegen den Biss der Viper zu erwähnen. Die Blindschleiche (*Anguis fragilis* genannt, weil sie schon bei einem leichten Schlag in zwei Stücke zerfällt) habe ich bei einer Untersuchung als völlig harmlos erkannt. Am 27. Mai tötete ein Nachbar (dem ich viele wertvolle Hinweise zu verdanken habe) eine weibliche Viper. Beim Öffnen fand er eine Kette von elf Eiern, so groß wie die der Amsel, doch keins so weit entwickelt, dass es auch nur die geringste Spur von Jungen enthalten hätte. Obwohl Vipern Eier legen, sind sie doch auch lebendgebärend, weil sie die Eier im Bauch ausbrüten und dann die Jungen gebären. Ringelnattern dagegen legen ihre Eier jeden Sommer in mein Melonenbeet, auch wenn meine Leute alles tun, um das zu verhindern. Die Jungen schlüpfen erst im folgenden Frühling, wie ich oft beobachtet habe. Einige verständige Leute behaupten gesehen zu haben, dass die Viper ihre wehrlosen Jungen bei Gefahr im Rachen verbirgt, ähnlich dem Opossum, das den Nachwuchs im Notfall in einem Beutel unter dem Bauch versteckt. Laut Mr. Barrington behaupten die Londoner Vipernfänger dennoch steif und fest, so etwas gäbe es nicht. Die Schlangen fressen, glaube ich, nur einmal im Jahr, und zwar zu einer bestimmten Jahreszeit. Die Leute hier reden oft von einer Wasserschlange, aber ich bin sicher, ohne Sinn und Verstand, denn die gewöhnliche Natter (*Coluber natrix*) jagt gerne im Wasser, vielleicht in der Hoffnung, sich Frösche und andere Nahrung zu verschaffen.

Ich kann mir nicht gut vorstellen, wie Sie auf Ihre zwölf Reptilienarten kommen, es sei denn, es handelt sich um verschiedene Arten oder, besser gesagt, Varietäten unserer Eidechsen, von denen Ray fünf auflistet. Ich hatte bisher keine Gelegenheit, das nachzuprüfen, aber ich erinnere mich gut, auf den sonnigen Sandbänken nahe Farnham in Surrey verschiedene schöne, grüne Eidechsen gesehen zu haben. Ray räumt ein, dass es sie auch in Irland gibt.

18. BRIEF

An Selbigen
Selborne, 27. Juli 1768

Dear Sir, ich erhielt Ihren zuvorkommenden und offenherzigen Brief vom 28. Juni, während ich im Hause eines Gentleman[1] zu Besuch war und weder Bücher hatte, in denen ich hätte nachschlagen können, noch Muße, um Ihre vielfältigen Fragen zu beantworten, was ich auf die beste mir mögliche Weise erledigen wollte.

Auf meinen Wunsch hat jemand in unseren Bächen nachgesehen, konnte aber keinen zehnstacheligen Stichling (*Gasterosteus pungitius*) finden, dafür aber viele der dreistacheligen Art (*Gasterosteus aculeatus*). Heute früh verschickte ich einen Korb mit einem Tontöpfchen voll nassem Moos, in dem einige Stichlinge waren, Männchen und Weibchen, dazu Neunaugen und Kaulköpfe, nur Elritzen konnte ich nicht besorgen. Der Korb wird heute Abend um acht Uhr in der Fleet Street[2] sein, sodass ich hoffe, Mazell bekommt die Fische morgen früh frisch und wohlbehalten. Dazugelegt habe ich einen Brief mit Erklärungen, auf welche Einzelheiten der Stecher zu achten hat.

Da ich mich bei meinem Besuch in nicht allzu großer Entfernung von Ambresbury befand, schickte ich einen Diener dorthin, um einige lebende Schmerlen zu besorgen, die er mir schnell und sicher in einem Glasbehälter brachte. Sie kommen aus den Gräben zum Flößen der Wiesen. Von diesen Fischen (die zwischen 2 und 4 Zoll lang waren) machte ich folgende Beschreibung: »Die Schmerle ist in ihrer Gesamterscheinung transparent, der Rücken mit unregelmäßig verteilten, kleinen, schwarzen Punkten gesprenkelt, die nicht bis weit unter die Seitenstreifen (*Linea lateralis*) reichen, auch Rücken- und Schwanzflosse weisen dieselbe Zeichnung auf. Von beiden Augen verläuft je eine schwarze Linie zur Nase, der Bauch ist silbrig-weiß, der Oberkiefer ragt über den Unterkiefer hinaus und ist mit sechs Bartfäden bestückt, drei auf jeder Seite. Die Brustflossen sind groß, die Bauchflosse ist viel kleiner, die Afterflosse klein, die Rückenflosse groß und trägt acht Strahlen. Der Schwanz ist an der Stelle, wo die Schwanzflosse ansetzt, erstaunlich breit, ohne sich zu verjüngen, was charakteristisch für die Gattung zu sein scheint. Die Schwanzflosse ist breit und am Ende gerade. Nach Stärke und Muskelkraft des Schwanzes zu urteilen, handelt es sich um einen aktiven und flinken Fisch.«

Ich war bei meinem Besuch auch nicht weit von Hungerford entfernt und ließ es mir nicht nehmen, Erkundigungen einzuziehen, was das erstaunliche Heilen von Krebs[3] mit Hilfe von Kröten betrifft. Mehrere vernünftige Personen, Landadlige wie Geistliche, erachten die Zeitungsmeldungen, wie ich gehört habe, als sehr glaubwürdig. Ich selbst aß mit einem Geistlichen, der davon überzeugt zu sein schien, dass die Berichte den Tatsachen entsprechen. Aber als ich seine Darstellung hörte, entdeckte ich Umstände, die mehr als geringe Zweifel daran aufkommen ließen, wie die Frau auf die Heilmethode gestoßen sein will. Sie soll selbst gesagt haben, »dass sie, unter einem bösartigen Krebs leidend, in eine Kirche ging, wo eine große Menschenmenge versammelt war. Auf dem Weg zur Kirchenbank wurde sie von einem fremden Geistlichen angesprochen, der sein Mitleid ausdrückte und ihr sagte, wenn sie betreffende Anwendung mit lebenden Kröten machte, würde sie geheilt.« Ist es denn wahrscheinlich, dass der unbekannte Gentleman so großes Mitgefühl für eine einzige Leidende zeigte und kein Mitleid hatte für die vielen Tausende, die diese schreckliche Krankheit Tag für Tag erdulden müssen? Hätte er sein unschätzbares Geheimmittel nicht zu seinem eigenen Vorteil verwendet oder zumindest durch die eine oder andere Veröffentlichung einen Weg gefunden, es zum Wohle der ganzen Menschheit einzusetzen? Kurzum, die Frau, die sich (wie mir scheinen will) als Krebsheilerin geriert, gefällt sich darin, das Land mit ihrer dunklen, geheimnisvollen Geschichte zum Narren zu halten.

Beim Wassermolch erkenne ich nicht die geringsten Spuren von Kiemen, deren Fehlen ihn dazu nötigt, regelmäßig an die Wasseroberfläche zu steigen, um nach Luft zu schnappen. Ich öffnete einen Molch mit dickem Bauch und fand jede Menge Laich. Nicht, dass dieser Umstand die These entwertet, es handele sich um eine Larve, denn die Larven von Insekten sind voller Eier, die sie absondern, wenn sie ihr letztes Stadium erreichen. Der Wassermolch klettert ständig über den Rand des Gefäßes, in dem wir ihn im Wasser halten, und läuft weg. Die Leute sehen jeden Sommer, wie die Molche aus den Teichen, in denen sie geschlüpft sind, ans trockene Ufer krabbeln. Es gibt mehrere Varietäten, die sich in der Farbe unterscheiden, einige haben Flossen an Schwanz und Rücken,[4] andere nicht.

19. BRIEF

An Selbigen
Selborne, 17. Aug. 1768

Dear Sir, ich habe unstrittig drei unterschiedliche Arten von Laubsängern[1] (*Motacillae trochili*) ausmachen können, die unveränderlich und ausnahmslos verschiedene Töne von sich geben. Aber zugleich muss ich zugeben, nichts von der von Ihnen beschriebenen Lerche[*] zu wissen. In meinem Brief vom 18. April hatte ich beiläufig erwähnt, dass ich Ihre Lerche kennen würde, aber noch nicht zu Gesicht bekommen hätte. Doch als ich mir eine davon besorgt hatte, stellte sich heraus, dass sie unzweifelhaft eine *Motacilla trochilus* war, nur ein wenig größer als die beiden anderen, das Gelbgrün des Rückens lebhafter und der Bauch in einem helleren Weiß. Ich habe gerade je ein

* Lerche: *British Zoology*, edit. 1776, octavo, S. 581.

Laubsänger

Exemplar der drei Arten vor mir liegen und kann feststellen, dass es drei Abstufungen in der Größe gibt, dass die Beine der kleinsten Art schwarz und die der beiden anderen fleischfarben sind. Der am kräftigsten gelb gefärbte Vogel ist deutlich der größte und hat an den Schwanzfedern und kleineren Federn weiße Spitzen, was bei den anderen nicht der Fall ist. Er lebt in den Wipfeln hoher Buchenwälder, gibt einen sirrenden Ton von sich, der an Heuschrecken erinnert, und flattert dabei gelegentlich leicht mit den Flügeln. Ich habe keine Zweifel, dass es sich um Rays *Regulus non cristatus* handelt, von dem er sagt: »cantat voce stridula locustae« [singt mit der zirpenden Stimme der Heuschrecke]. Doch hat der große Ornithologe niemals vermutet, dass es sich um eine von drei Arten handelt.

20. BRIEF

An Selbigen
Selborne, 8. Oktober 1768

Dear Sir, mit der Zoologie ist es meiner Meinung nach wie mit der Botanik. Die Natur ist so reichhaltig, dass jenes Gebiet die größte Mannigfaltigkeit aufweist, das am genauesten untersucht wurde. Manche Vögel, von denen es heißt, sie gehörten in den Norden, sind, wie mir scheinen will, auch oft im Süden anzutreffen. So habe ich diesen Sommer drei Vogelarten bei uns entdeckt, von denen die Autoren behaupten, sie wären nur in den nördlichen Grafschaften heimisch. Die erste, die mir gebracht wurde (am 14. Mai) war ein Uferläufer (*Tringa hypoleucus*), ein Männchen, das an einem Teichufer nahe dem Dorf lebte und zweifellos dort am Wasser zu brüten gedachte, da es eine Begleiterin hatte. Inzwischen berichtete mir der Teichbesitzer, dass er sich erinnere, dieselben Vögel bereits in den Sommern zuvor gesehen zu haben.

Als nächsten Vogel bekam ich (am 21. Mai) einen männlichen Neuntöter, *Lanius collurio*. Mein Nachbar schoss ihn und sagte, er wäre ihm fast entgangen, hätte ihn nicht das Geschrei und Geflatter der Dorngrasmücken und anderer kleiner Vögel auf das Gebüsch aufmerksam gemacht, in dem er saß. Sein Magen war mit Beinen und Flügeln von Käfern gefüllt.

Die nächsten seltenen Vögel (die mir letzte Woche gebracht wurden) waren ein paar Ringdrosseln, *Turdi torquati*.

Ein Gentleman aus London,[1] der uns diese Woche vor einem Jahr besuchte, war mit dem Gewehr unterwegs und fand in einer alten Eibenhecke einige Vögel, eine Art Amseln, wie er sagte, mit weißen Ringen um den Hals. Auch ein Nachbar beobachtete die Vögel zur selben Zeit, aber da er sich kein Exemplar beschaffen konnte, nahm man kaum

Notiz davon. Ich erwähnte den Umstand in meinem Brief vom 4. November 1767 (Sie schenkten dem nur wenig Beachtung, da ich die Vögel nicht selbst gesehen hatte.) Doch letzte Woche beobachtete der oben erwähnte Nachbar eine große Schar dieser Vögel, vielleicht zwanzig oder dreißig Stück. Er schoss zwei Männchen und zwei Weibchen und sagte, er erinnere sich, im letzten Frühling, genauer gesagt, zu Mariä Verkündigung,[2] solche Vögel, wie es aussah, vor ihrer Rückkehr in den Norden beobachtet zu haben. Vielleicht kommen die Drosseln nicht aus Nordengland, sondern aus Nordeuropa und ziehen sich vor dem strengen Frost aus jenen Gebieten zurück, um im Frühling, wenn die Kälte nachlässt, zum Brüten dorthin zurückzukehren. Wenn dem so ist, habe ich hiermit einen neuen Winterzugvogel entdeckt, über dessen Wanderung sich die Autoren ausschweigen. Sollte es sich bei den Vögeln aber um Drosseln aus Nordengland handeln, haben wir es mit einer Migration innerhalb unseres Landes zu tun, die bisher nicht beschrieben wurde. Es liegt noch kein Anhaltspunkt dafür vor, dass sie sich über die Grenzen unserer Insel hinaus in den Süden zurückziehen, aber es ist sehr wahrscheinlich, denn die Vögel wären andernfalls in den südlichen Grafschaften nicht so lange unentdeckt geblieben. Die Drossel ist größer als eine Amsel und ernährt sich von Mehlbeeren, doch letzten Herbst (als es keine Mehlbeeren gab) fraß sie die Eibenbeeren. Im Frühling hält sie sich an die Früchte des Efeus, die zu dieser Jahreszeit reif werden, im März und April.

Ich muss Ihnen unbedingt berichten (da Sie sich neuerdings mit dem Studium der Reptilien beschäftigen), dass meine Leute hin und wieder aus meinem Brunnen, der 63 Fuß tief ist, mit dem Wasser einen großen, schwarzen und warzigen Lurch[3] mit Schwanzflosse und gelbem Bauch hochziehen. Wie die Tiere in solche Tiefen gelangen und ohne fremde Hilfe jemals wieder hochkommen, entzieht sich meiner Kenntnis.

Ich bin Ihnen Dank schuldig für Ihre Mühe und Sorgfalt bei der Untersuchung des Hirschschädels. Ihre bisherigen Befunde scheinen meinen Verdacht zu bestätigen, und ich hoffe, Mr. ------[4] findet Gründe für eine Entscheidung, die zu meinen Gunsten ausfällt, sodass wir diese außerordentliche Vorsehung der Natur als weiteres Beispiel für die göttliche Weisheit anführen können.

Mit meiner Beschreibung des *Oedicnemus* oder Triel bin ich noch nicht fertig, denn ich habe einen Gentleman in Sussex[5] gebeten (nahe dessen Haus sich die Vögel im Herbst in großen Schwärmen versammeln), genau zu notieren, wann sie die Gegend verlassen (wenn sie sie überhaupt verlassen) und wann sie im Frühling zurückkehren. Ich besuchte den Gentleman kürzlich und sah einzelne Exemplare der Vögel.

21. BRIEF

An Selbigen
Selborne, 28. Nov. 1768

Dear Sir, bezugnehmend auf den *Oedicnemus* oder Triel, will ich sehr bald meinem Freund in der Nähe von Chichester schreiben, in dessen Umgebung die Vögel anscheinend zuhauf anzutreffen sind. Ich will ihn bitten, genau darauf achtzugeben, wann sie sich zu versammeln beginnen, und dann präzise zu beobachten, ob sie sich nicht während des tiefsten Winters zurückziehen. Wenn ich in der Sache Aufklärung erhalten habe, ist meine Beschreibung des Vogels abgeschlossen, die hoffentlich zu Ihrer Zufriedenheit ausfallen wird, denn sie kommt, da bin ich mir sicher, der Wahrheit sehr nahe. Da dieser Gentleman einen großen Besitz sein Eigen nennt und von früh bis spät draußen ist, wird er ein zuverlässiger Spion sein, was die Unternehmungen dieser Vögel angeht. Außerdem

Lund

habe ich ihn dafür gewinnen können, sich ein *Naturalist's Journal*[1] zuzulegen (mit dem er sehr zufrieden ist), sodass ich von ihm präzise Angaben erwarten kann. Es ist schon äußerst ungewöhnlich, wie Sie zu Recht bemerken, dass ein Vogel, der bei uns so gewöhnlich ist, sich bei Ihnen nie blicken lässt.

In diesem Zusammenhang bietet es sich an, eine Geschichte zu erzählen, die besagter Gentleman mir mitteilte, als ich letzten Sommer in seinem Hause war. Sie geht so: In einem angrenzenden Wildgehege nisteten viele Dohlen (*Corvi mondulae*) jedes Jahr in den Kaninchenbauen unter der Erde. Er und sein Bruder holten sich die Nester, als sie

Kinder waren, indem sie am Eingang des Baus horchten. Wenn sie die Jungen piepsen hörten, angelten sie das Nest mit einem gegabelten Stock heraus. Einige Arten Wasserhühner, genauer gesagt die Lunde, brüten meines Wissens auch auf diese Weise, aber dass Dohlen ihre Nester in Erdlöchern bauen, hätte ich nie vermutet.

Ein weiterer ungewöhnlicher Ort, den Dohlen als Brutplatz benutzen, ist Stonehenge. Die Vögel platzieren ihre Nester in den Lücken zwischen den aufrechten Steinen und den Stürzen dieses verblüffenden Bauwerks aus uralten Zeiten. Für den Brutplatz spricht allein die außerordentliche Größe der aufrechten Steine, hoch genug, um die Nester vor den Plagen der Hirtenjungen zu schützen, die dort immer herumstreunen.

Einer meiner Nachbarn sah am letzten Samstag, den 26. November, eine Hausschwalbe an einem geschützten Platz. Die Sonne schien warm und der Vogel schnappte munter nach Fliegen. Ich bin nun völlig überzeugt davon, dass sie nicht alle im Winter unsere Insel verlassen.

Sie sprechen, wie ich meine, zu Recht mit Vorsicht und Zurückhaltung von den Krötenkuren. Egal was die Leute in solchen Dingen vorbringen, der Mensch tendiert so sehr zum Betrügen oder Betrogenwerden, dass man nicht gefahrlos wiederholen sollte, was gemeinhin vor allem in Druckwerken berichtet wird, ohne einen gewissen Grad von Zweifel und Misstrauen zu bekunden.

Ihre Zustimmung zu meiner neuen Entdeckung über die Migration der Ringdrossel erfüllt mich mit Genugtuung, und ich sehe, Sie pflichten mir bei, wenn ich vermute, dass es fremdländische Vögel sind, die uns besuchen. Sie werden hoffentlich nicht versäumen, Erkundigungen einzuziehen, ob die Ringdrosseln auch Ihre Gegend im Herbst verlassen. Was mich am meisten verblüfft, ist ihr sehr kurzer Aufenthalt bei uns, denn nach nicht einmal drei Wochen sind sie alle wieder verschwunden. Ich bin gespannt, ob sie uns bei ihrer Rückkehr im Frühling erneut besuchen.

Ich würde gern über größere Kenntnisse in der Ichthyologie[2] verfügen. Hätte mich das Schicksal an die See oder einen großen Fluss versetzt, wäre es mein natürlicher Drang gewesen, mich mit den Wasserbewohnern auszukennen. Doch da ich zumeist im Inland gelebt habe, dazu in einer höher gelegenen Gegend, geht mein Wissen über Fische kaum über die gewöhnlichen Arten in unseren Bächen und Teichen hinaus.

Ihr, etc.

22. BRIEF

An Selbigen
Selborne, 2. Jan. 1769

Dear Sir, was die Eigenart unserer Dohlen angeht, unterirdisch in Kaninchenbauen zu nisten, sind Sie der Sache sicher ein Stück weit auf den Grund gekommen, denn es gibt bei uns kaum Kirchtürme oder Glockenstühle. Wahrscheinlich sind Hampshire und Sussex, einmal abgesehen von Norfolk, ebenso ärmlich mit Kirchen ausgestattet wie fast alle anderen Grafschaften unseres Königreichs. Es gibt hier diverse Pfründe mit Einkünften von 200 oder 300 Pfund im Jahr, deren Gotteshäuser einen kaum besseren Eindruck machen als Taubenhäuser. Als ich Northamptonshire, Cambridgeshire, Huntingdonshire und die Niederungen von Lincolnshire zum ersten Mal sah, war ich erstaunt über die vielen Turmspitzen, die sich aus jedem Blickwinkel zeigten. Als Liebhaber von Panoramen muss ich diesen Mangel in der hiesigen Gegend beklagen, denn solche Elemente sind unerlässliche Bestandteile einer eleganten Landschaft.

Was Sie im Hinblick auf abgerichtete Kröten schreiben, hat meine Neugier geweckt. Ein Autor des Altertums, wenn auch kein Naturforscher, hat richtig angemerkt: »Denn jede Art von Tieren und Vögeln und Schlangen und Seetieren wird gezähmt und ist gezähmt vom Menschen.«[1]

Ich freue mich zu hören, dass man Ihnen in Devonshire tatsächlich eine grüne Eidechse beschaffen konnte, denn das untermauert eine Beobachtung, die ich vor vielen Jahren an einer sonnigen Sandbank bei Farnham in Surrey gemacht habe. Mir ist das südliche Devonshire gut bekannt und ich will meinen, dass es dank seiner Lage der passende Lebensraum ist, in dem das Tier eine so prächtige Färbung ausbilden kann.

Da die Ringdrosseln die ausgedehnten Berglandschaften bei Ihnen sicher nicht im Winter verlassen, ist unser Verdacht noch besser begründet, dass diejenigen, die unsere Gegend um Michaelis herum besuchen, keine englischen Vögel sind, sondern durch den Frost aus den nördlicheren Teilen Europas vertrieben wurden. Es wird der Mühe wert sein, wenn Sie aufspüren können, woher sie kommen und warum sie nur so kurz bleiben.

In dem Bericht über Ihre irrtümlich angenommenen zwei Reiherarten[2] haben Sie mich mit der Darstellung des Reiherstandes in Cressy Hall übrigens sehr erheitert. Leider konnte ich diese Kuriosität bisher nicht besichtigen. Achtzig Nester des Vogels auf einem einzigen Baum ist eine Seltenheit, die zu sehen ich gut und gern halb so viele Meilen reiten würde. Bitte vergessen Sie nicht, mir zu schreiben, wessen Landsitz Cressy Hall ist und in der Nähe welcher Stadt es liegt.[3] Ich habe schon des Öfteren gedacht, dass das dortige Sumpfland noch nicht hinreichend erforscht ist. Ein halbes Dutzend Gentlemen, ausgerüstet mit einer ordentlichen Meute Wasserspaniels, die das Gebiet für eine Woche durchkämmen, würde bestimmt weitere Arten aufspüren.

Es gibt wohl kaum einen Vogel, dessen Verhalten ich eingehender studiert hätte, als den *Caprimulgus*, den Ziegenmelker, auch Nachtschwalbe genannt, ein wunderbares und merkwürdiges Tier. Obwohl er, wie ich bemerkt habe,

Nachtschwalbe bzw. Ziegenmelker

manchmal auch im Flug ruft, bringt er seine schnarrenden Töne gewöhnlich hervor, wenn er auf einem Ast sitzt. Vor allem im vergangenen Sommer habe ich manche Stunde beobachtet, wie er mit dem Unterkiefer zitterte. Er hockt für gewöhnlich auf einem kahlen Ast, in einer Haltung, den Kopf tiefer als den Schwanz, die Ihr Zeichner in der Folioausgabe der *British Zoology* sehr gut wiedergegeben hat. Der Vogel ist ein Muster an Pünktlichkeit und beginnt mit seinem Gesang genau bei Tagesende, und zwar so exakt, dass er schon öfter zusammen mit dem Knall der Abendkanone von Portsmouth einsetzte, die wir bei ruhigem Wetter hier hören können. Es besteht für mich kein Zweifel,

Die Hermitage

dass seine Töne durch einen organischen Impuls hervorgebracht werden, durch die Kraft der tongebenden Abschnitte der Luftröhre, wie das Schnurren der Katzen. Als ich mit meinen Nachbarn in einer Hermitage[4] am Abhang eines steilen Hügels beim Tee saß, ließ sich oben auf dem Kreuz der Strohhütte ein Ziegenmelker nieder und begann zu schnarren, minutenlang wiederholte er seine Töne. Ob Sie mir nun glauben oder nicht, wir waren alle bass erstaunt festzustellen, dass die Organe eines so kleinen Tieres, einmal in Bewegung gesetzt, das ganze Gebäude merklich in Vibration versetzten. Ich habe beobachtet, dass der Vogel gelegentlich auch vier- oder fünfmal hintereinander einen kurzen, schnurrenden Ton ausstößt, und zwar immer dann, wenn ein Männchen ein Weibchen spielerisch durch die Baumkronen verfolgt.

Es wäre gar nicht verwunderlich, wenn die Fledermaus, die Sie erhielten, eine neue Spezies sein sollte, denn in einem Nachbarkönigreich wurden bereits fünf Spezies gefunden. Die große Fledermaus, die ich neulich erwähnte, ist sicher noch nicht kategorisiert und beschrieben. Ich sah diesen Sommer nur eine davon, hatte aber keine Gelegenheit, ihrer habhaft zu werden.

Ihre Geschichte mit dem Indianergras ist amüsant. Ich bin selbst kein Angler, aber als ich von einigen Anglern wissen wollte, woraus ihrer Meinung nach jener Teil des Angelzeugs gemacht wird, antworteten sie: »Aus den Gedärmen von Seidenwürmern.«

Obwohl ich nicht vorgeben will, große Kenntnisse in der Entomologie[5] zu besitzen, möchte ich mich auch nicht als völlig ahnungslos in diesem Wissenszweig bezeichnen. Vielleicht kann ich Ihnen dann und wann mit Auskünften aushelfen.

Die starken Regenfälle haben bei uns etwa zur selben Zeit nachgelassen wie bei Ihnen, seitdem ist das Wetter wechselhaft. Mr. Barker, der seit mehr als dreißig Jahren den Niederschlag misst, schrieb mir kürzlich in einem Brief, dass im vergangenen Jahr mehr Regen fiel als in allen anderen von ihm protokollierten Jahren. Allerdings gab es von Juli 1763 bis Januar 1764 mehr Niederschlag als in egal welchen sieben Monaten des vergangenen Jahres.

23. BRIEF

An Selbigen
Selborne, 28. Februar 1769

Dear Sir, es ist nicht unwahrscheinlich, dass die Smaragdeidechse aus Guernsey und unsere grünen Eidechsen von derselben Art sind. Ich weiß nur, dass die Smaragdeidechsen, die vor einigen Jahren im Garten des Pembroke College in Oxford ausgesetzt wurden, dort längere Zeit lebten und wohlauf waren, sich aber nicht vermehrten. Ob dieser Umstand irgendetwas beweist, vermag ich nicht zu sagen.

Reiher

Ich danke Ihnen für den Bericht über Cressy Hall und denke nicht ohne Bedauern daran, dass ich im Juni 1746 eine ganze Woche in Spalding zu Besuch war, ohne dass man mir von diesem Kuriosum ganz in der Nähe erzählt hätte. Bitte schreiben Sie mir demnächst, was das für ein Baum ist, der so viele Reihernester trägt, und ob der Reiherstand aus einem ganzen Hain oder Wald besteht oder nur aus ein paar Bäumen.

Es hat mich mit großer Genugtuung erfüllt, zu lesen, dass wir in Bezug auf den *Caprimulgus* derselben Meinung sind. Ich wollte nur beweisen, dass er im Sitzen wie im Fliegen ruft, die Töne also aus eigenem Antrieb und einem organischen Impuls erfolgen und nicht durch den Luftwiderstand in der Mund- und Rachenhöhle hervorgerufen werden.

Wenn ich den Vogelzug jemals direkt miterlebt habe, dann letztes Jahr an Michaelis. Ich war frühmorgens unterwegs, erst im dichten Nebel, doch als ich sieben oder acht Meilen in Richtung Küste von zu Hause entfernt war, kam die Sonne heraus zu einem herrlichen, warmen Tag. Wir waren auf einer weiten Heide oder Gemeindeflur, als sich der Nebel lichtete und ich eine große Anzahl von Rauchschwalben (*Hirundines rusticae*) entdeckte, die überall in den verkrüppelten Sträuchern und Büschen saßen, als hätten sie dort die Nacht verbracht. Sobald es aufklarte und milder wurde, flogen sie alle miteinander auf und zogen in ruhigem Flug nach Süden zum Meer. Danach sah ich keinen Schwarm mehr, sondern nur noch vereinzelte Nachzügler.[1]

Ich kann den Autoren nicht beipflichten, die behaupten, die Schwalbenarten würden so allmählich, wie sie auftauchen, auch wieder verschwinden, denn der Großteil zieht auf einmal ab, nur vereinzelte Tiere bleiben länger oder, wofür es genügend triftige Gründe gibt, verlassen unsere Insel gar nicht. Schwalben scheinen sich zurückzuziehen und nach wochenlanger Abwesenheit an einem warmen Tag wieder hervorzukommen, wie Fledermäuse an warmen Abenden. Ein seriöser Gentleman versicherte mir, zu einer ungewöhnlich warmen Mittagsstunde in der letzten Dezember- oder ersten Januarwoche, als er mit Freunden am Merton College spazieren ging, drei oder vier Schwalben erspäht zu haben, die dort im Fensterstuck kauerten. Mir ist immer wieder aufgefallen, dass man in Oxford Schwalben später sieht als anderswo. Liegt das an den zahlreichen, großen Gebäuden dort, an den vielen Wasserläufen ringsherum oder woran sonst?

Als ich einmal im letzten Herbst am frühen Morgen aufstand und die Rauch- und Hausschwalben beobachtete, die sich auf den Kaminen und Dächern der Nachbarhäuser versammelt hatten, war ich von einer heimlichen Freude erfüllt, gemischt mit einer Spur von Verdruss, zu sehen, mit welchem Eifer und welcher Pünktlichkeit diese armen, kleinen Vögel dem starken Trieb zum Wegziehen oder Zurückziehen gehorchen, der ihnen vom Schöpfer eingepflanzt wurde. Der gewisse Verdruss stellte sich bei dem Gedanken ein, dass wir trotz aller Mühen und Untersuchungen nicht ganz sicher sind, in welche Gegenden sie ziehen, und zu unserer noch größeren Verlegenheit feststellen müssen, dass einige von ihnen überhaupt nicht wegziehen.

Die Überlegungen machten einen starken Eindruck auf mich und regten meine Einbildungskraft zu einem Gedicht an, das Sie vielleicht ein Viertelstündchen amüsieren wird, wenn ich es Ihnen zusammen mit meinem nächsten Brief schicke.

24. BRIEF

An Selbigen
Selborne, 29. Mai 1769

Dear Sir, den *Scarabaeus fullo* kenne ich sehr gut aus Sammlungen, aber konnte nie einen in der Natur entdecken. Mr. Banks sagte mir, er könne vielleicht an der Küste gefunden werden.

Am 13. April ging ich zu der Schafweide, wo die Ringdrosseln im Frühling und Herbst auf ihrem Weg in den Norden bzw. Süden gesehen wurden, und war sehr erfreut, drei Vögel am gewohnten Platz zu entdecken. Wir schossen ein Männchen und ein Weibchen, beide gut genährt und in bester Verfassung. Im Weibchen fanden sich kaum Spuren von Eiern, woraus zu schließen ist, dass sie Spätbrüter sind, wohingegen andere Drosselarten, die das ganze Jahr über bei uns bleiben, schon flügge Junge hatten. Der Inhalt ihres Kropfes war unspezifisch und erinnerte an halb verdaute Pflanzenblätter oder Ähnliches. Im Herbst ernähren sie sich von Mehlbeeren und Eibenbeeren, im Frühling von den Früchten des Efeus. Ich bereitete mir einen der Vögel zu, er war saftig und würzig. Erstaunlicherweise bleiben sie im Frühling nur einige wenige Tage, an Michaelis aber fast zwei Wochen. Nachdem ich die Vögel dreimal im Frühling und zweimal im Herbst beobachtet habe, kann ich sagen, dass sie sehr pünktlich erscheinen und Zugvögel sind, die bisher von den Autoren nicht als solche erkannt wurden, weil man davon ausging, dass sie niemals in den südlichen Ländern gesehen wurden.

Ein Nachbar brachte mir kürzlich eine *Salicaria*, die ich auf den ersten Blick für Ihre Lerche[*] hielt, die aber bei genauerer Untersuchung viel eher der Beschreibung des Vogels entsprach, den Sie in Revesby[1] in Lincolnshire geschossen haben. Hier die Beschreibung meines Vogels: »Er ist ein bisschen kleiner als der Feldschwirl; Kopf, Rü-

[*] Ihre Lerche: Siehe den Brief vom 3. August 1769.

Wachteln

cken und Deckfedern der Flügel von einem tiefen Braun, ohne die dunklen Flecken des Feldschwirls; über jedem Auge ein milchweißer Streifen; Kinn und Rachen weiß, der Unterkörper gelblich weiß, das Hinterteil gelbbraun, die Schwanzfedern zugespitzt, der Schnabel schwärzlich und scharf, die Beine ebenfalls schwärzlich, die Hinterzehen lang und gebogen.« Der Mann, der ihn schoss, sagte, sein Gesang ähnele so sehr dem der Rohrammer, dass er ihn dafür gehalten habe, außerdem singe er die ganze Nacht. Hier ist sicher weitere Aufklärung vonnöten. Was mich betrifft, halte ich den Vogel für eine zweite Art von *Locustella* oder Schwirle, auf die Dr. Derham in Rays *Letters* hinweist, siehe S. 108. Der Mann brachte mir auch einen Feldschwirl.

Ihre Frage nach den Gattungen der in Amerika beheimateten Tiere, also wie sie dorthin kamen und von woher, ist zu knifflig, als dass ich eine Antwort darauf hätte, und doch so naheliegend, dass ich sie mir oft genug voller Verwunderung gestellt habe. Konsultiert man die üblichen Autoren zu dem Thema, so findet sich wenig Befriedigendes. Große Geister werden plausible Argumente vorbringen, um die Theorie zu stützen, der sie sich jeweils verschrieben haben, nur ist leider eine Hypothese so gut wie die andere, weil alle auf Spekulationen beruhen. Die jüngeren Autoren, bei denen man alle früher vorgebrachten Argumente finden kann, besiedeln, soweit ich mich erinnere, Amerika von der Westküste Afrikas und von Südeuropa aus und brechen dann die Landbrücke über den Atlantik ab. Aber das setzt eine gewaltige Maschinerie voraus, eine Schwierigkeit, die dem Eingreifen eines Gottes würdig ist! »Incredulus odi.« [Das lehne ich ungläubig ab.][2]

AN THOMAS PENNANT, ESQUIRE
SOMMERLICHER ABENDSPAZIERGANG EINES NATURFORSCHERS

> – equidem credo, quia sit divinitus illis Ingenium
> [Allerdings glaube ich, dass ihnen göttliches Talent zukommt]
> [Vergil: *Georgica*, Buch I, 415]

Die Sonne sinkt, das Licht wird mild und weich,
Die Eintagsfliege schwirrt an Fluss und Teich,
Die stille Eule über Wiesen schwebt,
Der Hase ängstlich seine Löffel hebt,
Das ist die Zeit, da gehst du an die Luft,
Dem Kuckuck zuzuhören, wie er ruft,
Dem Triel, der unentwegt das Weibchen lockt,
Der Wachtel Schrei, die dort am Boden hockt;
Du siehst die Schwalbe in der Abendglut,
Wie sie nach Fliegen schnappt für ihre Brut;
Wie sie aus purer Freude höher fliegt,
Im Aufwind Schwere mühelos besiegt:
Ihr Vögel alle – wo nehmt ihr Quartier
Wenn Frost und Sturm und Hagel wüten hier,
Wann sagt der Trieb euch, ihr müsst jetzt zurück,
Zum sanften Frühling und zum Liebesglück?
Die Menschen suchen ratlos nach dem Grund,
Nur GOTT in der NATUR, der tut ihn kund!

Der Tag vergeht, die Schatten werden lang,
Du suchst den Platz am Waldrand auf der Bank:
Der Baum, der Busch verschwimmt im fahlen Licht,
Noch ist die Nacht nicht schwarz und tief und dicht;
Der Bäcker, Müller, Schornsteinfeger brummt,
Die Grille zirpt, die Mücke emsig summt,
Die Fledermäuse füttern ihre Brut,
Du horchst, in weiter Ferne rauscht die Flut;
Es schnurrt, der Ziegenmelker ist erwacht,
Sein Ruf wird dich begleiten durch die Nacht,
Ganz oben in der Luft die Lerche singt,
Ein Lied, das jeden, der es hört, beschwingt:
Du merkst, wie die NATUR die Welt bestückt,
Da geht das Herz dir auf, du bist beglückt:
Wie schmerzlich schön, der köstliche Moment,
Wenn nichts uns von den Mitgeschöpfen trennt.

Synthese herrscht, man riecht und hört und sieht
Den Glockenklang, den Südwind, wie er zieht,
Das frische Heu, der Kuh und Rinder Hauch,
Aus den Kaminen kringelt sich der Rauch.

Der kühle Tau treibt dich zurück ins Haus,
Der Glühwurm blinkt und ist auf Liebe aus;
Bevor die Nacht den Tag noch ganz verdeckt,
Ist schon im Turm die Fackel angesteckt;
Der Weg zum Glück ist klar, das Ziel ist fest,
Leander eilt zu Heros Liebesnest.[3]

Ihr, etc.

25. BRIEF

An Selbigen
Selborne, 30. Aug. 1769

Dear Sir, ich lese mit großer Freude, dass Ihnen mein Bericht über die Drosselwanderung gefällt. Es ist sehr scharfsinnig, wenn Sie mich fragen, woher ich denn weiß, dass sie im Herbst südwärts ziehen. Wären Freimut und Offenheit nicht die Seele der Naturforschung, würde ich die Frage wie ein routinierter Kommentator übergehen, der eine verzwickte Stelle eines klassischen Textes vor sich hat. Aber meine Aufrichtigkeit gebietet mir, nicht ohne Scham zuzugeben, dass ich nur aus einer Analogie schließe. Da viele Vögel im Herbst der milderen Winter wegen aus dem Norden zu uns kommen und dorthin zurückkehren, wenn die strenge Kälte nachlässt, schlussfolgerte ich, dass die Ringdrossel, wie auch die artverwandte Wacholderdrossel, dasselbe tut, zumal es sich bei den Ringdrosseln bekanntermaßen um Bewohner kalter Bergregionen handelt. Aber es gibt einen triftigen Grund anzunehmen, dass sie aus dem Westen zu uns kommen, denn ich weiß aus sicherer Quelle, dass sie in Dartmoor brüten und die wilde Landschaft um dieselbe Zeit verlassen, in der sie bei uns auftauchen, und erst spät im Frühling dorthin zurückkehren.

Ich habe mir viel Mühe gegeben mit Ihrer *Salicaria* und meiner mit dem weißen Streifen über den Augen und dem gelbbraunen Hinterteil. Sie liegt mir in mehreren Exemplaren vor. Ich habe sie lebendig und tot untersucht und ich bin ganz und gar davon überzeugt (und glaube, Sie werden es auch sein), dass es sich um nichts anderes als Rays *Passer arundinaceus minor* handelt. Dieser Vogel fehlt, aus welchem Grund auch immer, vollständig in der *British Zoology*, was daran liegen mag, dass er bei Ray so seltsam klassifiziert ist und unter den *Picis affines* rangiert. Er gehört zweifellos zu den *Aviculae cauda unicolore* bzw. zu Ihren schmalschnabeligen, kleinen Vögeln derselben Abteilung. Linnaeus dürfte ihn mit Fug und Recht zur Gattung *Motacilla* gezählt haben, seine *Motacilla salicaria* in der *Fauna Suevica* scheint ihm am nächsten zu kommen. Es ist kein ungewöhnlicher Vogel, er siedelt im Gebüsch von Teich- und Flussufern sowie im Schilf und Riedgras der Moore. Die Leute hier nennen ihn Rohrsänger. Zur Brutzeit singt er beständig am Tag und in der Nacht, imitiert die Stimmen von Sperlingen, Schwalben und Lerchen, wobei sein Gesang etwas seltsam Eiliges hat. Mein Exemplar entspricht exakt der Beschreibung Ihrer *Fen salicaria*,[1] die Sie in der Nähe von Revesby geschossen haben. Mr. Ray gab eine ausgezeichnete Charakteristik, als er schrieb: »Rostrum et pedes in hac avicula multo majores sunt quam pro corporis ratione.« [Schnabel und Füße sind bei diesem Vogel wider Erwarten groß im Verhältnis zum Körper]. Siehe Brief vom 29. Mai 1769.

Ich habe Ihnen ein Ei vom *Oedicnemus* oder Triel besorgt, das auf einer Brache auf dem nackten Boden lag. Es waren eigentlich zwei, aber der Finder zertrat unabsichtlich eins davon, bevor er das Gelege sah.

Als ich Ihnen letztes Jahr über Reptilien schrieb, vergaß ich leider zu erwähnen, dass Schlangen die Fähigkeit besitzen, *se defendendo* [zur Selbstverteidigung] zu stinken. Ich kannte einen Gentleman, der eine zahme Schlange hatte, eine Seele von einem Tier, wenn sie gut gelaunt und nicht verängstigt war. Sobald jedoch ein Fremder, ein Hund oder eine Katze hereinkam, fing sie an zu zischen und verbreitete im Zimmer so ekelhafte Ausdünstungen, dass es kaum zu ertragen war. Auch der Skunk oder das Stinktier aus Rays *Synopsis quadringentis* ist ein gutartiges und liebes Tier, doch wird es von Hunden oder Menschen bedrängt, verströmt es einen abscheulichen, pestilenzialischen Geruch, wie er nicht schrecklicher sein könnte.

Ein Gentleman[2] schickte mir neulich ein schönes Exemplar von Rays *Lanius minor cinerascens cum macula in scapulis alba*, den Rotkopfwürger, den Sie zur Zeit der Veröffentlichung der ersten beiden Bände Ihrer *British Zoology* selbst noch nicht zu Gesicht bekommen hatten. Ihre Beschreibung nach Edwards' Zeichnung ist sehr treffend.

26. BRIEF

An Selbigen
Selborne, 8. Dezember 1769

Dear Sir, ich habe mich sehr gefreut über Ihren offenherzigen Brief nach Ihrer Rückkehr aus Schottland, wo Sie beträchtliche Zeit verbracht und sich Gelegenheit verschafft haben, die natürlichen Sehenswürdigkeiten des weitläufigen Königreichs zu untersuchen, und zwar sowohl auf den Inseln wie in den Highlands. Der übliche Fluch bei solchen Expeditionen ist die Eile, weil die Menschen sich selten auch nur halb so viel Zeit gönnen, wie sie benötigen würden. Sie setzen den Termin für die Rückkehr fest, hetzen von Ort zu Ort, als wären sie Reisende, die eine Fahrt rasch hinter sich bringen müssen, und keine Forscher, die das Werk der Natur erkunden wollen. Zweifellos haben Sie viele Entdeckungen gemacht und sich reichlich Material für eine kommende Ausgabe der *British Zoology* verschafft, sodass es keinen Grund gibt zu bereuen, so viel Mühe auf einen Teil Großbritanniens verwendet zu haben, der wahrscheinlich niemals zuvor derart gründlich untersucht wurde.

Ich habe mich schon immer darüber gewundert, dass die Wacholderdrosseln, die mit den anderen Drosseln und Amseln doch eng verwandt sind, nicht in England brüten. Aber dass ihnen selbst die Highlands nicht kalt und nördlich und abgelegen genug sind, erscheint mir noch weit erstaunli-

Bergfink

cher. Sie schreiben, die Ringdrosseln leben das ganze Jahr hindurch in Schottland, was uns zu dem Schluss veranlasst, dass diejenigen, die sich bei uns im Herbst für kurze Zeit blicken lassen, nicht von dort kommen.

An dieser Stelle sollte ich erwähnen, dass die Ringdrosseln auch diesen Herbst sehr pünktlich waren und, wie gewohnt, um den 30. September erschienen, nur diesmal in größeren Schwärmen, auch blieben sie etwas länger als üblich. Wenn sie den ganzen Winter bei uns verbringen würden und, wie einige ihrer Artverwandten, im Frühling wieder abzögen, wäre ich nicht so irritiert, denn ihr Verhalten wäre vergleichbar mit dem der anderen Winterzugvögel. Aber wenn sie sich nur zwei Wochen um Michaelis herum und dann wieder eine Woche Mitte April blicken lassen, verblüfft mich das, und ich möchte in Erfahrung bringen, woher sie kommen und wohin sie gehen, denn anscheinend betrachten sie unsere Hügel nur als eine Art Rast- und Futterplatz.

Ihr Bericht über den Bergfink ist sehr unterhaltsam. Ist es nicht eigenartig, dass sich ein so kurzflügeliger Vogel darin gefällt, die gefährliche Reise über die Nordsee zu unternehmen? Einige Leute hier haben mir manchmal im Winter erzählt, sie hätten zwei oder drei weiße Lerchen auf den Hügeln gesehen. Wenn ich genauer darüber nachdenke, komme ich zu dem Schluss, dass es Nachzügler der Vögel sind, von denen hier die Rede ist und die vielleicht so weit nach Süden vordringen.

Es freut mich zu hören, dass es in den schottischen Bergen so viele weiße Hasen gibt, vor allem, weil Sie mir geschrieben haben, dass es sich um eine eigene Art handelt. Wir haben so wenige Vierfüßer auf den Britischen Inseln, dass jede neue Spezies eine Errungenschaft ist.

Der Uhu ist ein so majestätischer Vogel, dass er eine Zierde für unsere Fauna abgeben würde, wenn zu beweisen wäre, dass er bei uns heimisch ist. Ich wusste bisher nicht, wo Wildgänse brüten.

Wie ich sehe, räumen Sie ein, dass es sich bei Ihrer *Salicaria* um eine Rohrammer nach Ray handelt. Sie können sichergehen, dass ich richtig liege, denn ich habe mir die größte Mühe gegeben, den Fall zu klären, und hatte einige schöne Exemplare vor mir, die aber leider schlecht konserviert waren und bereits verwest sind. Sie werden die Sache bestimmt an geeigneter Stelle in Ihrer nächsten Ausgabe erwähnen. Die zusätzlichen Stiche sind sicher ein großer Gewinn für Ihr Werk.

De Buffon hat bekanntlich die Wasserspitzmaus beschrieben. Ich bin erfreut, dass Sie sie nun auch in Lincolnshire entdeckt haben, aus demselben Grund, den ich bezüglich der weißen Hasen angeführt habe.

Als ein Nachbar kürzlich ein trockenes, kalkhaltiges Feld pflügte, sehr weit vom Wasser entfernt, entdeckte er eine Wasserratte, die sich dort aus Gras und Laub kunstvoll ein *Hibernaculum*, ein Winterlager gebaut hatte. An dem einen Ende war ein Vorrat an Kartoffeln verstaut, mit dem sie über den Winter kommen wollte. Die Frage ist nun, warum diese *Amphibius mus* ihr Winterquartier so weit vom Wasser entfernt aufgeschlagen hat. Geschah die Wahl des Ortes zufällig wegen der Kartoffeln, die man dort angebaut hatte, oder ist es die übliche Praxis der Wasserratten, in den kalten Monaten die Nähe zum Wasser aufzugeben?

Obwohl ich Analogschlüsse nicht sehr schätze, da ich weiß, wie trügerisch sie in der Naturforschung sind, bin ich im folgenden Fall durchaus geneigt zu denken, sie könnten uns helfen, zur Lösung eines schon zuvor angesprochenen Problems beizutragen, nämlich dem durchweg frühen Wegzug von *Hirundo apus*, dem Mauersegler, der viele Wochen vor dem seiner Artverwandten erfolgt, und zwar nicht nur bei uns, sondern auch in Andalusien, wo sie sich ebenfalls bereits Anfang August zurückzuziehen beginnen.

Die Große Fledermaus* (die nebenbei gesagt in England noch nicht beschrieben wurde und von der mir leider keine vorliegt) zieht sich sehr früh im Sommer zurück oder migriert. Sie steigt sehr hoch in die Lüfte, um sich Nahrung zu suchen, weswegen ich mir auch noch keine habe verschaffen können. Genauso verhält es sich mit den Mauerseglern, denn auch sie holen ihr Futter in höheren Regionen als verwandte Arten und machen nur selten nahe am Boden oder über dem Wasser Jagd auf Fliegen. Daraus würde ich schlussfolgern, dass sich diese *Hirundines* und die Großen Fledermäuse von hochfliegenden Mücken, Käfern oder Motten (*Phalaenae*) ernähren, die nur kurze Zeit

* Große Fledermaus: Die Kleine Fledermaus zeigt sich fast jeden Monat des Jahres, aber die Große habe ich nie vor Ende April und nach Juli gesehen. Im Juni erscheinen sie am häufigsten, aber nie viele dieser bei uns seltenen Art.

verfügbar sind, sodass die knappe Verweildauer dieser Besucher vom Nahrungsangebot abhängig ist.

Aus meinem Journal geht hervor, dass die Triele bis zum 31. Oktober zeterten, danach habe ich sie nicht mehr gesehen oder gehört. Rauchschwalben wurden noch am 3. November gesichtet.

27. BRIEF

An Selbigen
Selborne, 22. Februar 1770

Dear Sir, Igel gibt es reichlich in meinen Gärten und Feldern. Es ist eigenartig, wie sie die Wurzeln des Wegerichs auf den Graswegen fressen. Mit dem Oberkiefer, der viel länger ist als die Unterkiefer, untergraben sie die Pflanze und fressen dann die Wurzel nach oben ab, lassen aber das Blätterbüschel unangetastet. In dieser Hinsicht sind sie von Nutzen, da sie ein ärgerliches Unkraut vernichten, nur verschandeln sie die Wege durch die kleinen, runden Löcher, die sie graben. An dem Kot, den sie auf dem Rasen hinterlassen, ist abzulesen, dass ein beträchtlicher Teil ihrer Nahrung aus Käfern besteht. Im Juni vergangenen Jahres brachte man mir einen Wurf von vier oder fünf Jungen, die fünf oder sechs Tage alt zu sein schienen. Sie werden, glaube ich, blind geboren wie Welpen und konnten noch nicht sehen, als ich sie bekam. Natürlich sind ihre Stacheln zum Zeitpunkt der Geburt weich und biegsam, sonst würde es dem armen Weibchen beim Gebären schlecht ergehen. Aber sie werden schnell hart, denn die kleinen Schweinchen hatten schon so spitze Stacheln auf dem Rücken und an den Seiten, dass man sie vorsichtig behandeln musste, um sich nicht blutig zu stechen. Die Stacheln sind noch ganz weiß, die kleinen Ohren hängen

Igel

herab, was meines Wissens bei älteren Igeln nicht der Fall ist. Sie können in diesem Alter bereits die Haut über das Gesicht ziehen, sich aber noch nicht, wie es ausgewachsene Igel zur Verteidigung tun, zu einem Ball zusammenrollen, weil die dazu nötigen Muskeln vermutlich noch nicht mit der vollständigen Spannkraft und Stärke ausgebildet sind. Igel machen sich tief in der Erde aus Laub und Moos ein warmes *Hibernaculum*, in das sie sich über den Winter zurückziehen, doch habe ich nie gesehen, dass sie sich einen Vorrat anlegten, wie es manche Vierfüßer zweifellos tun.

Ich habe etwas höchst Eigenartiges in Bezug auf die Wacholderdrossel (*Turdus pilaris*) anzumerken. Obwohl die Vögel tagsüber auf Bäumen sitzen, sich einen Großteil der Nahrung von Weißdornhecken holen und, wie man in der *Fauna Suevica* lesen kann, auf den höchsten Bäumen nisten, übernachten sie bei uns auf dem Erdboden. Man sieht sie kurz vor Einbruch der Dunkelheit in Scharen ankommen und sich zwischen den Heidebüscheln in unserem Wolmer Forest niederlassen. Sie werden von den Lerchenfängern, die nachts ihre Netze einholen, auch auf den Stoppelfeldern gefangen, während die Vogelsteller, die

Bergfinken aus den Hecken holen, sie niemals ergreifen. Warum sich diese Vögel, was ihre Schlafplätze angeht, von ihren Artverwandten unterscheiden und auch von ihrer Lebensweise bei Tag abweichen, darüber kann ich nicht die geringste Rechenschaft ablegen.

Ich muss Ihnen demnächst über den Elch schreiben, auch wenn ich mich im Allgemeinen selten um fremdländische Tiere kümmere. Mein geringes Wissen bezieht sich auf den engen Kreis heimischer Beobachtungen.

28. BRIEF

An Selbigen
Selborne, März 1770

Dear Sir, an Michaelis 1768 bekam ich die Elchkuh des Duke of Richmond[1] in Goodwood zu Gesicht, war aber sehr enttäuscht, feststellen zu müssen, dass sie am selben Morgen gestorben war, nachdem sie schon einige Zeit darniedergelegen hatte. Als ich erfuhr, dass man sie noch nicht abgezogen hatte, nahm ich mir vor, den seltenen Vierfüßer zu untersuchen. Ich fand das Tier in einem alten Gewächshaus, mit Stricken um Bauch und Kinn, in stehender Position vor, nur war es trotz der kurzen Zeit, die nach seinem Tod vergangen war, schon im Verwesungszustand und roch fast unerträglich. Der große Unterschied zwischen diesem Wild und jeder anderen Art, die ich jemals kennengelernt habe, bestand in der ungewöhnlichen Länge der Beine, auf denen das Tier sich in der Art eines Stelzvogels erhob. Ich vermaß den Elch, wie man Pferde misst, und stellte fest, dass er vom Boden bis zum Widerrist 5 Fuß und 4 Zoll hoch war, also genau 16 Handbreit, eine Höhe, die Pferde nur selten erreichen. Mit 12 Zoll ist der Hals im Verhältnis zur Beinlänge erstaunlich kurz, sodass das Tier nur mit größter Mühe zwischen seinen Beinen grasen kann, indem es den einen Fuß vorwärts und den anderen nach hinten streckt. Die Ohren waren sehr groß und schlapp, dabei so lang wie der Hals. Der Kopf hatte eine Länge von 30 Zoll, war wie beim Esel geformt, besaß eine monströse Oberlippe, wie ich sie noch nie gesehen habe, und sehr große Nasenlöcher. Die Lippe gilt Reisenden zufolge in Nordamerika als Leckerbissen. Sehr wahrscheinlich leben Elche vor allem vom Laub der Bäume und von Wasserpflanzen, eine Ernährungsweise, bei der ihnen die langen Beine und die ausgeprägte Lippe zugutekommen. Ich habe irgendwo gelesen, dass sie gerne *Nymphaea* oder Wasserlilien fressen. Vom Vorfuß bis zum Bauch hinter der Schulter hatte das Tier eine Höhe von 3 Fuß und 8 Zoll. Die Beinlänge ergab sich zum großen Teil aus den außerordentlich langen Schienbeinen, die ich in meinem Bestreben, aus dem Gestank herauszukommen, genau auszumessen vergaß. Der Stummelschwanz war etwa 1 Zoll lang und von schwarzgrauer Farbe, die Mähne etwa 4 Zoll lang. Die vorderen Hufe waren aufrecht und wohlgeformt, die hinteren flach und krumm. Im Frühling zuvor zählte die Elchkuh erst zwei Jahre, sodass sie höchstwahrscheinlich noch nicht ihre volle Größe erreicht hatte. Was für ein riesiges Tier ein ausgewachsener Elchhirsch sein muss! Er soll angeblich an die 10½ Fuß messen. Die arme Elchkuh hatte anfangs eine Gefährtin, die aber ein Jahr vor ihr starb. Im selben Gehege hielt man noch einen jungen Rothirsch, in der Hoffnung, dass es zur Paarung käme, doch ihre ungleiche Größe muss stets eine Schranke gewesen sein für einen Verkehr geschlechtlicher Art. Gern hätte ich Zähne, Zunge, Lippen, Hufe etc. gründlich untersucht, aber der Verwesungsgeruch setzte meiner Neugier ein Ende. Der Wildhüter erzählte mir, dass das Tier den extremen Frost des letzten Winters sehr genossen habe. Im Haus zeigte man mir das Geweih eines Elchhirsches, das keine Sprossen besitzt, sondern breite Schaufeln mit Zacken an den Enden. Der adelige Besitzer des toten Elchs will die Knochen zu einem Skelett montieren lassen.

Lassen Sie mich bitte wissen, ob meine Elchkuh derjenigen entspricht, die Sie gesehen haben, und ob Sie nach wie vor der Meinung sind, dass es sich beim amerikanischen und europäischen Elch um ein und dasselbe Tier handelt.

Mit der größten Hochachtung, Ihr, etc.

29. BRIEF

An Selbigen
Selborne, 12. Mai 1770

Dear Sir, letzten Monat war das Wetter so turbulent und kalt, eine einzige Folge von Frost, Schnee, Hagel und Sturm, dass der reguläre Vogelzug und das Erscheinen der Sommervögel starken Aufschub erleiden mussten. Einige zeigten sich erst viele Wochen nach ihrer gewöhnlichen Ankunftszeit (oder ließen sich dann erst hören), wie etwa die Mönchsgrasmücke und die Dorngrasmücke, andere, wie der Feldschwirl oder der große Laubsänger, sind immer noch nicht da. Auch den Fliegenschnäpper, der zwar einer der letzten ist, doch um diese Jahreszeit auftauchen sollte, habe ich noch nicht gesehen. Bei allem meteorologischen Hader und Krieg der Elemente fanden sich zwei Rauchschwalben schon am 11. April bei Frost und Schnee ein, zogen sich aber schnell wieder zurück und waren tagelang nicht mehr zu entdecken. Hausschwalben, die sich stets später als Rauchschwalben sehen lassen, waren nicht vor Anfang Mai auszumachen.

Unter den monogamen Vögeln findet man außerhalb der Paarungszeit bei beiden Geschlechtern manche, die allein leben. Ob das Zölibat frei gewählt ist oder zwangsläufig erfolgt, ist nicht so leicht herauszufinden. Wenn die

Otter

Haussperlinge meine Hausschwalben aus ihren Nestern vertreiben und ich einen von ihnen schieße, verschafft sich der andere, sei es nun Männchen oder Weibchen, schnell wieder einen Partner, und das nicht nur einmal.

Ich weiß von einem Taubenschlag, der von einem Eulenpärchen heimgesucht wurde, die schlimm unter den jungen Tauben wüteten. Als eine der Eulen daraufhin geschossen wurde, legte sich die andere bald einen neuen Partner zu, und das Unheil dauerte an. Man konnte dem neuen Pärchen nur dadurch Einhalt gebieten, dass man beide schoss.

Ich erinnere mich an einen Jäger, dem mehr an der Vermehrung seines Wildbestandes lag, als dass er eine Art Humanität zeigte. Nach der Paarungszeit erschoss er in seinem Revier jedes Männchen eines Rebhuhnpaares, weil er annahm, dass die Rivalität unter den Männchen die Brut störte. Doch auch wenn er dasselbe Rebhuhn mehrmals zur Witwe machte, musste er feststellen, dass sich immer wieder ein frischer Liebhaber fand, der das Weibchen aber nicht von ihren Pflichten abhielt.

Ein anderer alter Jäger erzählte mir, dass er nach der Erntezeit immer wieder Familien von Rebhühnern fing, die nur aus Männchen bestanden; er nannte sie scherzhaft alte Junggesellen.

Äußerst bemerkenswert ist ein Zug bei der gemeinen Hauskatze, nämlich die ungestüme Vorliebe für Fisch, offenbar ihr Lieblingsfressen. Hier hat ihr die Natur einen Appetit eingepflanzt, den sie ohne fremde Hilfe nicht befriedigen kann. Schließlich zählen Katzen zu den Vierfüßern, die dem Wasser am wenigsten zugeneigt sind und, wenn sie es vermeiden können, nicht einmal nasse Füße dulden, geschweige denn ins Wasser springen.

Vierfüßer, die Fische erbeuten, sind amphibisch, wie etwa der Otter, der von seinem Körperbau her so gut zum Tauchen geeignet ist, dass er unter den Wasserbewohnern große Schäden anrichtet. Da ich nicht mit solchen Raubtieren in unseren flachen Bächen gerechnet hatte, war ich hocherfreut, als man mir einen 21 Pfund schweren männlichen Otter brachte, der unterhalb der Abtei geschossen worden war, am Ufer des Flüsschens, das die Gemeinden Selborne und Hartley trennt.

30. BRIEF

An Selbigen
Selborne, 1. Aug. 1770

Dear Sir, die Franzosen sind im Allgemeinen weitschweifig, was ihre Naturgeschichte angeht. Linnés Ausführung in Bezug auf Insekten ist auch auf andere Bereiche übertragbar: »Verbositas praesentis saeculi, calamitas artis.« [Die Geschwätzigkeit des gegenwärtigen Zeitalters ist ein Unheil für die Kunst.]

Was halten Sie von Scopolis neuem Werk?[1] Da ich seine *Entomologia* sehr schätze, möchte ich es unbedingt lesen.

In meinem letzten Brief vergaß ich zu erwähnen (und fand keinen Platz dafür im vorletzten), dass der Elchhirsch in Nordamerika während der Brunftzeit durch Flüsse und von einer Insel zur anderen durch Seen schwimmt, um Elchkühe zu verfolgen. Mein Freund, der Kaplan, sah, wie einer erlegt wurde, der in dieser Angelegenheit im Sankt-Lorenz-Strom unterwegs war. Ein Monstrum, sagte er, nahm aber keine Vermessung vor.

Als ich letztes Mal in der Stadt war, zeigte mir unser Freund, Mr. Barrington, liebenswürdigerweise eine Menge interessanter Dinge. Da Sie ihm gerade über Geweihe geschrieben hatten, führte er mich an einen Ort, wo es höchst eigenartige, wunderbare Exemplare zu sehen gab. Auf Lord Pembrokes Familiensitz in Wilton gibt es, wie ich mich erinnere, ein Jagdzimmer mit mehr als dreißig verschiedenen Geweihen, aber ich war seit längerem nicht mehr dort.

Mr. Barrington zeigte mir auch eine erstaunliche Sammlung von ausgestopften und lebenden Vögeln aus allen Teilen der Welt. Nachdem ich sie eine Zeit lang studiert hatte, merkte ich an, dass die Vögel aus entfernten Gegenden, wie Südamerika, der Küste von Guinea etc., fast alle dickschnabelig seien und den Gattungen *Loxia* und *Fringilla* angehörten, aber keine *Motacillae* oder *Muscicapae* darunter seien. Der Grund dafür liegt auf der Hand, denn die Vögel mit hartem Schnabel leben von Samen, die leicht an Bord zu nehmen sind, während die mit weichem Schnabel sich von Würmern und Insekten oder ersatzweise frischem, rohem Fleisch ernähren, was auf langen und mühsamen Schiffsreisen nicht so leicht vorzuhalten ist. Es liegt an diesem Nahrungsmangel, dass unsere Sammlungen (beeindruckend, wie sie sind) unvollständig bleiben und uns einige der zierlichsten und lebhaftesten Gattungen vorenthalten.

Ihr, etc.

31. BRIEF

An Selbigen
Selborne, 14. Sept. 1770

Dear Sir, wie ich las, haben Sie neuerlich die Ringdrosseln auf ihren heimischen Klippen gesehen und sind sich nun umso sicherer, dass sie das ganze Jahr in der dortigen Kälte verbringen. Woher stammen dann aber die Exemplare, die regelmäßig im September zu uns kommen und, als wären sie auf der Rückreise, wieder im April? Dieses Jahr erschienen sie früher als gewöhnlich, denn einige von ihnen wurden schon am 4. September an den üblichen Plätzen gesehen.

Ein Vogelbeobachter[1] aus Devonshire erzählte mir, dass die Ringdrosseln in einigen Gebieten von Dartmoor leben und brüten, aber den Ort Ende September oder Anfang Oktober verlassen, um Ende März wieder dorthin zurückzukehren.

Ein anderer verständiger Gentleman versicherte mir, sie brüteten in großer Menge in der Nähe von Derby, zögen von dort im Oktober oder November weg und kämen im Frühling zurück. Das wirft Licht auf meine neue Migrationsthese.

Scopolis neues Werk (das ich mir soeben besorgt habe) ist verdienstvoll wegen der Bestimmung vieler Vögel in Tirol und Krain. Monographen, egal woher sie kommen, haben einen legitimen Anspruch auf Aufmerksamkeit und Zustimmung von Freunden der Naturgeschichte. Da keiner allein das große Werk der Natur erforschen kann, sind die Autoren, die über ein Teilgebiet schreiben, in ihrem jeweiligen Bereich oft sorgfältiger in den Befunden und machen weniger Fehler als die Generalisten, und so bahnen sie allmählich den Weg für eine universelle und korrekte Naturgeschichte. Leider ist Scopoli in Bezug auf die Lebensgewohnheiten und das Zusammenleben der Vögel nicht so detailliert und sorgfältig, wie ich es mir wünschen würde.

Er verbreitet falsche Fakten, wenn er von *Hirundo urbica* sagt: »Pullos extra nidum non nutrit.« [Er füttert die Jungen nicht außerhalb des Nestes.] Die Aussage stimmt nicht, wie ich aus wiederholter Beobachtung in diesem Sommer weiß, denn die Hausschwalben füttern ihre Jungen auch im Flug, zugegebenermaßen nicht so häufig wie die Rauchschwalben, nur kann das Kunststück von einem unaufmerksamen Beobachter leicht übersehen werden, weil es sehr schnell vor sich geht. Auch macht er einige (ich möchte sagen) unwahrscheinliche Behauptungen, wenn er von den Waldschnepfen sagt, »pullos rostro portat fugiens ab hoste«. [Sie tragen ihre Jungen mit dem Schnabel weg, wenn sie vor einem Feind fliehen.] Meine Unvoreingenommenheit verbietet mir, mit Absolutheit zu behaupten, das entspreche nicht der Wahrheit, denn ich war nie Zeuge eines derartigen Ereignisses. Ich möchte nur anmerken, dass der lange, sperrige Schnabel der Waldschnepfe unter allen Schnäbeln der geflügelten Schöpfung am schlechtesten darauf eingerichtet ist, einen solchen Beweis natürlicher Zuneigung abzugeben.

Ihr, etc.

32. BRIEF

An Selbigen
Selborne, 29. Oktober 1770

Dear Sir, nach einer erfolglosen Recherche bei Linnaeus, Brisson etc. kommt mir der Verdacht, dass ich die *Hirundo hyberna* meines Bruders in Scopolis neu entdeckter *Hirundo rupestris* (S. 167) erkenne. Seine Beschreibung »Supra murina, subtus albida; rectrices macula ovali alba in latere interno; pedes nudi, nigri; rostrum nigrum; remiges obscuriores quam plumae dorsales; rectrices remigibus concolores; cauda emarginata, nec forcipata« [Oben mausfarben, unten weißlich; auf der Innenseite der Flügel ein weißer, ovaler Fleck; die Füße nackt und schwarz; der Schnabel schwarz; die Schwungfedern dunkler als die Rückenfedern; Flügel und Schwungfedern von derselben Farbe; der Schwanz gerade und nicht eingekerbt] passt sehr genau auf den fraglichen Vogel, aber wenn er vorbringt, dieser habe »statura *hirundinis urbicae*« [die Gestalt einer Hausschwalbe] und »definitio *hirundinis ripariae* Linnaei huic quoque convenit« [die Bestimmung der *Hirundo riparia* des Linnaeus stimmt damit auch überein], entwertet er in gewisser Weise, was er vorher gesagt hat, oder zeigt zumindest, dass er den Vergleich nur aus dem Gedächtnis heraus zieht. Ich dagegen habe die Vögel nach der Natur verglichen und herausgefunden, dass sie sich in Form, Größe und Farbe deutlich unterscheiden. Nun, da Sie demnächst ein Exemplar erhalten, freue ich mich auf Ihr Urteil in der Sache.

Ob meinem Bruder nun jemand mit der Beschreibung zuvorgekommen ist[1] oder nicht, es bleibt jedenfalls sein Verdienst, entdeckt zu haben, dass die Vögel den Winter an den warmen und geschützten Küsten Gibraltars und des Berberlandes[2] verbringen.

Scopolis Merkmale seiner Ordnungen und Gattungen sind klar, präzise und aussagekräftig, sehr im Geiste von Linnaeus. Diese kurzen Bemerkungen sind das Ergebnis meiner ersten Lektüre seines *Annus primus*.

Der Fluch unserer Wissenschaft besteht darin, dass wir ein Tier mit dem anderen im Gedächtnis vergleichen. Aus Mangel an Vorsicht in dieser Beziehung unterlaufen Scopoli Fehler. Sie haben zu Recht angemerkt, dass er das Verhalten seiner einheimischen Vögel nicht so ausführlich beschreibt, wie es zu wünschen wäre. Sein Latein ist ungezwungen, elegant und ausdrucksstark, sehr überlegen dem von Kramer[*].

Es freut mich, dass meine Beschreibung des Elches so gut mit der Ihrigen korrespondiert.

Ihr, etc.

[*] Kramer: Siehe sein *Elenchus vegetabilium et animalium per Austriam inferiorem* etc.

33. BRIEF

An Selbigen
Selborne, 26. Nov. 1770

Dear Sir, ich war hocherfreut, in der Vogelsammlung aus Gibraltar einige der kurzflügeligen, englischen Sommerzugvögel zu entdecken, deren Abreise wir so intensiv diskutiert haben. Wenn diese Vögel nun von Andalusien ins Berberland und zurück migrieren, liegt die Vermutung nahe, dass diejenigen, die zu uns kommen, weiter auf den Kontinent migrieren, um den Winter in den wärmeren Gegenden Europas zu verbringen. Sicher ist, dass viele weichschnabelige Vögel, die nach Gibraltar kommen, dort nur im Frühling und Herbst auftauchen, um im Sommer zum Brüten paarweise nach Norden zu ziehen und am Jahresende in Scharen und Schwärmen in den Süden zurückzukehren, sodass der Felsen von Gibraltar der große Sammelplatz und Beobachtungspunkt für ihren Abflug nach Europa und Afrika ist. Ich glaube, es ist deshalb keine geringfügige Entdeckung, wenn wir feststellen, dass unsere kleinen, kurzflügeligen Sommerzugvögel im Frühling und Herbst an den Rändern Europas anzutreffen sind, vielmehr handelt es sich um einen Indizienbeweis für ihre Migration.

Scopoli hat anscheinend, ohne es zu wissen, die *Hirundo melba*,[1] auch Großer Gibraltar-Segler genannt, in Tirol entdeckt, denn was sonst ist seine *Hirundo alpina* als Erstere mit anderen Worten? Er sagt: »Omnia prioris« (er meint den Segler) »sed pectus album; paulo major priore.« [Wie der Vorige, aber mit weißer Brust und etwas größer als der Vorige] Ich halte das nicht für eine neue Spezies, weil es auch auf die *Melba* zutrifft, dass »nidificat in excelsis Alpium rupibus«. [sie auf hohen Gipfeln der Alpen nistet] Siehe Scopolis *Annum Primum*.

Mein Freund aus Sussex, ein verlässlicher Beobachter,

Großtrappe

wenn auch kein Naturforscher, an den ich mich in Bezug auf den *Oedicnemus* oder Triel wandte, schickte mir den folgenden Bericht: »Bei den Eintragungen in meinem Journal für April finde ich die Triele am 17. und 18. des Monats zum ersten Mal erwähnt, ein eher spätes Datum, wie mir scheinen will. Sie bleiben den ganzen Frühling und Sommer bei uns und bereiten sich im Herbst auf den Abschied vor, indem sie sich zu Schwärmen zusammenfinden. Ich halte sie für Zugvögel, die in ein trockenes, gebirgiges Land im Süden ziehen, wahrscheinlich nach Spanien, wegen der Fülle an Schafweiden dort, denn sie bevorzugen auch bei uns solche Flächen. Ich stelle diese Mutmaßung an, da ich nie jemanden getroffen habe, der die Vögel im Winter in England gesehen hätte. Ich glaube, sie halten sich nicht gern am Wasser auf, sondern ernähren sich von Würmern, die es in Hülle und Fülle auf Schafweiden und im Hügelland gibt. Sie brüten auf Brachen und Feldern mit vielen vermoosten Steinen, die ihren Jungen in der Farbe so sehr ähneln, dass diese sich dazwischen versteckt halten können. Sie bauen keine Nester, sondern legen die Eier auf den nackten Boden, gewöhnlich nur zwei auf einmal. Ich habe Grund anzunehmen, dass die Jungen bald nach dem Schlüpfen laufen können und die Alten sie nicht füttern, sondern nur anleiten, wann Zeit zur Futtersuche ist, nämlich in der Nacht.« So viel von meinem Freund. Wie Sie sehen, entsprechen die Verhaltensweisen des Vogels in vielem denen der Trappe, der er auch in Aussehen, Körperbau und Form der Füße ähnelt.

Schon lange habe ich meinen Bekannten in Andalusien gebeten, nach diesen Vögeln Ausschau zu halten. Jetzt gibt er mir Nachricht, zum ersten Mal am 3. September einen auf dem Markt gesehen zu haben, natürlich tot.

Im Flug streckt der *Oedicnemus* die Beine wie ein Reiher aus.

34. BRIEF

An Selbigen
Selborne, 30. März 1771

Dear Sir, bei uns gibt es vor allem in kalkreichen Gebieten ein Insekt, das gegen Ende des Sommers sehr lästig und unangenehm ist, weil es speziell bei Frauen und Kindern in die Haut dringt und Geschwulste hervorruft, die unerträglich jucken. Das Tier (wir nennen es Erntekäfer) ist winzig und kaum mit bloßem Auge zu erkennen, von scharlachroter Farbe und aus der Gattung *Acarus*. Man findet es in Gärten an Bohnen und anderen Gemüsesorten, überwiegend in den heißen Sommermonaten. Wildhüter haben mir berichtet, dass sie im kalkreichen Hügelland oft von den Insekten heimgesucht werden, die manchmal in solchen riesigen Schwärmen auftauchen, dass die Netze um die Gehege eine rötliche Farbe annehmen und die Männer von den Stichen Fieber bekommen.

Eine lange, kleine Fliege ist in unserer Gegend sehr lästig für die Hausfrauen, denn sie kommt durch den Kamin und legt ihre Eier im Schinken ab, der zum Trocknen aufgehängt ist. Aus den Eiern schlüpfen Larven, die sich in den besten Stücken festsetzen, sich bis zum Knochen durchfressen und großen Schaden anrichten. Ich vermute, dass es sich um eine Varietät von Linnés *Musca putris* handelt. Man findet die Fliegen im Sommer auf Speckgestellen in der Küche, auf Kaminsimsen und unter der Decke.

Ein Insekt, das im Garten die Rüben und andere Nutzpflanzen befällt (und mit den Keimblättern oft ganze Felder vernichtet), verdient größere Beachtung. Die Leute hier nennen es Rübenfliege oder Schwarze Blattlaus; es handelt sich um eine Käferart, und zwar *Chrysomela oleracea, saltatoria, femoribus posticis crassissimus*. In sehr heißen Sommern gibt es sie in riesigen Mengen. In Gärten oder auf

Feldern prasselt es, wie wenn es regnete, was daher kommt, dass die Käfer auf Rüben- oder Kohlblätter springen.

Jeder Ackerknecht in unserer Gegend kennt eine *Oestrus* oder Bremse, die auch von neueren Autoren übergangen wird, weil schon Linnaeus sie vernachlässigte, und zwar die *Curvicauda* des alten Muffet, erwähnt von Derham in seiner *Physico-Theology*[1], S. 250. Das Insekt ist der Erwähnung wert, weil es seine Eier im Flug auf raffinierteste Art auf einem Haar an den Beinen und Flanken von Pferden ablegt. Aber Derham liegt nicht richtig, wenn er weiter vorbringt, dass die wunderschöne Sternmade, die er im Anschluss erwähnt, von dieser Bremse stammt. Neuere Entomologen haben entdeckt, dass dieses besondere Objekt der Schöpfung aus einem Ei der *Musca chamaeleon* schlüpft. Siehe Geoffroy (t. 17, f. 4).

Eine umfassende Geschichte der in Feld, Garten und Haus schädlichen Insekten samt Auflistung aller bekannten und in Frage kommenden Mittel zu ihrer Vernichtung würde von der Öffentlichkeit sicher als sehr nützliches und wichtiges Werk erachtet. Das Wissen in diesem Bereich liegt verstreut und sollte gebündelt werden, was natürlich große Fortschritte mit sich brächte. Die Kenntnis von Eigenschaften, Gestalt und Vermehrung, kurz von Leben und Verwandlung dieser Tiere ist ein notwendiger Schritt, um Mittel zu finden, ihren Zerstörungen vorzubeugen.

Sofern ich das zu beurteilen vermag, könnte man mit einigen Stichen zu den generischen Unterschieden der Insekten nach Linnaeus viel zur Propagierung der Entomologie beitragen. Ich bin sicher, zahlreiche Menschen würden Insekten studieren, wenn sie eine Vorstellung von jenen Unterschieden bekämen, die dem Anfänger allein mit Worten nicht adäquat zu vermitteln sind.

35. BRIEF

An Selbigen,
Selborne, 1771

Dear Sir, ein Besuch bei den Pfauen meines Nachbarn brachte mir die Erkenntnis, dass die Schleppe dieser prächtigen Vögel keinesfalls ihr Schwanz ist, denn die langen Federn wachsen nicht aus dem Bürzel, sondern allesamt am Rücken. Eine Reihe kleiner, brauner, steifer Federn, etwa 6 Zoll lang, die am Bürzel sitzen, bilden den eigentlichen Schwanz und dienen als Stütze für die Schleppe, die Übergewicht hätte, wenn sie ganz hinten säße. Ist die Schleppe ausgebreitet, sieht man vom Vogel nur Kopf und Hals, was nicht der Fall wäre, wenn die langen Federn am Bürzel säßen, wie man beim stolzierenden Truthahnmännchen erkennen kann. Pfauen bringen die Schäfte ihrer langen Federn durch starke Muskelzuckungen zum Klappern, was sich wie ein Schwerttanz anhört, bei dem sie sehr schnell mit den Füßen trampeln und rückwärts auf das Weibchen zulaufen.

Ich muss Ihnen erzählen, dass ich einen ungewöhnlichen *Calculus aegogropila* erhalten habe, einen Stein aus dem Magen eines fetten Ochsen. Er ist rund und von der Größe einer dicken Sevilla-Orange, die meines Wissens flach ist.

36. BRIEF

An Selbigen,
Sept. 1771

Dear Sir, über den ganzen Sommer habe ich nur zwei der Großen Fledermäuse gesehen, die ich aufgrund ihrer Nahrungssuche hoch oben in der Luft

Vespertilio altivolans nenne. Ich konnte eine davon untersuchen, ein Männchen, und da die beiden immer zusammen auftauchten, bezweifelte ich nicht, dass die andere ein Weibchen war. Doch als ich das zweite Tier dann ebenfalls untersuchen konnte, musste ich etwas enttäuscht feststellen, dass es dasselbe Geschlecht besaß. Dieser Umstand, zusammen mit der großen Seltenheit der Tiere, zumindest in unserer Gegend, ließen in mir Zweifel aufkommen, ob es sich wirklich um eine eigene Spezies handelt oder um die Männchen einer bekannten Spezies, die viele Weibchen versorgen, wie man es von Schafen und einigen anderen Vierfüßern kennt. Die Sache ist nur durch weitere Untersuchungen aufzuklären, mit besonderem Augenmerk auf das Geschlecht der Exemplare. Im Moment weiß ich nur, dass meine beiden Tiere üppig mit Geschlechtsmerkmalen ausgestattet waren, die denen eines Keilers ähneln.

Bei ausgespannten Flügeln[1] maßen die Fledermäuse 14½ Zoll, von der Nase zur Schwanzspitze 4½ Zoll, die Köpfe waren groß, die Nasen zweilappig, die Schultern breit und muskulös, der ganze Körper korpulent und fleischig. Nichts kann sanfter und geschmeidiger sein als ihr Fell, das von einer leuchtenden Kastanienfarbe ist. Die Mägen waren voll, aber der Inhalt so aufgeweicht, dass man nichts voneinander unterscheiden konnte. Leber, Nieren und Herzen waren groß, die Därme mit einer Fettschicht umhüllt. Die kompletten Tiere wogen je 1 Unze und 1 Quentchen. In ihren Ohren fand ich eine seltsame Struktur, die ich mir nicht ganz erklären kann und den neugierigen Anatomen zur Untersuchung übergebe. Die Tiere verströmten einen ranzigen, abstoßenden Geruch.

37. BRIEF

An Selbigen
Selborne, 1771

Dear Sir, am 12. Juli hatte ich beste Gelegenheit, den *Caprimulgus* oder Ziegenmelker in seinem Verhalten zu beobachten, als er sich an einer großen Eiche aufhielt, unter der es von *Scarabaei solstitiales* oder Farnkäfern wimmelte. Die außerordentliche Kraft seiner Flügel übertrifft vielleicht sogar die diversen Entwicklungen und Ausformungen bei der Gattung der Schwalben. Am meisten begeisterte mich allerdings, als der Vogel im Flug, wie ich mehrmals deutlich beobachten konnte, sein Beinchen ausfuhr, dann den Kopf beugte und sich etwas in den Schnabel steckte. Sollte er irgendein Stück Beute mit dem Fuß ergreifen, etwa diese Käfer, wie ich allen Grund habe anzunehmen, so würde ich mich nicht über den Gebrauch der Mittelzehe wundern, die erstaunlicherweise mit einer gezackten Kralle versehen ist.

Rauchschwalben und Hausschwalben, zumindest die allermeisten von ihnen, haben uns dieses Jahr früher als gewöhnlich verlassen, denn am 22. September versammelten sie sich auf einem Walnussbaum des Nachbarn, offenbar ihrem Nachtlager. In der nebligen Morgendämmerung erhoben sich alle miteinander, eine unzählige Schar, und verursachten durch das Schlagen der Flügel in der diesigen Luft ein Rauschen, das man noch in beträchtlicher Entfernung hätte hören können. Seitdem ist kein weiterer Schwarm aufgetaucht, nur ein paar Nachzügler.

Einige Mauersegler blieben sogar bis zum 26. August, was selten passiert. Gewöhnlich ziehen sie sich in der ersten Augustwoche* zurück.

Am 24. September ließen sich drei oder vier Ringdrosseln, das erste Mal in der Saison, auf meinem Grund sehen. Wie pünktlich diese Besucher bei ihrer Migration im Herbst und Frühling doch sind!

* in der ersten Augustwoche: Siehe 53. Brief an Mr. Barrington.

38. BRIEF

An Selbigen
Selborne, 15. März 1773

Dear Sir, aus meinen Aufzeichnungen vom letzten Herbst geht hervor, dass die Hausschwalben sehr spät brüteten und sehr lange in der hiesigen Gegend blieben. Noch am 1. Oktober sah ich junge, fast flügge Schwalben in ihrem Nest, am 24. Oktober im Nachbarhaus ein Nest voller gerade flügge gewordener Jungschwalben. Die Alten flogen emsig umher und suchten Insekten. Den nächsten Morgen verließ die Brut ihr Nest und flog im Dorf herum. Danach waren keine Schwalben mehr zu sehen, bis zum 3. November, als zwanzig oder vielleicht dreißig Hausschwalben den ganzen Tag am Hangwald und auf meinen Feldern herumflogen. Sollen diese kleinen, schwachen Vögel, von denen einige noch zwölf Tage zuvor Nesthocker waren, ihr Quartier so spät im Jahr auf die andere Seite des nördlichen Wendekreises verlegen? Oder ist es nicht wahrscheinlicher, dass sie die nächste Kirche oder Ruine, den nächsten Kalkfelsen, das nächste Dickicht, die nächste Sandbank, den nächsten Weiher oder Teich (wie ein Naturforscher aus nördlicheren Regionen[1] sagen würde) zu ihrem *Hibernaculum* machen, das ihnen einen schnellen Rückzug ermöglicht?

Wir erwarten jetzt jede Woche den Frühlingszug der Ringdrosseln. Vertrauenswürdige Personen haben mir versichert, dass zu Weihnachten 1770 in der Gegend um Bere, an der Südgrenze unserer Grafschaft, Ringdrosseln gesichtet wurden. Daraus könnten wir schließen, dass sie nur intern migrieren und nicht weiter nach Süden auf den Kontinent, vorausgesetzt sie kommen wirklich nur aus dem Norden unserer Insel und nicht aus Nordeuropa. Aber egal woher sie kommen, die furchtlose Nichtbeachtung von Menschen und Gewehren zeigt, dass sie Orte mit viel Betriebsamkeit nicht gewohnt sind. Seefahrer erzählen, dass den Vögeln auf der Insel Ascension und in anderen dünn besiedelten Gebieten die menschliche Gestalt so fremd ist, dass sie sich einem auf die Schulter setzen und vor einem Seemann nicht mehr Angst haben als vor einer grasenden Ziege. Ein junger Mann aus Lewes in Sussex erklärte mir, vor ungefähr sieben Jahren habe es im Herbst so viele Ringdrosseln in der Stadt gegeben, dass er allein an einem Nachmittag sechzehn Stück schießen konnte. Seitdem sollen jeden Herbst Ringdrosseln erschienen sein, aber nie in den Jahren zuvor. Ich selbst habe die Vögel im Herbst, vor allem im Jahr 1770, in kleinen Gruppen entlang der Sussex Downs gesehen, und zwar zwischen Chichester und Lewes, überall wo es Sträucher und Gebüsch gab.

Ihr, etc.

39. BRIEF

An Selbigen
Selborne, 9. Nov. 1773

Dear Sir, da Sie wünschen, dass ich Ihnen meine Beobachtungen in beliebiger Reihenfolge mitteile, nehme ich mir die Freiheit zu folgenden Ausführungen, die Sie nach eigenem Ermessen, je nachdem, ob Sie meine Erkenntnisse für richtig oder falsch erachten, in Ihre beabsichtigte Neuauflage der *British Zoology*[1] aufnehmen können oder auch nicht.

Der Fischadler* wurde vor etwa einem Jahr am Frinsham Pond geschossen, einem großen See, ungefähr sechs Meilen von hier entfernt, als er auf dem Griff eines Pfluges saß und einen Fisch verschlang. Er stürzt sich ins Wasser, um seine Beute zu überraschen.

Ein großer aschfarbener Neuntöter* wurde letzten Winter

* Fischadler: *British Zoology*, Vol. I, S. 128.
* Neuntöter: *British Zoology*, Vol. I, S. 161.

Fischadler

im Park von Tisted geschossen, ein rotrückiger Neuntöter in Selborne; sie sind selten in unserer Grafschaft.

Krähen* leben das ganze Jahr als Paare zusammen.

Steinkrähen* brüten in großer Zahl an der Landspitze von Beachy Head und in den Klippen der Küste von Sussex.

Die gewöhnliche Wildtaube* oder Hohltaube taucht in Südengland selten vor Ende November auf und ist üblicherweise der späteste Winterzugvogel. Vor der großen Zerstörung unserer Buchenwälder gab es unzählige dieser Vögel, die sich morgens meilenweit aneinanderreihten, wenn sie zum Fressen aufflogen. Sie verlassen uns gleich im Frühling, aber wo brüten sie?

In Hampshire und Sussex wird die Misteldrossel* auch Sturmhahn genannt, weil sie frühmorgens im Frühling bei stürmischem Regenwetter singt. Ihren Gesang hört

* Krähen: *British Zoology*, Vol. I, S. 167.

* Steinkrähen: *British Zoology*, Vol. I, S. 198.

* Wildttaube: *British Zoology*, Vol. I, S. 216.

* Misteldrossel: *British Zoology*, Vol. I, S. 224.

man bereits zu Beginn des Jahres. Bei uns nistet sie gern in Obstgärten.

Ein Gentleman versicherte mir, er habe Nester von Ringdrosseln* in Dartmoor gefunden, wo sie an Sandbänken und Flussufern bauen.

Wiesenpieper* singen nicht nur lieblich, wenn sie auf Bäumen sitzen, sondern auch, wenn sie im Flug herumspielen, vor allem im Sinkflug, aber auch manchmal am Boden.

Adansons Behauptung,* dass die europäischen Schwalben im Winter nach Senegal migrieren, erscheint mir sehr schwach begründet. Er schreibt nicht wie ein Ornithologe und sah vermutlich die dortigen Schwalben, die bekanntermaßen an der Decke von Governor O'Haras Veranda nisten. Hätte er europäische Schwalben gekannt, würde er doch die Spezies genannt haben!

Die Rauchschwalbe wäscht sich, indem sie im Flug ins Wasser taucht. Die Spezies erscheint gewöhnlich eine Woche vor der Hausschwalbe und zehn bis zwölf Tage vor dem Mauersegler.

1772 gab es bis zum 22. Oktober junge Hausschwalben* in ihrem Nest.

Der Mauersegler* erscheint zehn oder zwölf Tage nach der Rauchschwalbe, nämlich zwischen dem 24. und 26. April.

Braunkehlchen und Schwarzkehlchen* bleiben das ganze Jahr bei uns.

Einige Steinschmätzer* bleiben den ganzen Winter bei uns.

Alle Stelzenarten bleiben im Winter bei uns.

Werden Dompfaffen* mit Hanfsamen gefüttert, färben sie sich oft komplett schwarz.

* Ringdrosseln: *British Zoology*, Vol. I, S. 229.
* Wiesenpieper: *British Zoology*, Vol. II, S. 237.
* Adansons Behauptung: *British Zoology*, Vol. II, S. 242.
* Hausschwalben: *British Zoology*, Vol. II, S. 244.
* Mauersegler: *British Zoology*, Vol. II, S. 245.
* Braunkehlchen und Schwarzkehlchen: *British Zoology*, Vol. II, S. 270, 271.
* Steinschmätzer: *British Zoology*, Vol. II, S. 269.
* Dompfaffen: *British Zoology*, Vol. II, S. 300.

Dompfaff

Wir haben über den ganzen Winter riesige Schwärme von Buchfinkenweibchen*, unter denen sich kaum ein Männchen befindet.

Wenn Sie sagen, dass das Schnepfenmännchen* in der Brutzeit ein blökendes Geräusch macht, und ich von einem trommelnden (vielleicht wäre besser: brummenden) Geräusch spreche, so meinen wir vermutlich dasselbe. Jedenfalls stoßen sie im Flug mit dem Schnabel ein lautes Pfeifen aus. Ob das Blöken oder Brummen aus dem Bauch

* Buchfinkenweibchen: *British Zoology*, Vol. II, S. 306.
* Schnepfenmännchen: *British Zoology*, Vol. II, S. 358.

oder von der Flügelbewegung kommt, vermag ich nicht zu sagen. Nur weiß ich mit Bestimmtheit, dass das Geräusch immer beim Sinkflug zu hören ist, wenn die Flügel in heftiger Bewegung sind.

Kurz nachdem die Kiebitze* gebrütet haben, versammeln sie sich, um die Moore und Sumpfgebiete zu verlassen und sich auf die Hügel und Schafweiden zu begeben.

Im Frühling vor zwei Jahren wurde der kleine Alk*, lebend und unverletzt, flatternd, aber unfähig sich zu erheben, ein paar Meilen vor Alresford auf einer Straße in der Nähe eines großen Sees gefunden. Man konnte ihn einige Zeit am Leben erhalten, bevor er starb.

Ich habe Anfang Juli letzten Jahres beobachtet, wie junge Krickenten* zusammen mit jungen Wildenten lebend aus den Teichen im Wolmer Forest geholt wurden.

Bei den Mauerseglern* steht, »sie trinken Tau«, korrekt müsste es heißen, »sie trinken im Flug«, denn alle Schwalbenarten nippen Wasser, während sie über Teiche und Flüsse streichen, genau wie Vergils Bienen, die auch im Flug trinken, »flumina summa libant«. Diese Art zu trinken ist vielleicht eine Besonderheit der Gattung.

Bitte schreiben Sie vom Schilfrohrsänger*, dass er den größten Teil der Nacht singt. Sein Gesang hat etwas Eiliges, ist aber nicht unangenehm und hört sich an, als imitierte er Sperlinge, Schwalben oder Lerchen. Ist er einmal nachts ruhig, muss man nur einen Stein oder Erdklumpen in das Gebüsch werfen, in dem er sitzt, und schon fängt er wieder an zu singen, mit anderen Worten, er schlummert zwar manchmal, aber sobald er geweckt wird, nimmt er seinen Gesang wieder auf.

* Kiebitze: *British Zoology*, Vol. II, S. 360.
* Alk: *British Zoology*, Vol. II, S. 409.
* Krickenten: *British Zoology*, Vol. II, S. 475.
* Mauerseglern: *British Zoology*, Vol. IV, S. 15.
* Schilfrohrsänger: *British Zoology*, Vol. IV, S. 16.

40. BRIEF

An Selbigen
Selborne, 2. Sept. 1774

Dear Sir, noch ehe mich Ihr Brief erreichte, habe ich die Schwanzfedern von männlichen und weiblichen Rauchschwalben aus eigenem Antrieb verglichen und beschrieben, und zwar, bevor die junge Brut auftauchte, sodass keine Gefahr bestand, die Weibchen mit ihren Küken zu verwechseln. Da sie zu dieser Zeit immer in Paaren unterwegs sind und mit dem Nestbau beschäftigt, war es auch ausgeschlossen, die Geschlechter oder die Vögel von verschiedenen Kaminen durcheinanderzubringen. Aus meinen Untersuchungen geht eindeutig hervor, dass beide Geschlechter lange Federn haben, die ihren Schwänzen die gegabelte Form geben, mit dem Unterschied, dass diese beim Männchen länger sind als beim Weibchen.

Nachtigallen stimmen einen klagenden, kreischenden Ton an, wenn ihre Jungen zum ersten Mal aus dem Nest kommen und noch hilflos sind. Auch verfolgen sie Leute, die an den Hecken entlanggehen, und knarren und knacken dabei, vermutlich als Drohung oder Herausforderung.

Der Feldschwirl zirpt im Hochsommer die ganze Nacht.

Schwäne werden im zweiten Lebensjahr weiß und brüten im dritten.

Wiesel erbeuten Maulwürfe, was man daran erkennen kann, dass sie bisweilen in Maulwurfsfallen gefangen werden.

Sperber brüten manchmal in alten Krähennestern, Turmfalken bei Kirchen und Ruinen.

Es gibt wahrscheinlich zwei Sorten von Aalen in der Isle of Ely. Bei den Fäden, die manchmal in Aalen gefunden werden, handelt es sich möglicherweise um ihre Jungen. Die Fortpflanzung der Aale[1] ist sehr dunkel und mysteriös.

Kornweihen brüten am Boden und scheinen sich niemals auf Bäumen niederzulassen.

Gartenrotschwanz

Der Gartenrotschwanz bewegt seinen Schwanz horizontal, wie Hunde, wenn sie wedeln. Der Schwanz der Stelze wippt auf und ab, wie bei einem lahmen Pferd.

Heckenbraunellen schnippen während der Brutzeit auf ganz erstaunliche Weise mit ihren Flügeln. Wenn es morgens kalt wird, geben sie pfeifende, klagende Töne von sich.

Viele Vögel, die zur Sommersonnenwende still werden, nehmen ihren Gesang im September wieder auf, so die Drosseln, Amseln, Heidelerchen, Laubsänger etc. Deshalb ist der August der bei weitem stillste Monat im ganzen Frühling, Sommer und Herbst. Werden die Vögel neuerlich zum Singen bewegt, weil der Charakter des Herbstes dem des Frühlings ähnelt?

Linnaeus ordnet die Pflanzen geographisch: Palmen wachsen in den Tropen, Gras in den gemäßigten Zonen,

Rotkehlchen

Moos und Flechten an den Polarkreisen. Zweifellos könnten die Tiere mit einigem Recht auf dieselbe Weise klassifiziert werden.

Haussperlinge bauen ihre Nester im Frühling unter den Traufen. Wenn es wärmer wird, suchen sie kühlere Plätze und nisten in Pflaumenbäumen und Apfelbäumen. Man hat schon gesehen, dass sie in den Nestern von Saatkrähen bauen, manchmal auch in den Astgabelungen darunter.

Mein Nachbar beobachtete an einem Heuschober, dass seine Hunde alle kleinen Feldmäuse fraßen, die sie bekommen konnten, aber nicht die Hausmäuse, während seine

Katzen dagegen die Hausmäuse fraßen und die Feldmäuse verschmähten.

Rotkehlchen singen den ganzen Frühling, Sommer und Herbst. Sie werden nur deswegen Herbstsänger genannt, weil ihr Gesang im Frühling und Sommer im großen Vogelkonzert untergeht, im Herbst aber unterscheidbar wird. Viele davon sind junge Rotkehlchenmännchen aus demselben Jahr. Ungeachtet ihrer Beliebtheit richten sie in den Gärten bei den Sommerfrüchten viel Schaden an.

Bei der Meise, die im frühen Februar zwei eigenartige Töne macht, wie wenn man eine Säge wässert, handelt es sich um die Sumpfmeise. Die größere Meisenart gibt drei heitere, fröhliche Töne von sich und beginnt etwa zur selben Zeit mit ihrem Gesang.

Laubsänger singen den ganzen Winter, außer bei Frost.

Hausschwalben kamen in diesem Jahr erstaunlich spät nach Hampshire und Devonshire. Spricht das für oder gegen Unterschlupf bzw. Migration?

Die meisten Vögel trinken, indem sie in Abständen nippen, aber Tauben nehmen einen langen, kontinuierlichen Schluck, wie die Vierfüßer.

Ungeachtet dessen, was ich in einem früheren Brief geschrieben habe, brütete keine Greisenkrähe jemals in Dartmoor; es war mein Fehler.

Der *Scarabaeus solstitialis* oder Farnkäfer taucht Anfang Juli auf und verschwindet Ende des Monats. Zu der Zeit sind diese Käfer, die es häufig auf kalkhaltigen Hügeln, manchmal in Sandgebieten, aber nicht auf Lehmböden gibt, die Hauptnahrung der *Caprimulgi* oder Ziegenmelker.

Durch den Garten des Gasthauses Black Bear in Reading verläuft ein Bach oder Kanal, der dann unter dem Stall hindurch in die Felder auf der anderen Straßenseite fließt. Im Wasser liegen viele Karpfen in Sichtweite der Gäste, die ihren Spaß daran haben, ihnen Brot zuzuwerfen. Doch bei den ersten Anzeichen von Kälte sind die Fische nicht mehr zu sehen, weil sie sich unter den Stall zurückziehen, wo sie bis zum nächsten Frühling bleiben. Verharren sie in einer Kältestarre? Und wenn nicht, wie ernähren sie sich?

Der Ton der Dorngrasmücke, kontinuierlich wiederholt und von seltsamen Flügelschlägen begleitet, ist harsch und unangenehm. Die Vögel machen einen kampflustigen Eindruck, denn sie singen mit aufgerichtetem Kamm und einer Haltung der Rivalität und Herausforderung. Zur Brutzeit sind sie wild und scheu, meiden bewohnte Gegenden und halten sich auf einsamen Wegen oder Gemeindefluren auf, ja sogar auf den Höhen der Sussex Downs, überall wo es Gebüsch und Deckung gibt. Doch im Juli und August bringen sie ihre Jungen in die Gemüsegärten und Obstgärten und richten unter den Sommerfrüchten viel Schaden an.

Die Mönchsgrasmücke lässt üblicherweise ein volles, süßes, wildes Zwitschern vernehmen, doch ist es von kurzer Dauer und zeigt sprunghafte Modulationen. Aber wenn der Vogel ruhig dasitzt und nur mit dem Singen beschäftigt ist, entströmen ihm sehr süße, ein wenig verhaltene Melodien mit einer großen Bandbreite an sanften Modulationen, zarter als der Gesang aller unserer Rohrsänger, nur die Nachtigall singt schöner.

Mönchsgrasmücken halten sich gern in Gemüsegärten und Obstgärten auf. Während sie zwitschern, bläht sich ihr Hals wunderbar auf.

Der Gartenrotschwanz singt überragend, auch wenn es sich wie eine Dorngrasmücke anhört. Einige Artgenossen haben mehr Töne als andere zur Verfügung. Das Männchen sitzt gelassen auf der Spitze eines hohen Baumes und singt von morgens bis abends. Der Vogel ist nicht gern allein, liebt Gesellschaft und nistet am liebsten in Obstgärten und in der Nähe von Häusern. Bei uns hockt er ganz oben auf einem hohen Maibaum.

Der Fliegenschnäpper ist der stummste und vertrauteste aller unserer Sommervögel und erscheint auch als letzter. Er nistet im Wein oder in Heckenrosen an Hauswänden, in Mauerlöchern oder am Balkenende, oft in der Nähe von

Türen, wo Menschen den ganzen Tag über ein- und ausgehen. Der Vogel zeigt nicht die geringste Neigung zum Gesang und gibt nur einen klagenden, verhaltenen Ton von sich, wenn er seine Jungen durch Katzen oder andere Störenfriede in Gefahr sieht. Er brütet nur einmal im Jahr und zieht sich früh zurück.

Die Gemeinde Selborne weist zeitweise mehr als die Hälfte der Vögel auf, die jemals in Schweden gesichtet wurden – hier über 120 Arten, dort 221. Ich möchte noch hinzufügen, dass es bei uns auch fast die Hälfte aller in Großbritannien bekannten Vögel gibt.*

Im Nachhinein fällt mir auf, dass mein langer Brief etwas seltsam Behördliches hat und sehr schulmeisterlich wirkt. Aber da Sie mich nun einmal um Kürze und Prägnanz baten, werden Sie die belehrende Form der Informationen halber, die der Brief enthalten mag, entschuldigen.

41. BRIEF[1]

An Selbigen

Dear Sir, es bedarf einer sorgfältigen Untersuchung aufzuzeigen, wie die weichschnabeligen Vogelarten, die im Winter bei uns bleiben, sich in den unwirtlichen Monaten ernähren. Die jeweilige Konstitution der Vögel ist anscheinend nicht der einzige Grund, warum sie die Strenge unseres Winters meiden, denn der robuste Wendehals (der dem widerstandsfähigen Specht so ähnlich ist) migriert. Das schwächliche Wintergoldhähnchen dagegen, der Hauch eines Vogels, trotzt dem strengsten Frost, ohne sich, wie die meisten Wintervögel in der bedrückenden Jahreszeit, Häuser und Dörfer zunutze zu machen. Stattdessen zieht sich der Vogel auf Felder und in Wälder zurück, was vielleicht sein häufiges Zugrundegehen erklärt,

* Vögel gibt: Schweden 221, Großbritannien 252.

Wintergoldhähnchen

und warum er so selten vorkommt wie kaum eine andere bekannte Art.

Ich bin fest davon überzeugt, dass die weichschnabeligen Vögel, die bei uns überwintern, sich hauptsächlich von Insekten im Puppenstadium ernähren. Alle Stelzenarten halten sich bei Kälte an seichten Bächen auf, in der Nähe der Quelle, wo das Wasser nie gefriert, waten darin herum und picken die Puppen der *Phryganeae*[*] (Köcherfliegen) etc.

Heckenbraunellen durchstöbern bei rauem Wetter Ausgüsse und Abflüsse, wo sie Krümel und andere Abfälle aufpicken. Bei milden Temperaturen treiben sie Würmer auf, die in allen Jahreszeiten aktiv sind, wovon man sich

[*] Phryganeae: Siehe Derhams *Physico-Theology*, S. 235.

überzeugen kann, wenn man sich die Mühe macht, in einer milden Winternacht eine Kerze an den Rasen zu halten. Rotkehlchen und Laubsänger suchen Scheunen, Stallungen und Schuppen auf, um Spinnen und Fliegen zu finden, die sich in der kalten Jahreszeit zurückgezogen haben. Die Hauptnahrungsquelle der weichschnabeligen Vögel im Winter stellt aber der große Überfluss an Puppen der *Lepidoptera* oder Falter dar, die an Baumstämmen und Ästen, Gartenzäunen und Hauswänden hängen, in jeder Ritze und Spalte von Steinen und Gerümpel sitzen und sich sogar in der Erde befinden.

Alle Meisenarten überwintern bei uns. Sie haben, was ich einen Mittelschnabel nennen möchte, halb hart, halb weich, zwischen den Linnéschen Gattungen der *Fringilla* und *Motacilla*. Eine Art verbringt die ganze Zeit in Wäldern und auf Feldern, ohne in der strengen Jahreszeit bei Häusern und in Dörfern Zuflucht zu suchen, und zwar die zierliche Schwanzmeise, die fast genauso winzig ist wie das Wintergoldhähnchen. Die Blaumeise (*Parus caeruleus*), die Tannenmeise (*Parus ater*), die große schwarzköpfige Kohlmeise (*Parus fringillago*) und die Sumpfmeise (*Parus palustris*) suchen alle zeitweise an Gebäuden Schutz, vor allem bei rauem Wetter. Die Kohlmeise ist, wenn sie das Wetter dazu zwingt, oft bei Häusern zu finden. Bei hohem Schnee konnte ich (zu meinem nicht geringen Erstaunen und Vergnügen) beobachten, wie der Vogel kopfüber unter Reetdächern hing und der Länge nach Strohhalme herauszog, um sich die Fliegen zu holen, die sich dazwischen versteckt hatten, und zwar in solchen Mengen, dass das Stroh kaum noch als solches erkennbar war und struppig aussah.

Die Blaumeise bewegt sich häufig in der Nähe von Häusern und ist ein Allesfresser. Neben Insekten mag sie sehr gerne Fleisch und pickt auf dem Komposthaufen Knochen ab, außerdem liebt sie Schmalz, weswegen sie oft bei Metzgerläden zu finden ist. Als ich klein war, habe ich häufig erlebt, wie man an einem einzigen Morgen zwanzig Stück mit einer Mausefalle fing, als Köder diente Talg oder Schmalz. Sie picken auch Löcher in liegengebliebene Äpfel und vergnügen sich mit den Samen in den Köpfen von Sonnenblumen. Bei sehr frostigem Wetter holen sich die Blaumeisen, Sumpfmeisen und Kohlmeisen Gerste und Hafer aus den Schobern.

Wie Steinschmätzer und Braunkehlchen durch den Winter kommen, ist nicht so leicht zu ermitteln, da sie auf der Heide und in Jagdgebieten leben, Erstere vor allem in der Nähe von Steinbrüchen. Höchstwahrscheinlich erhalten sie sich durch die Puppen der *Lepidoptera*, die ihnen in der Wildnis reiche Mahlzeiten bieten.

Ihr, etc.

42. BRIEF

An Selbigen
Selborne, 9. März 1775

Dear Sir, ein zukünftiger Faunist, einer mit einem gewissen Vermögen, wird seine Exkursionen hoffentlich auf das Königreich Irland ausweiten, eine für Naturforscher neue und völlig unbekannte Region. Es wäre wünschenswert, dass er die Reise nicht ohne Begleitung eines Botanikers unternähme, weil die Berge längst nicht zur Genüge erforscht sind und die südlichen Grafschaften der Insel wegen des milden Klimas möglicherweise Pflanzen aufweisen, wie man sie im britischen Hoheitsgebiet nicht erwarten sollte. Eine Person mit wachem Geist wird viele Anregungen aus den jüngsten Fortschritten in dem Land ziehen, wo lange vor uns in Handwerk und Landwirtschaft Prämien[1] eingeführt wurden. Das Verhalten der Einheimischen, ihr Aberglaube, ihre Vorurteile und ihre elende Lebensweise wird ihm viele nützliche Überlegungen abnötigen. Er sollte auch einen fähigen Zeichner dabeihaben, denn die edlen Schlösser und Landsitze, die ausgedehnten, pittoresken Seen und Wasserfälle dürften keinesfalls ausgelassen werden, auch nicht die gewaltigen Berge, so unbekannt wie phantasieanregend, wenn sie anschaulich beschrieben und dargestellt werden. Eine solche Arbeit würde auf großes Interesse stoßen.

Ich kenne keine moderne Karte Schottlands. Auch wenn ich mir nicht anmaße zu beurteilen, wie genau und ausführlich eine solche sein sollte, weiß ich doch, dass selbst die besten alten Karten dieses Königreiches mangelhaft sind.

Der offensichtlichste Mangel auf allen Karten Schottlands, die ich in die Hände bekommen habe, ist das Fehlen einer farbigen Linie oder Kontur, die exakt die Grenzen des Gebiets definiert, das man Highlands nennt. Darüber hinaus sollten alle großen Straßen durch das bergige und romantische Land gut gekennzeichnet sein. Die von General Wade gebauten militärischen Trassen sind ein so großartiges Unterfangen von altrömischen Ausmaßen, dass sie alle Aufmerksamkeit verdienen. Meine alte Karte, die von Moll, verzeichnet Fort William, kann aber nicht die anderen Forts berücksichtigen, die seitdem errichtet wurden. Deshalb sollte eine gute Darstellung der Kette von Forts nicht fehlen.

Die gefeierte Zickzackstraße zum Corrieyairack-Pass sollte man nicht übergehen. Moll schenkt zwar großen Häusern wie Hamilton und Drumlanrig Beachtung, aber eine neue Übersicht sollte ohne Zweifel alle Landsitze und Schlösser zeigen, die bemerkenswert sind für wichtige Ereignisse und berühmt für ihre Gemälde etc. Lord Breadalbanes Landsitz und Anwesen sollten wegen der außergewöhlichen Schönheit keinesfalls unberücksichtigt bleiben.

Der Landsitz des Earl of Eglington in der Nähe von Glasgow ist der Beachtung wert. Die umfangreichen Kiefernplantagen des Adligen sind wirklich großartig.

Ihr, etc.

43. BRIEF

An Selbigen

Dear Sir, im Sommer 1780 baute ein Wespenbussardpärchen (*Buteo apivorus, sive vespivorus* nach Ray) mitten im Selborne Hanger ein großes, flaches Nest auf einer schlanken Buche, bestehend aus Zweigen und trockenem Buchenlaub. Mitte Juni kletterte ein beherzter Bursche auf den Baum, der an einer steilen, schwindelerregenden Stelle stand, und holte das einzige Ei aus dem Nest, das schon einige Zeit ausgebrütet worden war und den Embryo eines kleinen Vogels enthielt. Das Ei war kleiner und nicht so rund wie das vom gewöhnlichen Bussard, hatte kleine, rote Flecken an den Enden und in der Mitte eine breite, blutrote Zone.

Das Weibchen wurde geschossen und entsprach genau Mr. Rays Beschreibung der Art: schwarze Wachshaut, kurze, dicke Beine, langer Schwanz. Im Flug kann man die Art wegen ihrer falkenartigen Erscheinung leicht vom gewöhnlichen Bussard unterscheiden, der einen kleinen Kopf, weniger stumpfe Flügel und einen längeren Schwanz hat. Im Kropf des Vogels fanden sich Froschbeine und viele graue Gartenschnecken. Die Iris des Vogelauges war von einer wunderschönen gelben Farbe.

Um den 10. Juli desselben Jahres brütete im selben Hanger auch ein Sperberpärchen in einem alten Krähennest auf einer niedrigen Buche. Als die vielköpfige Brut herangewachsen war, wurde sie so dreist und gefräßig, dass sie sich zum Schrecken aller Weibchen im Dorf entwickelte, die Küken in ihrer Obhut hatten. Ein Bursche kletterte auf den Baum und entdeckte, dass die jungen Sperber ausgeflogen waren, aber das Nest eine gut gefüllte Speisekammer aufwies, denn er brachte eine junge Amsel, einen Eichelhäher und Hausschwalben mit herunter, alle sauber gerupft und einige halb verdaut. Man hatte ein paar Tage

Sperber

zuvor beobachtet, wie die Alten unter den gerade flügge gewordenen Rauch- und Hausschwalben gewütet hatten, die noch nicht über die Kraft und Flugfähigkeit ausgewachsener Schwalben verfügten, um sich gegen solche Feinde zu behaupten.

44. BRIEF

An Selbigen
Selborne, 30. Nov. 1780

Dear Sir, alles, was die Wiederaufnahme unserer Korrespondenz bewirkt, wird mir stets willkommen sein.

Was die wilde Ringeltaube, Rays Hohltaube (*Oenas*) oder Fruchttaube (*Vinago*) angeht, bin ich ganz Ihrer Meinung und sehe keinen Grund, sie zum Ursprung unserer gewöhnlichen Haustaube zu machen. Diejenigen, die diese Auffassung vertreten, wurden eventuell dadurch in die Irre geleitet, dass die *Oenas* bisweilen auch als Stocktaube bezeichnet wird.

Auch wenn sich die Hohltaube im Winter stark von ihrem Verhalten im Sommer unterscheidet, ist keine Spezies weniger geeignet, domestiziert zu werden und eine Haustaube abzugeben. Letztere setzt sich sehr selten auf Bäume und sucht niemals Wälder auf, wohingegen Erstere während ihres Aufenthalts bei uns von November bis Februar genauso lebt wie die Ringeltaube, *Palumbus torquatus*, also Gebüsch und Gehölz frequentiert, sich hauptsächlich von Eicheln und Bucheckern ernährt und auf den höchsten Buchen übernachtet. Wüsste man, ob Hohltauben wie die Ringeltauben auf Bäumen bauten, was ich stark vermute, wären für mich alle Zweifel beseitigt.

Sie erhielten letzten Frühling, wie Sie schreiben, eine Hohltaube aus Sussex, dazu die Information, dass die Art dort manchmal brütet. Warum hat Ihr Berichterstatter denn nicht den Nistplatz genannt, ob Felsen, Klippen oder Bäume? Wäre er kein geübter Ornithologe, würde ich seine Beobachtung in Zweifel ziehen, denn auch bei uns verwechseln die Leute ständig Hohltauben mit Ringeltauben.

Wenn Sie mich fragen, stimme ich Ihnen gern zu, dass die Haustauben von den kleinen, blauen Felsentauben ab-

Felsentaube

stammen, und das aus verschiedenen Gründen. Erstens ist die wilde Hohltaube offenkundig größer als die gewöhnliche Haustaube, was der Regel widerspricht, dass die Brut infolge der Domestizierung größer wird. Dann gibt es die auffälligen schwarzen Flecken auf den Schwungfedern der Hohltauben, die so charakteristisch für die Spezies sind, dass sie, wie man meinen sollte, nicht vollständig verloren gehen können, sondern oftmals bei den Nachkommen wieder durchbrechen. Aber was hundert Argumente aufwiegt, ist das Beispiel in Roger Mostyns Taubenschlag in Caernarvonshire, wo Hohltauben trotz reichlichem Futter und einfühlsamer Behandlung niemals dazu bewegt werden konnten, den Schlag zu beziehen, und als sie brüten wollten, sich in die Bergfeste von Ormeshead[1] zurückzogen, um ihre Jungen in der Sicherheit der unzugänglichen Höhlen und Vorsprünge der gewaltigen Felsklippen abzulegen.

> »Naturam expellas furca, tamen usque recurret.«
> [Du vertreibst die Natur mit der Forke, und sie kommt dennoch zurück.]
> [Horaz: *Episteln*, Buch I, 10, 24]

Ich habe mit einem jetzt 78-jährigen Jäger gesprochen, der mir erzählte, vor fünfzig oder sechzig Jahren, als die Buchenwälder viel ausgedehnter waren als heute, habe es so viele Ringeltauben gegeben, dass er bis zu zwanzig am Tag tötete und mit einem langen Jagdgewehr sieben oder acht Stück, die über ihm kreisten, mit einem Schuss erlegte. Er fügte hinzu, was ich vorher nicht wusste, dass sich unter ihnen öfter kleine Gruppen von zierlicheren Tauben befunden hätten, die er Blautauben nannte. Die Nahrung dieser zahllosen Migranten bestand aus Bucheckern, ein wenig Eicheln und vor allem Gerste, die sie auf den Stoppelfeldern suchten. Aber seit in den letzten Jahren so viele Rüben angebaut werden, versorgen sie sich bei rauem Wetter größtenteils mit diesen Knollen, picken sie an und fügen der Ernte großen Schaden zu. Ihr Fleisch nimmt deswegen einen ranzigen Geschmack an und wird von Feinschmeckern gemieden, die früher eine Delikatesse darin sahen. Man schoss sie nicht nur beim Fressen auf dem Feld, vor allem bei Schnee, sondern auch in der Abenddämmerung, indem man sich in Wäldern und Gehölzen versteckte und darauf wartete, dass sie ihre Schlafplätze aufsuchten.* So viel zu den wesentlichen Umständen ihrer internen Migration, die bei uns Ende November beginnt und im ersten Frühling endet. Letzten Winter gab es in den Wäldern von Selborne etwa hundert dieser Tauben. Früher waren die Schwärme nicht nur bei uns, sondern in der ganzen Ge-

* Schlafplätze aufsuchten: Ältere Jäger erzählten, dass der größte Teil der Vögel sich zurückzog, sobald der strenge Frost über Weihnachten vorüber war.

gend so groß, dass sie morgens und abends wie Saatkrähen über den Himmel zogen, in endlosen Ketten, bis zu einer Meile lang. Wenn sie sich zu Tausenden versammelten und zufällig am Abend von ihren Bäumen aufgeschreckt wurden, war es,

> »Als ob ein dumpfes Rauschen wie ein
> ferner Donner sich erhob.«
> [John Milton: *Paradise Lost*, II, 476–477]

Es ist in diesem Zusammenhang sicher nicht ganz fehl am Platz, wenn ich hinzufüge, dass ich einen Bekannten in der Nachbarschaft habe, der es sich seit einiger Zeit zur Regel gemacht hat, die Eier von Ringeltauben, so er sie sich beschaffen kann, einem Pärchen in seinem Taubenschlag unterzuschieben, in der Hoffnung, durch diese Koalition seine Brut zu vergrößern und den eigenen Tauben beizubringen, in die Wälder auszuschwärmen und sich selbst zu ernähren. Der Plan war einleuchtend, aber nicht von Erfolg beschieden, denn obwohl die Tauben meistens ausgebrütet wurden und manchmal bis zur halben Größe heranwuchsen, erreichte keine jemals das Reifestadium. Ich habe selbst gesehen, wie die Findelkinder in ihrem Nest eine seltsame Wildheit an den Tag legten und drohend mit ihren Schnäbeln schnappten, als würden sie es kaum ertragen, betrachtet zu werden. Kurzum, sie starben alle, vielleicht aus Mangel an richtiger Ernährung. Der Besitzer glaubt, sie hätten ihre Stiefmütter mit ihrem wütenden und wilden Verhalten verängstigt und seien deshalb verhungert.

Vergil beschreibt das alltägliche Ereignis, wie eine Taube in einer Felshöhle aufgeschreckt wird, in so bezaubernden Bildern, dass ich nicht umhinkann, die Stelle zu zitieren. John Dryden hat das so glücklich in unsere Sprache übertragen, dass es keiner weiteren Entschuldigung bedarf, wenn ich auch seine Übersetzung anfüge.

»Qualis spelunca subito commota Columba,
Cui domus, et dulces latebroso in pumice nidi,
Fertur in arva volans, plausumque exterrita pennis
Dat tecto ingentum – mox aere lapsa quieto,
Radit iter liquidum, celeres neque commovet alas.«
[Wie aus Felsengeklüft die aufgeschüchterte Taube,
Die im gelöcherten Bims Obdach und trauliches Nest hat,
Schwingt in die Felder den Flug, und mit klatschendem Schlage der Flügel
Bange der Wohnung entrauscht; bald ruhige Lüfte durchgleitend,
Lautere Bahn hinstreift, und im Schwung kaum reget den Fittig.]
[Vergil: *Aeneis*, V, 213–217, Übersetzung von Johann Heinrich Voss, 1799]

Ihr, etc.

BRIEFE AN HONOURABLE DAINES BARRINGTON

To
The Honourable
Daines Barrington.

To the honourable Daines Barrington
~~Justice of Merioneth, &c. F. R.~~
~~& F. A. S.~~

Letter 1.

Dear Sir, Selborne:

When I was in town last month I partly en
I would sometime do myself the honour to write to you
ect of natural history: And I am the more ready to
romise because I see you are a Gentleman of great
ne that will make allowances; especially where the wr
be an out-door Naturalist; one that takes his obser
rom the subject itself & not from the writings of others.

The following is a list of the summer birds
hich I have discovered in this neighbourhood, ranged
the order in which they appear.

	Raii nomina	
. Wry neck,	Jynx, sive torquilla:	Usually appears the middle of M
. Smallest willow wren,	Regulus non cristatus:	March 23. che
. Swallow,	Hirundo domestica:	April 13.
Martin,	Hirundo rustica:	D^o
Sand martin,	Hirundo riparia:	D^o
Black cap,	Atricapilla:	D^o a sweet wild
Nightingale,	Luscinia:	Beginning of April
Cuckow,	Cuculus:	Middle of April.
. Middle willow wren:	Regulus non cristatus:	D^o A sweet pla
. White throat,	Ficedulæ affinis:	D^o Mean note;
Red start,	Ruticilla:	D^o More agreeable
. Stone-curlew,	Oedicnemus:	End March: Loud nocturnal
3. Turtle-dove,	Turtur:	
. Grasshopper-lark.	Alauda minima locustæ voce.	Mid Ap: A small sibilous the end of July.

1. BRIEF

An den Hon.[1] *Daines Barrington*
Selborne, 30. Juni 1769

Dear Sir, als ich letzten Monat in der Stadt war, erklärte ich mich dahingehend, dass es mir zur Ehre gereichen würde, Ihnen demnächst einmal über Themen der Naturgeschichte zu schreiben. Ich bin umso geneigter, mein Versprechen einzulösen, als ich weiß, dass Sie ein Gentleman von großer Unvoreingenommenheit sind, vor allem, wenn der Briefschreiber beteuert, ein Naturforscher im Freien zu sein, also einer, der seine Beobachtungen direkt am Objekt macht und nicht den Schriften anderer entnimmt.

Hier eine Liste der Sommerzugvögel, die ich in der hiesigen Gegend entdeckt habe, etwa nach dem Zeitpunkt ihres Erscheinens geordnet:

	Nomenklatur nach Ray	Erscheint gewöhnlich
1. Wendehals	*Jynx, sive torquilla*	Mitte März; schriller Ton
2. Kleiner Laubsänger	*Regulus non cristatus*	23. März; zirpt bis September
3. Hausschwalbe	*Hirundo domestica*	13. April
4. Rauchschwalbe	*Hirundo rustica*	dto.
5. Uferschwalbe	*Hirundo riparia*	dto.
6. Mönchsgrasmücke	*Atricapilla*	dto.; süßer, wilder Ton
7. Nachtigall	*Luscinia*	Anfang April
8. Kuckuck	*Cuculus*	Mitte April
9. Mittlerer Laubsänger	*Regulus non cristatus*	dto.; süßer, klagender Ton

	Nomenklatur nach Ray	Erscheint gewöhnlich
10. Dorngrasmücke	*Ficedulae affinis*	dto.; schäbiger Ton, singt bis Sept.
11. Gartenrotschwanz	*Ruticilla*	dto.; angenehmerer Gesang
12. Triel	*Oedicnemus*	Ende März; lautes nächtliches Pfeifen
13. Turteltaube	*Turtur*	---
14. Feldschwirl	*Alauda minima locustae voce*	Mitte April; leiser, sirrender Ton bis Ende Juli
15. Mauersegler	*Hirundo apus*	um den 27. April
16. Kleine Rohrammer	*Passer arundinaceus minor*	polyglott, süße Töne, aber hastig, ahmt viele Vögel nach
17. Wachtelkönig	*Ortyigometra*	lauter, schroffer Ton: Krex, krex
18. Großer Laubsänger	*Regulus non cristatus*	Ende April; singt wie eine Grille, oben auf hohen Buchen
19. Ziegenmelker	*Caprimulgus*	Anfang Mai; schnurrt nachts mit einem einzigen Ton
20. Fliegenschnäpper	*Stoparola*	12. Mai; sehr stiller Vogel; letzter Sommerzugvogel

Die Zusammenstellung interessanter und unterhaltsamer Vögel besteht aus zehn verschiedenen Gattungen des Linnéschen Systems. Alle gehören zur Ordnung der *Passeres*, bis auf *Jynx* und *Cuculus*, die *Picae* sind, und *Oedicnemus* und *Rallus*, die den *Grallae* angehören.

Nach laufenden Nummern geordnet, gehören die Vögel zu folgenden Linnéschen Gattungen:

1	*Jynx*
2, 6, 7, 9, 10, 11, 16, 18	*Motacilla*
3, 4, 5, 15	*Hirundo*
8	*Cuculus*
12	*Charadrius*

13	*Columba*
17	*Rallus*
19	*Caprimulgus*
14	*Alauda*
20	*Muscicapa*

Die meisten weichschnabeligen Vögel leben von Insekten, nicht von Körnern und Samen, weswegen sie sich gegen Ende des Sommers zurückziehen. Doch die folgenden weichschnabeligen Vögel bleiben das ganze Jahr über bei uns, obwohl sie Insektenfresser sind.

	Nomenklatur nach Ray	
Rotkehlchen	*Rubecula*	halten sich bei Häusern auf; bewohnen im Winter Stallungen; fressen Spinnen
Zaunkönig	*Passer troglodytes*	
Heckenbraunelle	*Curruca*	suchen in Abflüssen nach Krümeln und anderen Abfällen
Weiße Stelze	*Motacilla alba*	halten sich an seichten Bächen nahe der Quelle auf, wo das Wasser nicht gefriert; fressen Puppen der Köcherfliege; kleinste laufende Vögel
Gelbe Stelze	*Motacilla flava*	
Graue Stelze	*Motacilla cinerea*	
Steinschmätzer	*Oenanthe*	einige sieht man den ganzen Winter
Braunkehlchen	*Oenanthe secuda*	---
Schwarzkehlchen	*Oenanthe tertia*	---
Wintergoldhähnchen	*Regulus cristatus*	kleinster britischer Vogel; in den Kronen hoher Bäume; bleibt den ganzen Winter

Liste der Winterzugvögel in der hiesigen Gegend, etwa nach dem Zeitpunkt ihres Erscheinens geordnet:

	Nomenklatur nach Ray	
1. Ringdrossel	*Merula torquata*	neuer Zugvogel, den ich kürzlich entdeckt habe; ist zu Michaelis und dann wieder um den 14. März bei uns

	Nomenklatur nach Ray	
2. Bergfink	*Turdus iliacus*	um Michaelis
3. Wacholder-drossel	*Turdus pilaris*	Sitzvogel bei Tag, übernachtet am Boden
4. Nebelkrähe	*Cornix cinerea*	am häufigsten auf Hügeln
5. Waldschnepfe	*Scolopax*	erscheint um Michaelis
6. Schnepfe	*Gallinago minor*	einige brüten immer bei uns
7. Zwergschnepfe	*Gallinago minima*	---
8. Ringeltaube	*Oenas*	in letzter Zeit selten, früher oft
9. Wilder Schwan	*Cygnus ferus*	auf einigen großen Gewässern
10. Wildgans	*Anser ferus*	---
11. Wildente	*Anas torquata minor*	auf unseren Seen und Flüssen
12. Tafelente	*Anas fera fusca*	auf unseren Seen und Flüssen
13. Pfeifenente	*Penelope*	auf unseren Seen und Flüssen
14. Krickente	*Querquedula*	auf unseren Seen und Flüssen; brütet bei uns im Wolmer Forest
15. Kernbeißer	*Coccothraustes*	Wanderer, die nur gelegentlich erscheinen und nicht als regelmäßige Zugvögel beobachtet wurden
16. Fichtenkreuz-schnabel	*Loxia*	
17. Seidenschwanz	*Garrulus bohemicus*	

Nach laufenden Nummern geordnet, gehören die Vögel zu folgenden Linnéschen Gattungen:

1, 2, 3	*Turdus*
4	*Corvus*
5, 6, 7	*Scolopax*
8	*Columba*
9, 10, 11, 12, 13, 14	*Anas*
15, 16	*Loxia*
17	*Ampelis*

Mittlerer Laubsänger, Rotkehlchen, Steinschmätzer, Schwarzkehlchen, Feldlerche

Vögel, die nachts singen, gibt es nur wenige:

Nachtigall	*Luscinia*	versteckt im schattigen Gebüsch
Heidelerche	*Alauda arborea*	mitten im Flug
Kleine Rohrammer	*Passer arundinaceus minor*	zwischen Röhricht und Weiden

Nun sollte eine Liste der Vögel folgen, die auch nach der Sommersonnenwende singen, aber da das ziemlich viele sind, würde das den Rahmen dieses Briefes sprengen. Außerdem ist gerade die Jahreszeit für diesbezügliche Beobachtungen, sodass ich mich jetzt den Vögeln widmen kann, bei denen ich noch im Zweifel bin, ob sie ihren Gesang fortsetzen.

Ihr, etc.

2. BRIEF

An Selbigen
Selborne, 2. Nov. 1769

Dear Sir, als ich die Ehre hatte, Ihnen Ende Juni zum Thema der Naturgeschichte zu schreiben, sandte ich Ihnen eine Liste der Sommerzugvögel, die ich in der hiesigen Gegend beobachtet habe, sowie eine Liste der Winterzugvögel. Ich erwähnte auch die weichschnabeligen Vögel, die den Winter im Süden Englands verbringen, und diejenigen, die bemerkenswerterweise in der Nacht singen.

Wie versprochen, komme ich nun zu den Vögeln (Singvögeln, um genau zu sein), die ihren vollständigen Gesang über die Sommersonnenwende hinaus fortsetzen, in etwa danach geordnet, wann sie im Frühjahr zu singen beginnen.

	Nomenklatur nach Ray	
1. Heidelerche	*Alauda arborea*	Januar bis Herbst
2. Singdrossel	*Turdus simpliciter dictus*	Februar bis August, dann wieder im Herbst
3. Zaunkönig	*Passer troglodytes*	ganzes Jahr, außer bei strengem Frost
4. Rotkehlchen	*Rubecula*	dto.
5. Heckenbraunelle	*Curruca*	Anfang Februar bis 10. Juli
6. Goldammer	*Emberiza flava*	Anfang Februar bis 21. August
7. Feldlerche	*Alauda vulgaris*	Februar bis Oktober
8. Hausschwalbe	*Hirundo domestica*	Anfang April bis September
9. Mönchsgrasmücke	*Atricapilla*	Anfang April bis 13. Juli
10. Wiesenpieper	*Alauda pratorum*	Mitte April bis 16. Juli
11. Amsel	*Merula vulgaris*	Februar/März bis 23. Juli, dann wieder im Herbst
12. Dorngrasmücke	*Ficedulae affinis*	April bis 23. Juli
13. Goldfink	*Carduelis*	April bis 16. September
14. Grünfink	*Chloris*	bis 2. August
15. Kleine Rohrammer	*Passer arundinaceus minor*	Mai bis Anfang Juli
16. Gemeiner Hänfling	*Linaria vulgaris*	brütet und singt bis August; dann wieder, wenn sie sich im Oktober sammeln und kurz vor dem Abflug

Vögel, die ihren vollen Gesang nicht fortsetzen und gewöhnlich vor oder zur Sommersonnenwende still sind:

17. Mittlerer Laubsänger	*Regulus non cristatus*	Mitte Juni; beginnt im April
18. Gartenrotschwanz	*Ruticilla*	dto.; beginnt im Mai
19. Buchfink	*Fringilla*	Anfang Juni; beginnt Anfang Februar
20. Nachtigall	*Luscinia*	Mitte Juni; beginnt Anfang April

Uferschwalbe, Hausschwalbe, Heidelerche, Großer Laubsänger, Feldschwirl, Wiesenpieper

Vögel, die nur kurz singen, und zwar sehr früh im Jahr:

21. Misteldrossel	*Turdus viscivorus*	2. Januar bis Februar; in Hampshire und Sussex Sturmvogel genannt, weil ihr Gesang Sturm und Regen ankündigt; unser größter Singvogel
22. Große Meise	*Fringillago*	Februar bis April; kurz im September

Vögel, die irgendwelche Töne von sich geben, aber kaum als Singvögel bezeichnet werden können:

23. Wintergold-hähnchen	*Regulus cristatus*	singt so zart, wie es klein ist; auf hohen Eichen und Tannen; kleinster britischer Vogel
24. Sumpfmeise	*Parus palustris*	in Wäldern; zwei schrille Töne
25. Kleiner Laub-sänger	*Regulus non cristatus*	singt von März bis September
26. Großer Laub-sänger	*Regulus non cristatus*	singt wie eine Grille; von Ende April bis August
27. Feldschwirl	*Alauda minima voce locustae*	zirpt die ganze Nacht; von Mitte April bis Ende Juli
28. Hausschwalbe	*Hirundo agrestis*[1]	während der ganzen Brutzeit; von Mai bis September
29. Dompfaff	*Pyrrhula*	---
30. Weiße Rohr-ammer	*Emberiza alba*	von Ende Januar bis Juli

Alle Singvögel, auch solche, die nur einen Anflug von Gesang zeigen, gehören in Britannien und weltweit in die Linnésche Ordnung der *Passeres*.

Nach laufenden Nummern geordnet, gehören die Vögel zu folgenden Linnéschen Gattungen:

1, 7, 10, 27	*Alauda*
2, 11, 21	*Turdus*
3, 4, 5, 9, 12, 15, 17, 18, 20, 23, 25, 26	*Motacilla*
6, 30	*Emberiza*
8, 28	*Hirundo*
13, 16, 19	*Fringilla*
22, 24	*Parus*
14, 29	*Loxia*

Es gibt nur wenige Vögel, die im Flug singen:

	Nomenklatur nach Ray	
Feldlerche	*Alauda vulgaris*	im Steigflug, im Flug und im Sinkflug
Wiesenpieper	*Alauda pratorum*	im Steigflug, auch auf Bäumen und am Boden
Heidelerche	*Alauda arborea*	im Singflug, in heißen Sommernächten die ganze Nacht
Amsel	*Merula*	manchmal von Gebüsch zu Gebüsch
Dorngrasmücke	*Ficedulae affinis*	im Flug mit seltsamen Zuckungen
Hausschwalbe	*Hirundo domestica*	bei mildem, sonnigem Wetter
Zaunkönig	*Passer troglodytes*	manchmal von Gebüsch zu Gebüsch

Vögel, die in der hiesigen Gegend am frühesten brüten:

Krähe	*Corvus*	brütet im Februar und März
Singdrossel	*Turdus*	brütet im März
Amsel	*Merula*	brütet im März
Saatkrähe	*Cornix frugilega*	baut Anfang März
Heidelerche	*Alauda arborea*	brütet im April
Ringeltaube	*Palumbus torquatus*	legt Anfang April

Alle Vögel, die nach der Sommersonnenwende ihren vollen Gesang zeigen, brüten offenbar mehr als einmal.

Wie scheu oder wild die Vögel sind, hängt wohl in den meisten Fällen von der Größe der Art ab, zumindest auf unserer Insel, wo sie verfolgt und gestört werden. Auf der Insel Ascension und in anderen menschenleeren Gegenden haben die Seeleute Wildvögel gefunden, denen die menschliche Figur so fremd war, dass man sie in die Hand nehmen konnte, so die Tölpel etc. Als extreme Beispiele nenne ich das Wintergoldhähnchen (der kleinste britische Vogel), das unbekümmert stillsteht, bis man sich ihm auf drei oder vier Yards nähert, während die Trappe (*Otis*) als größter britischer Wildvogel keinen Menschen im Umkreis von mehreren hundert Yards duldet.

Ihr, etc.

3. BRIEF

An Selbigen
Selborne, 15. Jan. 1770

Dear Sir, es war mir kein geringes Vergnügen zu lesen, dass Ihnen meine kleine Systematik der Vögel nicht missfallen hat. Wenn der Skizze irgendein Wert zukommt, dann wegen der Genauigkeit der Termine. Viele Monate lang trug ich eine Liste der zu beobachtenden Vögel mit mir herum und notierte während meiner Ausritte und Spaziergänge täglich, ob der Gesang eines jeden Vogels anhielt oder ausblieb, sodass ich eine solche Gewissheit über die Fakten habe, wie ein Mensch überhaupt irgendwelcher Dinge sicher sein kann.

Ich möchte nun, nach bestem Wissen, die Fragen beantworten, die Sie mir in Ihren beiden freundlichen Briefen gestellt haben. Vielleicht ist die Umgebung von Eastwick, wo Sie so wenige Vögel zu hören bekamen, kein Waldgebiet und deshalb nicht von vielen Singvögeln besiedelt. Wenn Sie einen Blick in meinen letzten Brief werfen, werden Sie feststellen, dass viele Vogelarten nach Anfang Juli wieder zu zwitschern beginnen.

Der Wiesenpieper und die Goldammer brüten spät, Letztere sehr spät, darum ist es kein Wunder, dass ihr Gesang andauert. Ich halte es für eine Maxime der Ornithologie, dass da, wo gebrütet wird, Musik ist. Was das Rotkehlchen und den Zaunkönig angeht, so weiß auch der am wenigsten wissbegierige Beobachter, dass sie, vor allem Letzterer, das ganze Jahr hindurch flöten, außer bei strengem Frost.

Ich war nicht in der Lage, Ihnen eine Mönchsgrasmücke, eine Rohrammer bzw. einen Schilfrohrsänger lebend zu verschaffen. Erstere ist zweifellos ein Sommerzugvogel, Letzterer meines Wissens ebenfalls, sodass sie im Käfig einer sorgfältigeren und gewissenhafteren Pflege bedürften, als ich sie zu leisten imstande wäre. Beide sind ausgezeichnete Sänger. Der Gesang der Mönchsgrasmücke hat etwas so Süßes und Wildes, dass ich immer an die Zeilen aus Shakespeares *Wie es euch gefällt* denken muss.

»Und stimmt der Kehle Klang
Zu lust'ger Vögel Sang.«[1]

Der Schilfrohrsänger besitzt eine erstaunliche Bandbreite an Tönen, die denen verschiedener anderer Vögel ähneln. Allerdings hat sein Gesang etwas Hastiges, das nicht zu seinem Vorteil gereicht, doch er ist ein köstlicher Polyglotter.

Dass Wiesenpieper in Käfigen auch nachts singen, ist mir neu; wahrscheinlich tun das nur gefangene Vögel. Ich weiß von einem zahmen Rotkehlchen, das immer so lange sang, wie Kerzen im Zimmer brannten, aber man kann nicht davon ausgehen, dass sie auch in Freiheit nachts singen.

Ich möchte durchaus bezweifeln, dass man im Juli viel weniger Vögel zu sehen bekommt als in den Monaten davor,

Bekassine

wo doch täglich so viele Junge ausgebrütet werden. Sicher bin ich mir auf jeden Fall, dass es sich bei den Schwalbenarten, die sich im Laufe des Sommers rasant vermehren, genau umgekehrt verhält. Auch sah ich im betreffenden Monat Hunderte junger Stelzen an den Ufern der Cherwell, sodass man kaum noch etwas von der Wiese erkennen konnte. Wenn Ihre Beobachtung, wie Sie sagen, auch auf andere Arten zutrifft, könnte das nicht daran liegen, dass die Weibchen mit dem Brüten beschäftigt sind und sich die Jungvögel im Laub verstecken?

Des Öfteren hat mich die Neugier dazu getrieben, die Mägen von Schnepfen und Bekassinen zu öffnen, aber nie half es mir zu verstehen, wie ihre Ernährung aussieht. Ich fand immer nur einen weichen Schleim mit vielen durchsichtigen Körnchen darin.

Ihr, etc.

4. BRIEF

An Selbigen
Selborne, 19. Febr. 1770

Dear Sir, Ihre Beobachtung, »dass der Kuckuck seine Eier nicht wahllos in das Nest des erstbesten Vogels legt, sondern nach einem möglichst artverwandten Kindermädchen Ausschau hält, dem er seine Jungen anvertrauen kann«, ist mir völlig neu und beeindruckte mich so stark, dass ich Überlegungen anstellte, ob dem wirklich so ist und was der Grund dafür sein könnte. Durch entsprechende Nachforschungen fand ich heraus, dass der Kuckuck in der hiesigen Gegend nur in Nestern von Stelzen, Heckenbraunellen, Dorngrasmücken und Rotkehlchen gefunden wurde, alles weichschnabelige, insektenfressende Vögel. Der exzellente Mr. Willughby erwähnt noch die Nester von *Palumbus* (Ringeltaube) und *Fringilla* (Buchfink), Vögel, die sich von Körnern und Samen, also hartem Futter ernähren. Allerdings weiß er das nicht aus eigener Erfahrung und erklärt später, er selbst habe nur gesehen, wie eine Stelze einen Kuckuck fütterte. Es erscheint mir kaum möglich, dass ein weichschnabeliger Vogel sich mit dem Futter eines hartschnabeligen ernähren kann, denn der Insektenfresser hat einen dünnen membranartigen Magen, der dem weichen Futter angepasst ist, während der Körnerfresser einen starken Muskelmagen besitzt, der alles, was geschluckt wird, wie eine Mühle mit Hilfe kleinster Steinchen und Kieselchen zermalmt. Legte der Kuckuck seine Eier, ganz wie der Zufall will, in ein beliebiges Nest, wäre das ein ungeheurer Skandal der Mutterliebe, eines der ersten Gebote der Natur. Wir würden einer solchen Behauptung niemals Glauben schenken, ginge es um einen Vogel aus Brasilien oder Peru! Sollte es sich tatsächlich herausstellen, dass dieser einfache Vogel nicht nur die natürliche στοργή [Zuneigung] abgelegt hat, wodurch seine

Spezies über sich hinausgehoben und zu außerordentlicher Klugheit und Raffinesse beflügelt wurde, sondern dass er darüber hinaus die Fähigkeit besitzt, zu erkennen, welche andere Spezies passende und artverwandte Pflegemütter für die eigenen vernachlässigten Eier und Jungen abgeben könnte, um diese allein deren Obhut zu überlassen, dann wäre das ein doppeltes Wunder und ein neuerliches Beispiel dafür, dass die Mittel der Vorsehung keinen bestimmten Formen und Regeln unterliegen, sondern uns immer wieder mit den unterschiedlichsten Erscheinungsformen überraschen.

Was ein sehr alter und erhabener Autor in Bezug auf den Mangel an natürlicher Zuneigung über den Vogel Strauß gesagt hat, können wir gewiss auch auf den Vogel übertragen, von dem hier die Rede ist:

> »Er wird so hart gegen seine Jungen, als wären sie nicht seine … Denn Gott hat ihm die Weisheit genommen und hat ihm keinen Verstand zugeteilt.«*

Frage: Legt jedes Kuckucksweibchen nur ein Ei im Jahr oder, je nach Gelegenheit, mehrere in verschiedene Nester?

Ihr, etc.

5. BRIEF

An Selbigen
Selborne, 12. April 1770

Dear Sir, ich habe letztes Jahr diverse Vogelarten nach der Sommersonnenwende singen hören, jedenfalls genug, um zu beweisen, dass das Sommer-Solstitium der Musik in den Wäldern kein Ende setzt. Die Goldammer singt mit noch größerer Beharrlichkeit weiter als andere

* Er wird … zugeteilt: Hiob 39, 16–17.

Arten, aber auch die Heidelerche, der Zaunkönig, das Rotkehlchen, die Schwalbe, die Dorngrasmücke, der Goldfink und der Gemeine Hänfling sind untrügliche Beispiele dafür, dass meine Behauptung der Wahrheit entspricht.

Wenn die ungewöhnliche Kälte die reguläre Sommermigration nicht stört, sollte die Mönchsgrasmücke in zwei oder drei Tagen hier ankommen. Ich wünschte, ich könnte Ihnen einen dieser Singvögel besorgen, aber ich bin kein Vogelfänger und habe auch so wenig Erfahrung mit der Käfighaltung von Vögeln, dass ich fürchte, sie würden sterben, weil ich mich beim Füttern so ungeschickt anstellte.

War die Rohrammer, die Sie im Käfig hielten, die dickschnabelige (*British Zoology*, S. 320) oder die Kleine Rohrammer nach Ray, also der Schilfrohrsänger aus Mr. Pennants letzter Publikation (S. 16)?

Warum die langschnabeligen Vögel bei mäßigem Frost dicker werden, steht für mich außer Zweifel. Ihr besonders gutes Gedeihen ist allein darauf zurückzuführen, dass die Kälte der unwillkürlichen Transpiration[1] sanfte Zügel anlegt; das gilt nicht minder für Amseln etc. Genauso stellen die Bauern und Wildhüter fest, dass die Schweine zu solchen Zeiten fetter werden und die Kaninchen nie in so guter Verfassung sind wie bei leichtem Frost. Doch bei strengem Frost, der lange andauert, verhält es sich anders, denn der Nahrungsmangel überwiegt bald die Sättigung durch eingedämmte Transpiration. Ich habe außerdem beobachtet, dass manche Menschen veranlagungsgemäß im Winter eher zu Rundlichkeit neigen als im Sommer.

Von den Vögeln, die unter starkem Frost leiden und daran sterben, sind an erster Stelle die Wacholderdrosseln und dann die Singdrosseln zu nennen.

Sie fragen sich ganz zu Recht, was die Heckenbraunellen etc. dazu veranlassen kann, ein Kuckucksei auszubrüten, ohne Anstoß an dem unverhältnismäßig großen, untergeschobenen Ei zu nehmen. Ich gehe davon aus, dass die vernunftlosen Geschöpfe keine Vorstellung von Größe, Farbe

Wacholderdrossel

und Anzahl haben. Wenn das Haushuhn im Bruteifer ist, sitzt es auf einem einzigen unförmigen Stein statt auf einem Nest voller Eier, die man ihm weggenommen hat. Ein Truthahnweibchen wird im entsprechenden Fall sogar bis zum Verhungern auf dem leeren Nest sitzen bleiben.

Ich denke, die Frage, ob der Kuckuck ein, zwei oder mehrere Eier in der Saison legt, ist leicht zu klären, indem man ein Weibchen während der Legezeit öffnet. Ist mehr als eins aus den Eierstöcken[2] getreten und bereits ein wenig gewachsen, legt es im Frühling mehrere Eier.

Ich will versuchen, ein Kuckucksweibchen zur Untersuchung zu bekommen.

Ihre Annahme[3] einer physischen Sperre, die Singvögel verstummen und, wenn sie aufgehoben wird, wieder singen lässt, ist neu und kühn. Ich wünschte, Sie könnten mir einige gute Begründungen für Ihre Vermutung nennen.

Es freut mich, dass Ihnen mein Exemplar des *Caprimulgus* oder Ziegenmelkers gefallen hat. Wie ich sehe, kannten Sie den Vogel bereits.

Bei unserer nächsten Begegnung will ich gern mit Ihnen

über Ihren Vorschlag sprechen, ich möge eine Beschreibung der Tiere der hiesigen Gegend erstellen. Ihr hohes Urteil über meine geringen Fähigkeiten bewegt Sie, fürchte ich, zu der Annahme, ich könne mehr leisten, als in meinen Kräften steht, denn es ist kein geringes Unterfangen für einen Einzelnen, ohne fremde Hilfe und allein aus der eigenen Anschauung eine Naturgeschichte zu verfassen. Zwar gibt es in allen Bereichen der grenzenlosen Natur unendlich viel Gelegenheit für Beobachtungen, aber Untersuchungen (bei denen man bestrebt ist, sich seiner Fakten zu vergewissern) schreiten nur so langsam fort, dass alles, was man in vielen Jahren zusammentragen kann, von äußerst geringem Umfang wäre.

Einige Auszüge aus Ihren geistreichen »Untersuchungen über den Unterschied zwischen der gegenwärtigen Lufttemperatur in Italien und der vor 1700 Jahren«[4] sind mir in die Hände gefallen und haben mich sehr beeindruckt. Damit sind die Einwände beseitigt, die sich mir jedes Mal aufdrängten, wenn ich die von Ihnen zitierte Stelle las. Der umsichtige Vergil wäre in seinem didaktischen Gedicht über die Regionen Italiens niemals darauf verfallen, zugefrorene Flüsse zu beschreiben, hätte es dort nicht häufiger solche widrigen Wetterverhältnisse gegeben!

PS: Die Schwalben erscheinen mitten im Schnee und Frost.

6. BRIEF

An Selbigen
Selborne, 21. Mai 1770

Dear Sir, die Kälte und die Wetterturbulenzen des letzten Monats haben die reguläre Sommermigration so sehr gestört, dass einige der Vögel sich erst jetzt zeigen und andere offensichtlich dünner als gewöhnlich sind, wie etwa die Dorngrasmücke, die Mönchsgrasmücke, der Gartenrotschwanz oder der Fliegenschnäpper. Ich erinnere mich noch an 1739/40, als nach dem sehr rauen Frühling ganz wenige Sommerzugvögel bei uns zu sehen waren. Wahrscheinlich kommen sie mit den Winden aus südöstlicher Richtung, nur blies der Wind im besagten Jahr den ganzen Frühling und Sommer hindurch aus entgegengesetzten Richtungen. Dennoch erschienen im laufenden Jahr, wie ich schon in meinem letzten Brief anmerkte, bei strengem Frost und Schnee bereits am 11. April zwei Rauchschwalben, die sich allerdings wieder für einige Zeit zurückzogen.

Ich bin alles andere als erfreut darüber, dass manche Leute so wenig von Scopolis neuer Veröffentlichung[*] halten, dabei kann man aus der Feder dieses ausgezeichneten Naturforschers Großes erwarten und sollte meinen, dass eine Geschichte der Vögel einer so weit entfernten und südlichen Region wie Krain interessante Neuigkeiten bietet. Ich möchte das Werk sehr gern lesen und hoffe, dass man es mir zusendet. Dr. Scopoli ist Arzt bei den Unglücklichen, die dort in den Quecksilberminen[1] arbeiten.

Als ich las, dass Sie sich eine Rohrammer halten und ihr Samen zu fressen geben, musste ich mich wundern, weil die Rohrammer (*Passer arundinaceus minor* nach Ray), wie bereits erwähnt, ein weichschnabeliger Vogel ist und wahrscheinlich vor dem Winter in den Süden migriert, wohingegen der Vogel, den Sie halten, ein *Passer torquatus* nach Ray ist, also ein dickschnabeliger Sperling, der das ganze Jahr über bei uns bleibt. Ich frage mich, ob er ein großer Sänger ist, und bitte Sie, mir darüber genauere Auskunft zu geben. Die Rohrammer hat eine große Bandbreite an hastigen Tönen, singt die ganze Nacht hindurch und benutzt auch Gesangsteile, die dem Sperling zugeschrieben werden. Es gibt eine große Anzahl an weichschnabeligen Vögeln, die Mr. Pennant in seiner *British Zoology* nicht erwähnt hatte,

* Scopolis neuer Veröffentlichung: Er nennt sie *Annus Primus Historico Naturalis.*

bis ich ihn darauf aufmerksam machte. Siehe *British Zoology*, letzte Auflage, S. 16.*

Ich habe etwas anzubringen über die unterschiedlichen Arten, in denen die einzelnen Vögel fliegen und laufen, aber da ich die Angelegenheit noch nicht ausreichend untersucht habe und sie nicht auf kleinem Raum darzustellen ist, will ich im Moment nichts weiter dazu sagen.*

Zweifellos liegt die Schwierigkeit, bei Vögeln in ihrem ersten Federkleid das Geschlecht zu erkennen, darin begründet, dass, wie Sie es ausdrücken, »diese sich noch nicht paaren und von ihren elterlichen Pflichten bis zum kommenden Frühling freigestellt sind«. Da die Farben bei vielen Vögeln offenbar das erste äußerliche Geschlechtsmerkmal sind, entwickeln sie sich nicht, bevor die Geschlechtsreife erlangt wird. Nicht anders bei Vierfüßern, bei denen die Geschlechter in der Jugend auch kaum voneinander differenziert sind. Doch auf dem Weg zur Reife unterscheiden sich die männlichen Tiere durch Hörner, struppige Mähnen, Bärte, muskulöse Nacken etc. von den weiblichen. Wir können auch unsere eigene Spezies als Beispiel heranziehen, wo ein Bart und stärker ausgebildete Merkmale gewöhnlich das männliche Geschlecht charakterisieren. Die geschlechtliche Diversität gibt es in jungen Jahren noch nicht, denn ein hübscher Junge kann einem hübschen Mädchen so ähnlich sehen, dass kaum ein Unterschied bemerkbar ist.

»Quem si puellarum insereres choro,
Mire sagacis falleret hospites
Discrimen obscurum, solutis
Crinibus, ambiguoque voltu.«
[Eingereiht in eine Mädchenschar, würde er auch erstaunlich scharfsinnige Gäste täuschen aufgrund der aufgelösten Haare und des zweideutigen Gesichtes.]
[Horaz: *Oden*, Buch II, 5, 21–24]

* letzte Auflage, S. 16: Siehe 25. Brief an Mr. Pennant.
* nichts weiter dazu sagen: Siehe 42. Brief an Mr. Barrington.

7. BRIEF

An Selbigen
Ringmer, nahe Lewes, 8. Okt. 1770

Dear Sir, es freut mich zu hören, das Kuckalm Ihnen Vögel aus Jamaika schicken wird. *Hirundines* von dieser heißen und weit entfernten Insel zu sehen wäre ein großes Vergnügen.

Scopolis Werke sind nun in meinem Besitz, und ich habe *Annus primus* mit Gewinn gelesen. Auch wenn manche Teile seiner Arbeit anfechtbar sind und er einige fehlerhafte Feststellungen macht, ist die Ornithologie eines so weit entfernten Landes wie Krain auf jeden Fall von großem Interesse. Jemand, der nur ein einziges Gebiet untersucht, bringt die Naturforschung vermutlich mehr voran als diejenigen, die weit über das hinausgreifen, was sie bestenfalls kennengelernt haben können. Jedes Königreich, ja jede Provinz sollte einen eigenen Monographen haben.

Dass er Rays *Ornithology* mit keinem Wort erwähnt, mag der extremen Armut und Abgelegenheit des Landes geschuldet sein, in das die Arbeiten unseres großen Naturforschers bisher nicht ihren Weg gefunden haben. Ich weiß, Sie bezweifeln, dass das Werk originär und wirklich von Scopoli ist. Was mich angeht, sehe ich starke Anzeichen für seine Authentizität, denn stilistisch entspricht es seiner Entomologie[1], darüber hinaus sind seine Ordnungen und Gattungen vielfach neu und haben einen ausdrucksstarken und meisterlichen Charakter. Er wagt es, die eine oder andere Linnésche Gattung mit gutem Grund zu modifizieren.

Vielleicht war es reiner Zufall, dass Sie in Staines-upon-Thames so viele Mauersegler und keine Schwalben gesehen haben, denn bei meinen langjährigen Beobachtungen dieser Vögel konnte ich nie das geringste Maß an Rivalität und Feindlichkeit zwischen den beiden Spezies erkennen.

Ray merkt an, dass Hühnervögel (*Gallinae*), wie Hahn

Zwerghuhn

und Huhn, Rebhuhn, Fasan etc., *Pulveratrices* sind, sich also im Staub baden, um ihre Federn zu reinigen und vom Ungeziefer zu befreien. Ich konnte beobachten, dass viele Vögel, die im Staub baden, sich niemals waschen, und dachte, sie tun entweder das eine oder das andere. Aber dem ist nicht so, denn der gemeine Haussperling ist ein großer Staubvogel, der sich häufig im Staub der Straßen wälzt und suhlt, und doch ist er auch ein großer Wäscher. Badet nicht auch die Feldlerche im Staub?

Frage: Könnten Mohammed und seine Anhänger bei einem ihrer Reinigungsrituale sich nicht ein Beispiel an den *Pulveratrices* genommen haben? Von glaubwürdigen Reisenden habe ich erfahren, dass strenge Muslime, die in Sandwüsten unterwegs sind, wo es kein Wasser gibt, zu den vorgeschriebenen Stunden die Kleider ablegen und den Körper sehr gewissenhaft mit Sand oder Staub abreiben.

Einer der Leute hier erzählte mir, einen jungen Ziegenmelker im Nest eines kleinen Vogels gefunden zu haben, der diesen gefüttert habe. Ich sah mir das außerordentliche Phänomen an und fand heraus, dass ein junger Kuckuck im

Nest eines Wiesenpiepers ausgebrütet worden war. Er war viel zu groß für das Nest geworden, sodass er:

> »... in tenui re
> Maiores pinnas nido extendisse ...«
> [in ärmlichen Verhältnissen, die Flügel ausgebreitet, größer als das Nest]
> [Horaz: *Episteln*, Buch I, 20, 20–21]

Außerdem war er wild und zänkisch, setzte meinem Finger nach, als ich ihn necken wollte, und rüttelte und schlug mit den Flügeln wie ein Kampfhahn, obwohl ich einige Fuß entfernt war. Das düpierte Weibchen kam mit einem Wurm im Maul angeflogen und drückte sich mit dem Ausdruck größter Besorgnis in der Nähe herum.

Im Juli sah ich ein paar Kuckucke über einem großen Teich streichen und fand nach einiger Beobachtung heraus, dass sie Libellen fingen, die entweder auf Grashalmen saßen oder umherflogen. Ungeachtet dessen, was Linnaeus sagt, kann ich einfach nicht glauben, dass sie Raubvögel sind.

Die Gegend hier[2] weist einige Vögel auf, von denen man in Selborne kaum etwas gehört hat. Vor allem tauchten diesen Sommer beträchtliche Schwärme von Fichtenkreuzschnabeln (*Loxiae curvirostrae*) in den Kiefernwäldchen auf, die zum Haus gehören. Die Wasseramsel soll an der Mündung der Lewes bei Newhaven leben, und von der Steinkrähe weiß ich, dass sie überall in den Kalkfelsen der Küste von Sussex baut.

Ich war hocherfreut, immer wieder kleine Gruppen von Ringdrosseln (meine neu entdeckten Zugvögel) verstreut auf den Sussex Downs zwischen Chichester und Lewes zu sehen. Egal woher sie kommen, es ist auffällig, wie sie entlang der Küste Quartier genommen haben, um den Kanal zu überqueren, wenn das Wetter sich hier verschlechtert. Sie kommen im April wieder zu Besuch, offenbar auf der

Rückreise, denn mitten im Winter trifft man sie bei uns nicht an. Erstaunlicherweise sind sie sehr zahm und sehen keine Gefahr von einer Person mit Gewehr ausgehen. Auf den weiten Hügeln nahe Brighton gibt es Trappen. Die Sussex Downs sind Ihnen sicherlich bekannt, das Panorama um Lewes herum herrlich.

Als ich die Küste entlangritt, hielt ich die Wege und Gehölze im Auge, weil ich hoffte, zu dieser Jahreszeit einige der kurzflügeligen Sommerzugvögel zu entdecken, die sich dort für den Abflug sammeln. Ich war sehr erstaunt, keine Gartenrotschwänze, Dorngrasmücken, Mönchsgrasmücken, Zaunkönige, Fliegenschnäpper etc. zu entdecken, und erinnerte mich, dasselbe auch in den Vorjahren festgestellt zu haben, denn ich komme für gewöhnlich jedes Jahr um diese Zeit hierher. Die häufigsten Vögel entlang der Küste sind gegenwärtig Schwarzkehlchen, Braunkehlchen, Weiße Rohrammer, Hänfling, Steinschmätzer, Wiesenpieper etc. Rauchschwalben und Hausschwalben gibt es noch viele, weil sie ihren Aufenthalt wegen des milden, ruhigen und trockenen Wetters verlängern.

Eine Landschildkröte[3], die seit mehr als 30 Jahren in einem kleinen Innenhof des Hauses, wo ich zu Besuch bin, gehalten wird, verkriecht sich Mitte November unter die Erde und kommt Mitte April wieder zum Vorschein. Wenn sie im Frühling herauskommt, zeigt sie sehr wenig Neigung zum Fressen, doch im Hochsommer ist sie unersättlich. Geht der Sommer zur Neige, nimmt auch ihr Appetit ab, sodass sie die letzten sechs Wochen im Herbst kaum mehr frisst. Milchige Pflanzen wie Salat, Löwenzahn oder Lattich sind ihre Lieblingsspeisen. In einem Nachbardorf soll eine Landschildkröte mündlichen Überlieferungen zufolge an die 100 Jahre alt geworden sein. Eine enorme Langlebigkeit für ein so kleines Reptil!

8. BRIEF

An Selbigen
Selborne, 20. Dez. 1770

Dear Sir, bei den Vögeln, die ich für Zeisige hielt, handelt es sich um Steinsperlinge (*Passeres torquati*).

Zweifellos finden viele Vogelwanderungen innerhalb unseres Königreichs statt, die besser verstanden werden müssen. Denken Sie an die großen Schwärme von Buchfinkenweibchen, die im Winter bei uns erscheinen, ohne dass sich in nennenswerter Anzahl Männchen darunter befänden. Selbst wenn das Verhältnis der Geschlechter ausgewogen wäre, hielte ich es für wenig wahrscheinlich, dass ein einzelnes Gebiet eine solche Menge der kleinen Vögel hervorbringen kann. Noch unwahrscheinlicher wäre es, wenn der große Schwarm nur die Hälfte aller Vögel ausmachen sollte, woraus wir folgern können, dass *Fringillae coelebes* aus irgendeinem Grund eine spezielle Art von Migration anstellen, bei der sich die Geschlechter trennen. Es ist keineswegs so ungewöhnlich, dass sich die Geschlechter im Winter separieren, denn das gilt für viele Tiere, vor allem für Ziegen und Damwild, die sich auch nur zur Paarungszeit mischen, weil das zum Fortbestand der Art nötig ist. Linnaeus hat bereits in der *Fauna Suevica* (S. 85) und der *Systema Naturae* (S. 318) auf die Buchfinkenschwärme hingewiesen. Ich sehe sie jeden Winter, immer nur Schwärme von Weibchen, nie von Männchen.

Ihr Erklärungsmodell für die periodischen Wanderungen der britischen Singvögel oder Zugvögel ist nicht unplausibel, denn die Nahrung ist ein entscheidender Regulator bei den Verrichtungen und dem Verhalten der vernunftlosen Geschöpfe. Es gibt nur eins, das in Konkurrenz dazu steht, und zwar die Liebe. Aber ich kann Ihnen nicht ganz beipflichten, wenn Sie geltend machen, dass sich die Vögel, »nachdem sie sich gütlich getan haben, wieder in kleine Gruppen zu fünft oder sechst trennen, um die beste Verpflegung zu bekommen, die ihnen ein begrenzter Raum bietet, sodass sie weiter keine Veranlassung sehen, sich auf die Suche nach frisch umgegrabener Erde zu machen.« Wenn Sie also der Meinung sind, dass das Akkumulieren der Vögel mit dem Abschluss der Aussaat von Hafer und Gerste ein Ende findet, so ist das bei uns jedenfalls nicht der Fall, denn Lerchen, Buchfinken und vor allem Hänflinge versammeln sich genauso oft mitten im Winter wie zu der Zeit, wenn der Bauer mit Pflug und Egge unterwegs ist.

Es besteht kein Zweifel, dass Waldschnepfen und Wacholderdrosseln uns im Frühling verlassen, um die Meere zu überqueren und sich in Gegenden zurückzuziehen, die für ihre Fortpflanzung geeigneter sind. Dass Erstere sich vorher paaren und die Weibchen Eier tragen, weiß ich aus meiner Zeit als Jäger. Dennoch kann man nicht leugnen, dass gelegentlich irgendwo auf unserer Insel Nester einer Waldschnepfe oder ihre Jungen aufgefunden werden. Doch kommt das selten vor und wird stets als außergewöhnlich verbucht. Soweit ich weiß, hat dagegen kein Jäger oder Naturforscher jemals behauptet, Nester oder Junge von Wacholderdrosseln oder Rotdrosseln innerhalb der Grenzen unserer Königreiche gefunden zu haben. Umso mehr verwundert mich in diesem Zusammenhang, dass dieselbe Nahrung, welche die ihnen artverwandten Amseln und Drosseln im Sommer wie im Winter am Leben erhält, augenscheinlich auch ihnen zur Verfügung stände, sollten sie es vorziehen, den Sommer über hier bei uns zu verbringen. Daraus kann gefolgert werden, dass bei einigen Vogelarten nicht nur die Nahrung darüber entscheidet, ob sie bleiben oder wegziehen. Wacholderdrosseln und Rotdrosseln verschwinden früher oder später, je nachdem, wann es wärmer wird. Ich erinnere mich gut an den schrecklichen Winter 1739/40, als der kalte Nordostwind den ganzen April und Mai hindurch blies und diese Vögel (die wenigen, die

Rotdrossel

übrig waren) nicht zur üblichen Zeit abzogen, sondern sich bis Anfang Juni bei uns aufhielten.

Die größte Autorität in Bezug auf die Brutplätze der oben erwähnten Vögel kommt den Zeugnissen von Beobachtern der Tierwelt zu, die sachkundig über die Naturgeschichte einzelner Länder geschrieben haben. Von der Wacholderdrossel sagt Linnaeus in seiner *Fauna Suevica*: »maximis in arboribus nidificat« [nistet in den höchsten Bäumen], von der Rotdrossel heißt es im selben Werk: »nidificat in mediis arbusculis, sive sepibus; ova sex caeruleo-viridia maculis nigris variis« [nistet in mittelhohen Bäumen oder Gärten; sechs himmelblau-grünliche Eier mit unterschiedlichen schwarzen Flecken]. Wir können also sicher davon ausgehen, dass Wacholderdrosseln und Rotdrosseln in Schweden brüten. Scopoli sagt in *Annus primus* von der Waldschnepfe, »nupta ad nos venit circa aequinoctium vernale« [sie kommt gepaart zu uns etwa zum Frühlings-Äquinoktium] und meint damit Tirol, wo er heimisch ist. Dann fügt er hinzu: »nidificat in paludibus alpinis; ova ponit 3–5« [nistet in alpinen Sümpfen, legt 3–5 Eier]. Aus Kramer geht nicht hervor, ob die Waldschnepfe überhaupt in Österreich brütet, aber er sagt: »Avis haec septentrionalium provinciarum aestivo tempore incola est; ubi plerumque nidificat. Appropinquante hyeme australiores provincias petit; hinc circa plenilunium mensis Octobris plerumque Austriam transmigrat. Tunc rursus circa plenilunium potissimum mensis Martii per Austriam matrimonio juncta ad septentrionales provincias redit.« [Dieser Vogel ist in der Sommerzeit Bewohner der nördlichen Provinzen, wo er gewöhnlich nistet. Bei nahendem Winter begibt er sich in südliche Provinzen und übersiedelt dann ungefähr bei Vollmond des Monats Oktober häufig nach Österreich. Danach kehrt er hauptsächlich ungefähr bei Vollmond des Monats März als Pärchen vereint aus Österreich in die nördlichen Provinzen zurück.] Für die ganze Passage (die ich gekürzt wiedergebe) siehe *Elenchus* etc., S. 351. Mir scheint das ein vollständiger Nachweis für die Migration der Waldschnepfen zu sein, obwohl in Bezug auf die Brutplätze nur wenig bewiesen ist.

PS: In der Grafschaft Rutland fielen in drei Wochen der gegenwärtigen Nässeperiode 7½ Zoll Regen, mehr, als in den vergangenen 30 Jahren dort jemals in drei Wochen gemessen wurde. Der mittlere Jahresniederschlag in der Grafschaft beträgt 21½ Zoll.[1]

9. BRIEF

An Selbigen
Fyfield, bei Andover, 12. Febr. 1771

Dear Sir, ich weiß, Sie sind kein großer Freund der Migrationsthese.[1] Gut belegte Berichte aus verschiedenen Teilen des Königreichs scheinen Ihren Verdacht zu rechtfertigen, dass zumindest einige Schwalbenarten uns im Winter nicht verlassen, sondern, wie die Insekten oder Fledermäuse, in eine Kältestarre verfallen und die unwirtlichen Monate dahinschlummern, bis sie von der höher stehenden Sonne und dem schönen Wetter geweckt werden.

Aber wir dürfen die Migration meiner Meinung nach nicht grundsätzlich leugnen, denn sie ist mit Sicherheit an einigen Orten zu beobachten, worüber mich mein Bruder aus Andalusien präzise unterrichtet hat. Er ist Augenzeuge der Vogelzüge, bei denen im Frühling und Herbst viele Wochen lang Myriaden von Schwalben die Meerenge von Gibraltar, je nach Saison, von Norden nach Süden oder von Süden nach Norden überqueren. Und es sind nicht nur *Hirundines*, sondern auch Fliegenschnäpper, Wiedehopfe, Pirole etc., auch viele unserer weichschnabeligen Sommerzugvögel, dazu Vögel, die uns nie verlassen, wie verschiedene Arten von Falken und Milanen. Der alte Belon hat vor zweihundert Jahren über die unvorstellbaren Armeen von Falken und Milanen berichtet, die er im Frühling den Bosporus von Asien nach Europa überqueren sah. Neben den oben genannten Vögeln zählte er auch Scharen von Adlern und Geiern auf, die sich zu dem Zug gesellten.

Nun ist es kein Wunder, dass sich Vögel, die in Afrika heimisch sind, vor der zunehmenden Hitze in mildere Regionen zurückziehen, vor allem Raubvögel, deren Blut aufgrund der tierischen Nahrung erhitzt ist[2] und die deswegen das schwül-heiße Klima umso weniger vertragen. Aber ich frage mich, warum Falken, Milane und andere widerstandsfähige Vögel, die dem strengen Klima in England, sogar in Schweden und ganz Nordeuropa trotzen, mit den Wintern in Andalusien unzufrieden sein und aus Südeuropa wegziehen sollten.

Mir will im Übrigen nicht einleuchten, warum den Schwierigkeiten und Gefahren, denen die Vögel bei der Migration über weite Ozeane ausgesetzt sein sollen, etwa

Milan

durch widrige Winde, so viel Bedeutung beigemessen wird. Wir müssen uns nur bewusst machen, dass ein Vogel von England zum Äquator reisen kann, ohne sich dem unermesslichen Meer zu überantworten, und nur bei Dover und dann wieder bei Gibraltar das Wasser überqueren muss. Ich erwähne die Selbstverständlichkeit, weil meinem Bruder immer wieder aufgefallen ist, dass einige Vögel, vor allem die Schwalbenarten, sehr schonend mit ihren Kräften umgehen, wenn sie die Mittelmeergegend überfliegen, sodass nicht zutrifft, was Milton sagt:

> »Keilartig bahnen sie sich ihren Weg
> ... als luft'ge Karawane,
> Setzen über Land und weites Meer,
> Im Flug sich gegenseitig stützend,
> Erleichtern sie die Reise sich.«
> [John Milton: *Paradise Lost*, 7. Buch]

Vielmehr sausen sie in kleinen separaten Gruppen zu sechst oder siebt dahin, fliegen niedrig, knapp über dem Land oder dem Wasser, nehmen Kurs auf die kürzeste Passage, die sie zum gegenüberliegenden Kontinent bringt. Gewöhnlich fliegen sie über die Bucht nach Südwesten Richtung Tanger, was offenbar der kürzeste Weg ist.

Wir haben uns in früheren Briefen darüber ausgetauscht, ob es wahrscheinlich ist, dass Waldschnepfen in mondhellen Nächten von Skandinavien aus die Nordsee überqueren. Als Beweis, dass auch Vögel mit geringerer Reisegeschwindigkeit über Meere fliegen können, möchte ich Ihnen von einem Vorfall berichten, der der Wahrheit entspricht, auch wenn er sich vor sehr vielen Jahren ereignete: Einige Jäger aus der Gemeinde Trotton in der Grafschaft Sussex schossen in dem schrecklichen Winter 1708/09 eine Ente mit einem silbernen Halsband,* auf dem das Wappen des Königs von Dänemark eingraviert war. Der damalige Pfarrer von Trotton, der meines Wissens das Halsband an

* Halsband: Ich habe kürzlich eine ähnliche Geschichte über einen Schwan gelesen.

sich nahm, erzählte die Geschichte mehrfach einem nahen Verwandten von mir.

Im Moment kenne ich niemanden, der am Meer wohnt und sich die Mühe machen würde, festzuhalten, bei welcher Mondphase die Waldschnepfen ankommen. Wenn ich in Meeresnähe lebte, würde ich Ihnen bald genauer Bescheid geben. Als ich noch zur Jagd ging, habe ich öfter bemerkt, dass die Waldschnepfen zu manchen Zeiten sehr träge und schläfrig waren und sich gleich wieder niederließen, nachdem sie von den Spaniels aufgescheucht worden waren, manchmal sogar direkt vor der Mündung eines Gewehrs, mit dem auf sie geschossen wurde. Ob diese eigenartige Müdigkeit Folge einer zuvor unternommenen anstrengenden Reise war, vermag ich nicht zu beurteilen.

Nachtigallen kommen nie nach Northumberland und Schottland, aber auch nicht, wie man mir immer wieder erzählt, nach Devonshire und Cornwall. Im Falle der letzten beiden Grafschaften kann das nicht an der mangelnden Wärme liegen, sondern vermutlich daran, dass die Vögel auf dem kürzesten Weg vom Kontinent zu uns kommen und sich nicht weiter nach Westen bewegen.

Klären Sie mich aus eigener Beobachtung darüber auf, ob Feldlerchen im Staub baden, was ich glaube, und wenn ja, ob sie sich auch im Wasser waschen?

Das düpierte Weibchen in meinem Brief vom letzten Oktober, das einen dusseligen Kuckuck großzog, war Rays *Alauda pratensis* oder Wiesenpieper.

Ihr Brief erreichte mich zu spät, als dass ich eine Ringdrossel während ihres Herbstaufenthalts für Mr. Tunstall hätte besorgen können, aber ich will versuchen, ihm eine solche zu verschaffen, wenn uns die Vögel im April wieder besuchen. Ich freue mich, dass Sie und der andere Gentleman meine andalusischen Vögel[3] gesehen haben, die hoffentlich Ihren Erwartungen entsprachen. Die Nebelkrähen sind Winterzugvögel und erscheinen etwa zur selben Zeit wie die Waldschnepfen. Sie haben, wie die Wachol-

Nebelkrähe

derdrosseln und die Rotdrosseln, keinen offensichtlichen Grund zur Migration und könnten ebenso gut wie im Winter auch im Sommer bei uns bleiben. War es nicht Tenant[4], der als kleiner Junge das Nest einer Misteldrossel mit dem einer Wacholderdrossel verwechselte?

Die Hohltaube, *Oenas* nach Ray, ist unser letzter Winterzugvogel und taucht niemals vor Ende November auf. Vor zwanzig Jahren war sie sehr häufig in der Gegend um Selborne, man sah sie morgens und abends in langen Ketten, die sich über eine Meile oder länger erstreckten. Doch seit die Buchenwälder stark ausgedünnt sind, ist ihr Bestand erheblich zurückgegangen. Die Ringeltaube, *Palumbus* nach Ray, bleibt das ganze Jahr über bei uns und brütet mehrmals im Sommer.

Bevor ich Ihren Brief vom letzten Oktober erhielt, hatte ich gerade in meinem Journal vermerkt, dass die Bäume erstaunlich grün sind. Das ungewöhnliche Phänomen dauerte bis weit in den November an und mag auf den späten Frühling, den kühlen und nassen Sommer, vor allem aber auf die Geschwader von Maikäfern zurückzuführen sein, die an vielen Orten ganze Wälder kahlgefressen haben. Die Bäume schlugen zur Sommersonnenwende wieder aus und behielten ihr Laub bis sehr spät im Jahr.

Mein musikalischer Freund, in dessen Haus[5] ich gerade zu Besuch bin, hat die Eulen in der Umgebung mit einer Stimmpfeife auf Kammertonhöhe getestet und festgestellt, dass sie alle in B rufen. Im Frühling will er die Nachtigallen untersuchen.

Ihr, etc. pp.

10. BRIEF

An Selbigen
Selborne, 1. Aug. 1771

Dear Sir, im Folgenden wird deutlich, dass weder Eule noch Kuckuck ihren Ton halten. Ein Freund stellte fest, dass viele (die meisten) seiner Eulen in B rufen, eine aber fast einen halben Ton unter A blieb. Der Abgleich der Töne erfolgte mit einer gewöhnlichen, billigen Stimmpfeife, wie sie zum Stimmen von Cembalos benutzt wird.

Ein Nachbar, der ein feines Gehör haben soll, ermittelte, dass die Eulen hier im Dorf in drei verschiedenen Tonarten rufen, in Ges bzw. Fis, B und As. Zwei Eulen riefen einander zu, die eine in As, die andere in B. Frage: Gehören die verschiedenen Töne zu verschiedenen Spezies oder zu verschiedenen Individuen? Derselbe Nachbar kam zu dem Testergebnis, dass die Töne des Kuckucks (von dem wir nur

Nachtigallpärchen

eine Spezies haben) bei verschiedenen Individuen variieren. Im Wald von Selborne sangen die meisten in D. Zwei sangen gemeinsam, der eine in D, der andere in Dis, ein unangenehmer Zusammenklang. Danach hörte er noch einmal einen in D und im Wolmer Forest einige in C. Die Töne der Nachtigall sind zu kurz und die Übergänge zu schnell, als dass er ihre Tonarten hätte ausmachen können. Vielleicht sind die Töne besser unterscheidbar, wenn die Vögel im Käfig oder in einem Raum singen. Er hat auch versucht, die Töne von Schwalben und anderen kleinen Vögel zu bestimmen, konnte aber kein System hineinbringen.

Da ich des Öfteren bemerkt habe, dass Rotdrosseln zu den Vögeln gehören, die am ärgsten unter strenger Kälte leiden, ist ihr Rückzug aus dem skandinavischen Winter kein

Wunder. Das gilt noch mehr für die Stelzvögel (*Grallae*), die allesamt die nördlichen Regionen Europas verlassen, wenn der Winter naht. »Grallae tanquam conjuratae unanimiter in fugam se conjiciunt; ne earum unicam quidem inter nos habitantem invenire possimus; ut enim aestate in australibus degere nequeunt ob defectum lumbricorum, terramque siccam; ita nec in frigidis ob eandem causam« [Die Stelzvögel ergreifen gleichsam verbündet, einmütig die Flucht, sodass man keinen Einzigen von ihnen bei uns entdecken kann; denn sie können den Sommer wegen trockenen Bodens und Mangel an Regenwürmern nicht in südlichen Gegenden zubringen und aus demselben Grund in kalten Zeiten nicht bei uns bleiben], sagt Ekmarck, der Schwede, in seiner geistreichen kleinen Abhandlung mit dem Titel *Migrationes Avium*, die Sie unbedingt lesen sollten, wenn Sie sich mit dem Thema der Migration beschäftigen. Siehe *Amoenitates Academicae*, Vol. 4, S. 565.

Vögel sind manchmal so heikel, dass sie in ein bestimmtes Land migrieren und in kein anderes, aber die *Grallae* (die ihre Nahrung aus Sümpfen und morastigen Gebieten holen) müssen im Winter einfach aus Nordeuropa verschwinden, wenn sie nicht vor Hunger umkommen wollen.

Ich sehe, Sie suchen bei Linnaeus Auskunft über die Waldschnepfe. Man sollte davon ausgehen, dass er Verhalten und Lebensweise der Tiere in seiner Fauna überblickt.

Faunisten sind nicht geneigt, wie Sie anmerken, sich mit reinen Beschreibungen und ein paar Synonymen zufriedenzugeben. Der Grund dafür liegt auf der Hand, denn alles ist zu Hause vom Studierzimmer aus zu erledigen, nur nicht das Erforschen der Lebensgewohnheiten von Tieren, das viele Schwierigkeiten und Umstände mit sich bringt, wie sie nur von den tätigen und wissbegierigen Menschen bewältigt werden können, die sich oft draußen aufhalten.

Ich habe festgestellt, dass ausländische Systematiken viel zu vage in ihren Unterscheidungskriterien sind, fast immer nur ein oder zwei spezifische Merkmale nennen und für den Rest der Beschreibung allgemeine Begriffe verwenden. Doch unser Landsmann, der exzellente Mr. Ray, übermittelt mit jedem Wort oder Begriff eine präzise Vorstellung und bleibt damit seinen Schülern und Nachahmern, ungeachtet der neueren Entdeckungen und modernen Kenntnisse, überlegen.

So viele Jahre nach meiner Zeit als Jäger kann ich mich nicht mehr entsinnen, wann genau die Waldschnepfen träge oder munter waren. Ein Freund, mit dem ich darüber sprach, will beobachtet haben, dass sie bei Schnee und Frost auffällig erschöpft sind. Wenn dem so ist, kommt die Unlust zum Fliegen nur von ihrem Fresseifer, wie Schafe, die an stürmischen, nassen Abenden umso emsiger grasen.

Ihr, etc. pp.

11. BRIEF

An Selbigen
Selborne, 8. Febr. 1772

Dear Sir, wenn ich im Winter draußen bin und die gewaltigen Schwärme verschiedener Vogelarten sehe, muss ich solche Ansammlungen jedes Mal bewundern und wünschte mir, ich könnte den Grund angeben für das zu der Jahreszeit so charakteristische Phänomen. Liebe und Hunger sind die beiden Hauptmotive, die das Verhalten der vernunftlosen Geschöpfe steuern: Liebe dient dazu, die Art fortbestehen zu lassen, Hunger, sich selbst zu erhalten. Ob eins der beiden Motive in puncto Versammlungen vorherrschend ist, muss erwogen werden. Liebe kommt nicht in Frage, weil der sanften Leidenschaft zu dieser Jahreszeit nicht gehuldigt wird. Außerdem gibt es während der amourösen Saison eine solche Eifersucht unter den männlichen Vögeln, dass sie es kaum ertragen, sich in ein und derselben

Star

Hecke oder auf demselben Feld aufzuhalten. Der Gesang und das Hochgefühl in jener Periode erscheinen mir größtenteils als Effekt der Rivalität und des Wettbewerbs. Diesem Geist der Eifersucht schreibe ich auch hauptsächlich zu, dass die Vögel im Frühling über das ganze Land verteilt sind.

Nun zum Punkt der Ernährung: Da die Tiere durch Instinkte gesteuert werden, nach der nötigen Nahrung zu suchen, sollten sie, würde man meinen, zu einer Zeit, wo es am ehesten an Nahrung mangelt, doch nicht gemeinsam danach suchen. Dennoch kommt es hauptsächlich bei rauem Wetter zu solchen Zusammenballungen, die zunehmen, wenn die Lage für sie noch schwieriger wird. Da Eigennutz und Selbstschutz zweifellos das Motiv für ihr Verhalten darstellen, könnte es doch an ihrer Hilflosigkeit in der strengen Jahreszeit liegen, genauso wie bei den Menschen, die sich bei Katastrophen zusammenschließen, ohne zu wissen, warum. Vielleicht vertreibt auch die Nähe ein gewisses Maß an Kälte; im Übrigen mag sich der einzelne Vogel in der Masse vor dem Wüten der Raubvögel und sonstigen Gefahren sicherer fühlen.

Wenn es mich schon begeistert zu sehen, wie gern artverwandte Vögel sich in einem Schwarm zusammenfinden, so frappiert es mich umso mehr, Vögel darunter zu entdecken, die nicht in den engen Verband passen. Wir wundern uns vielleicht nicht so sehr, Saatkrähen von einer Schar Dohlen begleitet zu sehen, aber wenn sie Dutzende von Staren im Gefolge haben, kommt uns das durchaus seltsam vor. Liegt das daran, dass Saatkrähen einen schärferen Geruchssinn besitzen und ihre Begleiter zu Plätzen mit besserem Nahrungsangebot führen? Anatomen sagen, sie besäßen zwei große Nerven, die von den Augen zum unteren Schnabel verlaufen und ihnen ein feineres Gespür verleihen, als andere rundschnabelige Vögel besitzen, sodass sie die Nahrung wittern können, wenn diese noch außer Sichtweite ist. Dann begleiten die anderen Vögel sie vielleicht aus Eigennutz, so wie Windspiele sich der Spürhunde bedienen und Löwen des Jaulens der Schakale. Auch Kiebitze und Stare finden sich bisweilen zusammen.

12. BRIEF

An Selbigen
9. März 1772

Dear Sir, als ich am 4. November letzten Jahres mit einem Gentleman[1] am Ufer bei Newhaven, wo die Lewes ins Meer mündet, spazieren ging, um Naturforschung zu betreiben, wunderten wir uns über drei Rauchschwalben, die in unserer Nähe vorbeistrichen. Der Morgen war ziemlich kühl, der Wind kam aus Nordwest, doch seit einigen Tagen war das Wetter recht angenehm und um die Mittagszeit erstaunlich warm. Dieser und manch ähnlicher Vorfall geben mir immer mehr Anlass zu der Vermutung, dass viele Schwalben unsere Insel nicht verlassen, sondern, wie Insekten und Fledermäuse, in Klüften und Höhlen überwintern, um bei mildem Wetter hervorzukommen, und sich dann wieder in ihre *latebrae* oder Schlupfwinkel zurückziehen. Lebte ich in Newhaven, Seaford, Brighton oder einer anderen Stadt nahe den Kalkklippen der Küste von Sussex, würde ich im Winter bei gehöriger Beobachtung in den milden Mittagsstunden, wenn die Sonne warm und belebend ist, garantiert Schwalben fliegen sehen. Was mich in meiner Meinung bestärkt, ist die wiederholte Beobachtung von Rauchschwalben, die im Frühling zwar zur üblichen Zeit, also am 13. oder 14. April, erschienen, aber da das Wetter wenig einladend war und ein scharfer Nordostwind wehte, sofort wieder für einige Tage verschwanden, bis ihnen die Witterung schließlich zusagte.

13. BRIEF

An Selbigen
12. April 1772

Dear Sir, als ich letzten Herbst in Sussex war, wohnte ich in dem Dorf bei Lewes, aus dem ich Ihnen schon zuletzt geschrieben habe. Am 1. November bemerkte ich, dass die alte, bereits erwähnte Schildkröte zu graben begann, um ihr *Hibernaculum* zu bauen, und zwar direkt neben einem großen Büschel Leberblümchen. Mit den Vorderfüßen gräbt sie die Erde auf und schleudert diese mit

Schildkröte

den Hinterfüßen im hohen Bogen hinter sich. Doch sind ihre Bewegungen so lächerlich langsam, kaum schneller als der Stundenzeiger der Uhr, dass sie vollkommen der Gemütsruhe eines Tieres entsprechen, von dem man sagt, die Kopulation dauere einen ganzen Monat. Beflissener kann man nicht sein als dieses Geschöpf, das Tag und Nacht Erde schaufelt, um seinen großen Körper in die Höhlung zu zwängen. Doch da es zur Mittagszeit ungewöhnlich warm und sonnig war, wurde sie durch die Hitze oft von der Arbeit abgehalten. Obwohl ich bis zum 13. November blieb, war ihr Winterlager immer noch nicht fertig. Rauere Witterung und frostige Morgenstunden hätten die Arbeit daran sicher beschleunigt. Am allermeisten aber erstaunte mich, wie sehr die Schildkröte den Regen fürchtet, denn auch wenn ihr Panzer sie vor den Rädern eines beladenen Wagens schützt, ist sie, wenn es zu regnen beginnt, so besorgt wie eine Lady in ihrer besten Garderobe, macht sich bei den ersten Regentropfen davon und sucht mit erhobenem Kopf Schutz. Die Schildkröte ist ein hervorragendes Barometer, denn geht sie stolzierend, gleichsam auf Zehenspitzen, und frisst am Morgen sehr emsig, regnet es garantiert noch vor dem Abend. Sie ist ein ausgesprochen tagaktives Tier und verhält sich bei Nacht völlig regungslos. Magen und Lungen sind, wie bei anderen Reptilien, dem Willen unterworfen, sodass sie einen großen Teil des Jahres ohne Fressen und Atmen auskommt. Wenn sie im Frühling erwacht, frisst sie erst einmal nichts, auch nicht im Herbst, bevor sie ihr Winterquartier bezieht, doch im Hochsommer ist sie ein Vielfraß und verschlingt alles, was sie vorfindet. Ich war sehr beeindruckt von der Fähigkeit der Schildkröte, ihre Wohltäterin zu erkennen, denn sobald die gute alte Lady in Sicht kommt, die sie seit nun mehr als 30 Jahren versorgt, watschelt sie mit unbeholfener Eilfertigkeit auf sie zu; Fremden dagegen schenkt sie keine Beachtung. Nicht nur »ein Ochse kennt seinen Herrn und ein Esel die Krippe seines Herrn«*, sondern auch das niedrigste Reptil und trägste Geschöpf kennt die Hand, die es nährt, und ist erfüllt von einem Gefühl der Dankbarkeit.

Ihr, etc. pp.

PS: Drei Tage, nachdem ich aus Sussex abgereist war, hat sich die Schildkröte unter dem Leberblümchen eingegraben.

14. BRIEF

An Selbigen
Selborne, 26. März 1773

Dear Sir, je mehr ich über die στοργή [Zuneigung] bei den Tieren nachdenke, desto mehr komme ich ins Staunen, was sie bewirkt. Die Heftigkeit der Zuneigung ist genauso bemerkenswert wie ihre kurze Dauer. So

* ein Ochse … seines Herrn: Jesaja 1, 3.

ist jede Henne eine gewisse Zeit ein Drache, wenn es um ihre hilflose Brut geht, und wird einem Hund oder einem Schwein ins Gesicht fliegen, um ihre Küken zu schützen, die sie wenige Wochen später unbarmherzig verjagt.

Diese Zuneigung hebt die Leidenschaft, beschleunigt die Erfindungskraft und schärft die Klugheit der vernunftlosen Geschöpfe. Die Henne, kaum Mutter geworden, ist nicht mehr der sanftmütige Vogel von vorher, sondern rennt mit aufgerichteten Federn, rüttelnden Flügeln und spitzen Tönen wie eine Besessene umher. Die Mütter setzen sich der äußersten Gefahr aus, um ihren Nachwuchs zu retten. Das Rebhuhnweibchen taumelt vor dem Jäger hin und her, um die Hunde von ihren hilflosen Küken fernzuhalten. Zur Brutzeit wagen die schwächsten Vögel Angriffe auf die raubgierigsten. Alle Schwalben im Dorf sind in Aufruhr, sobald ein Habicht in Sicht ist, und verfolgen ihn so lange, bis er ihr Revier verlassen hat. Ein sehr genauer Beobachter hat öfter gesehen, wie ein paar Krähen, die auf dem Felsen von Gibraltar nisteten, keinen Adler oder Geier in ihrer Nähe duldeten, sondern ihn wütend zwangen, den Berg zu verlassen. Selbst die Purpurdrossel wagt sich in der Brutsaison aus den Felsklüften hervor, um einen Turmfalken oder Sperber zu verjagen. Wenn man sich in der Nähe eines Nestes mit Jungen aufhält, wird das Weibchen diese nicht unvorsichtigerweise durch ihre Mutterliebe verraten, sondern mit dem Futter im Schnabel auch eine Stunde lang in gemessener Entfernung abwarten.

Sollte ich die folgenden Geschichten, die ich zur Bekräftigung des eben Gesagten vorbringe, vielleicht in einem unserer früheren Gespräche erwähnt haben, werden Sie die Wiederholung aus Gründen der Anschaulichkeit sicherlich entschuldigen.

Der Fliegenschnäpper (die *Stoparola* von Ray) nistet jedes Jahr in den Weinreben an meiner Hauswand. Die kleinen Vögel hatten nun ihr Nest unbeabsichtigt an einem kahlen Ast errichtet, vielleicht bei bewölktem Himmel, sodass sie die Misslichkeit nicht erkannten, die sich daraus ergeben würde. Bevor die Brut flügge war, wurde es sehr heiß und die Wand strahlte eine so unerträgliche Wärme ab, dass die zarten Küken unweigerlich umgekommen wären, hätte die elterliche Zuneigung keinen Ausweg gewusst und die Vögel nicht dazu veranlasst, sich in den heißesten Stunden mit ausgebreiteten Flügeln und nach Luft japsend auf das Nest zu setzen und ihren leidenden Nachwuchs von der Hitze abzuschirmen.

Ein weiteres Beispiel bemerkenswerter Klugheit zeigte ein Zilpzalp, der an einer Böschung auf meinen Feldern gebaut hatte. Ein Freund und ich sahen den Vogel auf dem Nest sitzen und bemerkten, wie er uns gewissermaßen eifersüchtig ansah, obwohl wir uns hüteten, ihn zu stören. Als wir dort ein paar Tage später wieder vorbeikamen und nachsehen wollten, wie weit die Brut gediehen war, konnten wir das Nest nicht mehr finden, bis ich schließlich eine Handvoll Moos aufhob, das wie achtlos auf das Nest geworfen worden war, um es dem Blick unverschämter Störenfriede zu entziehen.

Eine noch erstaunlichere Mischung aus Klugheit und Instinkt erlebte ich, als meine Leute eines Tages ein Frühbeet öffneten, um es zu düngen. Mit großer Behändigkeit sprang ein Tier heraus, das einen grotesken Anblick bot und nur mit Mühe gefangen werden konnte. Es war eine große Feldmaus mit weißem Bauch, an deren Zitzen sich drei oder vier Junge mit Maul und Füßen klammerten. Erstaunlicherweise hielten sich die Jungen trotz der schnellen und hektischen Bewegungen am Muttertier fest, ungeachtet dessen, dass sie noch sehr klein, nackt und blind waren.

Den Beispielen zärtlicher Bindung, die täglich beobachten kann, wer eifrig die Natur studiert, steht ein Furor entgegen, eine monströse Perversion der στοργή, die einige Weibchen der vernunftlosen Schöpfung dazu bringt, ihre Jungen aufzufressen, weil ihr Besitzer diese misshandelt oder ihnen immer wieder weggenommen hat. Schweine, zuweilen auch behutsamere Tiere wie Hunde und Katzen, machen sich dieses horrenden und widernatürlichen Verbrechens schuldig. Wenn ich manchmal von einer verlassenen Mutter höre, die ihr Kind getötet hat, verwundert mich das nicht auf dieselbe Weise, denn korrumpierter Verstand und ungebändigte Leidenschaften sind jeder Ungeheuerlichkeit fähig. Aber warum das elterliche Gefühl von Tieren, das gewöhnlich eine gleichbleibende Form hat, manchmal derart in die Irre geleitet werden kann, das zu erklären, überlasse ich einem fähigeren Philosophen, als ich es bin.

Ihr, etc.

15. BRIEF

An Selbigen
Selborne, 8. Juli 1773

Dear Sir, ein paar junge Männer gingen neulich zu einem Teich am Rande des Wolmer Forest, um Stockenten zu jagen. Sie erlegten eine Menge Federwild und fanden unter den Tieren, wie sich bei meiner Untersuchung herausstellte, einige kleine, aber schon flugfähige Krickenten. Bis dahin wusste ich nicht, dass die Tiere in Südengland brüten, und freue mich über die Entdeckung – ein Fortschritt in der Naturgeschichte.

Solange ich denken kann, hat unter der Traufe der Kirche von Selborne immer ein Paar Schleiereulen genistet. Da ich die Lebensweise dieser Vögel während der Brutsaison, die den ganzen Sommer dauert, eingehend studiert habe, sind die folgenden Bemerkungen vielleicht nicht ganz wertlos: Etwa eine Stunde vor Sonnenuntergang (wenn die Mäuse herumzulaufen beginnen) gehen die Eulen auf Raubzug und machen an Hecken und Bruchwäldern Jagd auf sie, offenbar ihre ausschließliche Nahrung. In unserer hügeligen Landschaft kann man von einer kleinen Anhöhe aus beobachten, wie sie gleich einem Jagdhund über die Felder streifen und sich häufig ins Gras oder Korn fallen lassen. Ich habe die Vögel eine Stunde mit der Uhr beobachtet und protokolliert, dass einer von beiden alle fünf Minuten zum Nest zurückkehrte, wobei ich über die Kunstfertigkeit nachdachte, die jedem Tier in Bezug auf das eigene Wohlergehen und das seiner Nachkommen eigen ist. Eine Geschicklichkeit, die sie zeigen, wenn sie beladen zurückkommen, sollte auf keinen Fall schweigend übergangen werden: Sie ergreifen die Beute mit den Klauen und befördern sie so zum Nest, doch da sie ihre Füße benötigen, um unter die Dachziegel zu klettern, setzen sie sich zuerst auf das Dach des Chores, nehmen die Maus in den Schnabel, sodass die Füße frei sind, um sich dann auf dem Gesims niederzulassen und unter die Traufe zu klettern.

Schleiereulen scheinen nicht zu rufen (aber ich bin mir nicht ganz sicher); die lauten Rufe kommen offenbar nur von den Eulen, die im Wald leben. Dafür kreischen und fauchen die Schleiereulen in furchterregender Weise, wohl zum Zwecke der Einschüchterung. Ich habe erlebt, dass ein ganzes Dorf bei so einer Gelegenheit in Aufruhr geriet, weil man glaubte, der Kirchhof wäre voller Kobolde und Gespenster. Auch im Flug schreien die Schleiereulen ganz fürchterlich, woher wahrscheinlich die imagnierte Spezies der Schreieulen stammt, die sich, dem landläufigen Aberglauben nach, beim Tod eines Menschen auf das Fensterbrett setzen. Die Schwungfedern aller Eulenarten, die ich untersucht habe, sind erstaunlich weich und flaumig. Vielleicht bieten die Flügel dadurch kaum Luftwiderstand und verursachen kein Rauschen, sodass sich die Eulen auf ihren flinken, aufmerksamen Beutetouren durch die Luft stehlen können.

Wo ich von Eulen spreche, sollte ich vielleicht erwähnen, was mir ein Gentleman aus der Grafschaft Wiltshire erzählt hat: Als man eine riesige hohle Esche fällte, die seit

Schleiereule

Jahrhunderten von Eulen bewohnt war, entdeckte er am Boden einen großen Klumpen, den er sich auf den ersten Blick nicht erklären konnte. Bei genauerer Untersuchung stellte sich heraus, dass es ein Haufen von Mäuseknochen war (vielleicht auch Vogel- und Fledermausknochen), den Generationen von Bewohnern hinterlassen hatten. Eulen würgen Knochen, Fell und Federn der Tiere, die sie verschlungen haben, als Gewölle wieder aus. Der Gentleman sagte mir, es seien mehrere Scheffel gewesen.

Wenn der Waldkauz ruft, wird seine Kehle so dick wie ein Hühnerei. Ich habe erlebt, dass einer ein ganzes Jahr lang ohne Wasser auskam, vielleicht gilt das für alle Raubvögel. Eulen strecken im Flug die Beine nach hinten aus, um den großen, schweren Kopf auszubalancieren. Da sie wie alle Nachtvögel große Augen und Ohren haben, benötigen sie auch einen großen Kopf. Ich nehme an, große Augen sind

Waldkauz

nötig, um jeden einzelnen Lichtstrahl einzufangen, große konkave Ohren, um das leiseste Geräusch wahrzunehmen.

Ihr, etc.

Dies hier ist die geeignete Stelle vorauszuschicken, dass der 16., 18., 20. und 21. Brief bereits in den *Philosophical Transactions* veröffentlicht wurden.[1] Aber da weitere und genauere Beobachtungen zu diversen Verbesserungen und Ergänzungen führten, wird die Wiederveröffentlichung hoffentlich keinen Anstoß erregen, vor allem, weil diese Seiten ohne sie unvollständig wären und für diejenigen Leser neu sind, die nicht Gelegenheit hatten, sie beim ersten Erscheinen einzusehen.

Die *Hirundines* sind eine sehr friedliche, harmlose, unterhaltsame, soziale und nützliche Vogelfamilie. Sie lassen die Früchte in unseren Gärten unberührt, bereiten uns Vergnügen, indem sie, abgesehen von einer Spezies, in der Nähe unserer Häuser leben, erfreuen uns mit ihren Wanderungen, ihrem Gezwitscher sowie ihrer bewundernswerten Geschicklichkeit und befreien unsere Gärten und Felder von Mücken und allerlei lästigen Insekten. Einige Gegenden in der Südsee, wie etwa Guayaquil[*], werden offenbar von unendlichen Schwärmen giftiger Moskitos heimgesucht, die den Aufenthalt dort unerträglich machen. Es wäre der Mühe wert zu untersuchen, ob in solchen Gegenden irgendwelche *Hirundines* zu finden sind. Wer auch nur an die Myriaden von Insekten denkt, die an Sommerabenden in den Sonnenstrahlen tanzen, wird auf Anhieb verstehen, wie stark unsere Atmosphäre ohne die freundliche Einschaltung der Schwalbenfamilie verunreinigt wäre.

Viele Vogelarten haben ihre speziellen Läuse, doch nur die *Hirundines* werden von zweiflügeligen Insekten geplagt, die alle ihre Arten befallen und im Verhältnis zu den Vögeln selbst so groß sind, dass sie extrem lästig und schäd-

[*] Guayaquil: Siehe Ulloas Reisen.

lich sein müssen. Es handelt sich um *Hippoboscae hirundinis* oder Lausfliegen mit schmalen, pfriemenförmigen Flügeln, die es massenhaft in jedem Nest gibt und die sich durch die Körperwärme beim Brüten entwickeln, um den Vögeln dann unter die Federn zu krabbeln.

Die Reiter in Südengland kennen eine Spezies dieser Läuse unter dem Namen Pferdelausfliege oder Seitfliege, weil sie sich seitlich bewegt wie eine Krabbe. Sie setzt sich unter dem Schweif und in der Leistengegend der Pferde fest, die fast rasend werden, wenn sie aus dem Norden kommen und das Jucken zum ersten Mal erleben, während die Pferde aus unserer Gegend sich kaum daran stören.

Der wissbegierige Réaumur entdeckte die großen Eier oder besser gesagt Puppen, so groß wie die Läuse selbst, und brütete sie am eigenen Körper aus. Wer sich die Mühe macht, ein altes Nest irgendeiner Schwalbenart zu untersuchen, findet die schwärzlich schimmernden Hüllen der Insektenpuppen. Für weitere Einzelheiten, die hier keinen Platz finden, verweisen wir den Leser auf *L'Histoire d'Insectes* jenes bewundernswerten Entomologen (Bd. 4, Tafel 11).

16. BRIEF

An Selbigen
Selborne, 20. Nov. 1773

Dear Sir, Ihren Aufforderungen gemäß mache ich mich an eine Beschreibung der Hausschwalbe oder Mehlschwalbe. Wenn meine Monographie des kleinen heimischen und wohlbekannten Vogels auf Ihre Zustimmung stößt, werde ich meine Untersuchungen eventuell auf die anderen britischen *Hirundines* ausweiten – die Rauchschwalbe, den Mauersegler und die Uferschwalbe.

Die ersten Hausschwalben erscheinen um den 16. April,

meist einige Tage später als die Rauchschwalben. Nach ihrer Ankunft kümmern sie sich erst einmal nicht um das Nisten, sondern spielen und jagen herum, entweder um sich von den Mühen der Reise zu erholen, wenn sie denn überhaupt Zugvögel sind, oder um ihrem Blut, das den strengen Winter hindurch so lange dickflüssig war, wieder die gehörige Beschaffenheit zu geben. Ungefähr Mitte Mai, wenn das Wetter danach ist, trägt sich die Hausschwalbe ernstlich mit dem Gedanken an ein Quartier für die Familie. Die äußere Schale oder Hülle des Nestes besteht aus Schlamm oder Lehm, je nachdem, was sich findet, vermengt mit Stroh, wodurch es fest und stabil wird. Da der Vogel oft an einer senkrechten Mauer ohne überkragenden Vorsprung baut, bedarf es der allergrößten Mühe, den Unterbau so stabil zu gestalten, dass er die Aufbauten sicher trägt. Dabei krallt sich der Vogel nicht nur mit den Klauen an, sondern hält sich zum Teil mit dem Schwanz, den er als Stütze einsetzt, an der Mauer fest, während er sein Material an die Steine oder Ziegel klebt. Damit das Werk, wenn es noch frisch und nass ist, nicht durch sein Eigengewicht abstürzt, ist der Architekt vorsichtig und geduldig genug, die Arbeit nicht zu schnell voranzutreiben, baut nur in den Morgenstunden und widmet den übrigen Tag dem Fressen und Spielen, damit der Bau gehörig austrocknen und härten kann. Eine etwa ½ Zoll hohe Schicht scheint als Tagespensum ausreichend zu sein. Entsprechend umsichtig gehen Arbeiter beim Errichten von Lehmmauern vor (vielleicht ursprünglich von den kleinen Vögeln unterrichtet), indem sie die Arbeit nach einer mittelhohen Schicht unterbrechen, damit die Mauer nicht kopflastig wird und aufgrund ihres Eigengewichts in sich zusammenfällt. Auf diese Weise entsteht in zehn bis zwölf Tagen ein halbkugeliges Nest mit einer kleinen Öffnung nach oben – stark, fest, warm und vollkommen den Zwecken entsprechend, für die es errichtet wurde. Wenn das Nest fertig ist, kommt es nicht selten vor, dass ein Haussperling Besitz davon ergreift, den Eigentümer vertreibt und es auf seine Art ausfüttert.

Nachdem so viel Arbeit in den Bau investiert wurde, brüten die Hausschwalben über mehrere Jahre in dem gut geschützten und gegen die Unbilden des Wetters abgesicherten Nest, denn die Natur ist selten verschwenderisch. Die Außenseite ist sehr rustikal gestaltet und voller Höcker und Unebenheiten. Auch die Innenseite war bei den Nestern, die ich untersucht habe, keinesfalls geglättet, sondern mit Stroh, Gras und Federn ausgelegt, manchmal auch mit Moos und Wollfäden gefüttert, sodass es warm und weich war, zum Brüten geeignet. In diesem Nest paaren oder vereinigen sich die Vögel häufig während der Bauzeit, woraufhin das Weibchen drei bis fünf weiße Eier legt.

Sind die Jungen den Eiern entschlüpft und in einem nackten und hilflosen Zustand, tragen die Alten in liebevoller Sorge alles weg, was ihr Nachwuchs ausgeschieden hat. Ohne die barmherzige Sauberkeit würde die junge Brut in dem tiefen, hohlen Nest durch die ätzenden Exkremente bald ersticken und umkommen. Säugetiere treffen ähnliche Vorsichtsmaßnahmen, vor allem Hunde und Katzen, bei denen die Weibchen die Ausscheidungen der Jungen weglecken. Bei den Vögeln aber ist der Kot der Nestlinge vorsorglich mit einer zähen, gallertartigen Masse umhüllt, damit er umso leichter und ohne zu verschmieren hinausbefördert werden kann. Aber da die Natur in allen Belangen reinlich ist, lernen die Jungen in kürzester Zeit ihr Geschäft so zu verrichten, dass sie ihren Schwanz aus der Nestöffnung halten. Da sich die Küken von kleinen Vögeln schnell ins ἡλικία [Erwachsenenalter] entwickeln und die drangvolle Enge nicht länger ertragen, strecken sie die Köpfe aus der Öffnung und warten von morgens bis abends darauf, dass die Alten sich am Nest festkrallen und sie mit Fressen versorgen. Eine Zeit lang werden die Jungen dann noch von den Alten im Flug gefüttert, was so schnell vor sich geht, dass man ihre Bewegungen schon sehr gut ken-

Haus- oder Mehlschwalbe

nen muss, um das Kunststück zu beobachten. Sobald die Jungen für sich selbst sorgen können, vertreiben die Alten sie aus den Nestern und denken an eine zweite Brut. Die Jungschwalben versammeln sich zu großen Schwärmen, die man dann in sonnigen Morgen- und Abendstunden um Türme und Dächer von Kirchen und Häusern herumjagen sieht. Solche Versammlungen beginnen gewöhnlich in der ersten Augustwoche, woraus man ersehen kann, dass die erste Brutzeit vorüber ist. Die jungen Hausschwalben verlassen ihre Bleibe nicht alle gleichzeitig, denn die mutigeren verschwinden einige Tage vor den anderen. Da sie weiter um die Traufen der Häuser herumspielen, glauben die Leute, dass mehrere Tiere mit einem Nest beschäftigt wären. Die Hausschwalben sind wählerisch bei der Auswahl des Nistplatzes und beginnen oft einen Bau, ohne ihn zu vollenden, aber wenn einmal ein Nest an einem geschützten Platz fertiggestellt ist, benutzen sie es länger als nur eine Saison. Wer in fertigen Nestern brütet, kommt denen, die noch bauen müssen, um zehn bis vierzehn Tage zuvor. Wenn die Tage lang sind, beginnen die fleißigen Baumeister ihre Arbeit schon vor vier Uhr morgens und tragen das Material mit dem Kinn auf, während sie den Kopf in schnellem Rhythmus bewegen. An sehr heißen Tagen tauchen sie manchmal im Flug ins Wasser, aber nicht so häufig wie die Rauchschwalben. Man weiß, dass Hausschwalben für gewöhnlich gegen Nordost oder Nordwest bauen, damit die Sonne die Nester nicht austrocknet und zum Bersten bringt. Doch gibt es auch Berichte, dass sie jahrelang in großer Zahl an der Südwand eines heißen, stickigen Innenhofs eines Wirtshauses gebaut haben.

Vögel sind im Allgemeinen schlau bei der Ortswahl, doch in unserer Nachbarschaft findet sich jeden Sommer ein starker Beweis des Gegenteils, denn dort bauen Hausschwalben an einem Haus ohne Traufe völlig ungeschützt in einer Fensternische. Da die nach Südost und Südwest ausgerichtete Nische zu flach ist, werden die Nester bei starkem Regen wegspült, doch die Vögel placken sich immer wieder vergeblich ab, ohne die Himmelsrichtung oder das Haus zu wechseln. Es ist ein Mitleid erregender Anblick, zu sehen, wie sie das halbzerstörte Nest erneut aufbauen, Schlamm heranschleppen ... »generis lapsi sarcire ruinas« [die Ruinen ihres zerfallenen Stammes reparieren, Vergil: *Georgica*, Buch IV, 249]. Eine so unterschiedliche Gabe ist der Instinkt, mal weit über der Vernunft, mal weit darunter! Hausschwalben halten sich gern in Städten auf, besonders wenn große Seen oder Flüsse in der Nähe sind, ja sie bauen sogar in der verräucherten Londoner Luft. Ich habe sie dort nicht nur in Southwark nisten sehen, sondern auch am

Strand und in der Fleet Street, was man am schäbigen Aussehen ihres Gefieders erkennen konnte, das unter der dreckigen, rußigen Luft gelitten hatte. Hausschwalben sind die am wenigsten agile Schwalbenspezies. Flügel und Schwanz sind kurz, weswegen sie nicht so überraschende Wendungen und blitzschnelle Drehungen vollführen können wie Rauchschwalben. Entsprechend fliegen sie mit ruhigen und gelassenen Bewegungen in mittlerer Höhe, steigen selten höher und streichen auch nie lange über die Erd- oder Wasseroberfläche. Sie schweifen bei der Nahrungssuche nicht weit umher, sondern bevorzugen geschützte Plätze, etwa über einem See, unter Hangwäldern oder in engen Tälern, besonders wenn es stürmisch ist. Sie brüten von allen Schwalben am letzten: Im Jahr 1772 gab es noch am 24. Oktober Nestlinge; frisch geschlüpfte Nachkommen haben sie bis Michaelis.

Wenn der Sommer dem Ende entgegengeht, werden die Schwalbenschwärme durch die zweite Brut von Tag zu Tag größer, bis schließlich Myriaden und Abermyriaden die Dörfer entlang der Themse umkreisen und den helllichten Tag verdunkeln, wenn sie sich auf den Werdern des Flusses niederlassen, um dort die Nächte zu verbringen. Sie ziehen sich, zumindest die allermeisten, Anfang Oktober in riesigen Schwärmen zurück, sind aber in den letzten Jahren bei uns in beträchtlicher Anzahl noch am 3. und 6. November für ein oder zwei Tage aufgetaucht, nachdem man sie schon seit zwei Wochen weggezogen glaubte. Sie verlassen uns von allen Arten als letzte. Wenn sie nicht ein sehr kurzes Leben haben oder niemals in die Gegend zurückkehren, wo sie ausgebrütet wurden, müssen sie irgendwie und irgendwo enorme Verluste erleiden, denn die Anzahl der zurückkehrenden Vögel steht im krassen Missverhältnis zu den wegziehenden.

Hausschwalben unterscheiden sich von ihren Artverwandten durch die zarten Daunen, mit denen die Beine bis zu den Zehen bedeckt sind. Sie sind keine großen Sänger, aber zwitschern in ihren Nestern auf eine sanfte, verhaltene Art. Während der Brutzeit werden sie arg von Flöhen geplagt.

Ihr, etc.

17. BRIEF

An Selbigen
Ringmer, bei Lewes, 9. Dez. 1773

Dear Sir, ich erhielt Ihren letzten Brief, als ich gerade im Begriff stand abzureisen, und freue mich, dass meine Monographie auf Ihre Zustimmung gestoßen ist. Meine Beschreibung ist das Ergebnis jahrelanger Beobachtungen und entspricht durchweg der Wahrheit. Allerdings steht mir fern zu behaupten, sie sei völlig fehlerfrei und könne nicht von einem genaueren Beobachter in manchen Aspekten ergänzt werden, denn solche Themen sind unerschöpflich.

Sollten Sie meinen Brief für wert erachten, dass er Ihrer ehrwürdigen Gesellschaft vorgelegt wird,[1] so können Sie das gerne tun. Ich hoffe, man wird darin einen bescheidenen Versuch sehen, die Naturgeschichte durch eine kleine Untersuchung der Lebensgewohnheiten dieser Tiere voranzubringen. Vielleicht widme ich mich im Anschluss der Rauchschwalbe und gehe dann zum Rest der britischen *Hirundines* über.

Auch wenn ich die Sussex Downs nun seit über dreißig Jahren bereise, erfüllt mich die Kette majestätischer Berge Jahr für Jahr mit frischer Bewunderung, und ich entdecke bei jeder Erkundung neue Schönheiten. Das Gebiet, das von Chichester aus nach Osten bis Eastbourne reicht, ist etwa 60 Meilen lang und wird South Downs genannt, wobei der Name, genau genommen, nur für die Gegend um Lewes gilt. Man hat einen herrlichen Ausblick auf ausgedehnte Waldgebiete auf der einen und das Meer auf der anderen Seite. Mr. Ray besuchte häufig eine Familie,[*] die direkt am Fuß dieser Berge wohnte, und war so entzückt von dem Panorama von Plumpton Plain, dass er die Landschaft in seiner Schrift über die göttliche Weisheit in der Schöpfung mit größter Begeisterung erwähnt und sie für ebenbürtig hält mit allem, was er in den schönsten Gegenden Europas gesehen hat.

Ich selbst empfinde bei dem Anblick der prächtig geformten Kreidefelsen etwas seltsam Freundliches und Ergötzliches und ziehe sie denen aus Stein vor, die schroff, zerhackt und formlos sind.

Meine Auffassung mag eigentümlich klingen und wenig geeignet sein, Ihnen dieselben Vorstellungen zu vermitteln, aber ich beschaue mir diese Berge niemals, ohne bei ihren sanften Schwellungen, glatten pilzähnlichen Protuberanzen, geriffelten Flächen und gleichmäßigen Aushöhlungen und Schrägen an so etwas wie Wachstum zu denken, an den Anschein vegetativer Ausdehnung und Expansion ...

... Gab es einmal eine Zeit, als diese immensen Massen kalkhaltiger Materie durch hinzutretende Feuchte in Gärung versetzt wurden, vermittelt durch eine bildende Kraft trieben, anschwollen und sich zu derartigen Formen erhoben, dass sie ihre breiten Rücken über die weniger beseelten Lehmflächen hinaus in den Himmel wuchteten?[2]

Nach den Vermessungen der Hügel in der Nähe des Hauses kalkuliert, dürften die Berge die Ebene durchschnittlich um etwa 500 Fuß überragen.

Was die Schafe angeht, gibt es ein ganz erstaunliches Phänomen: Nach Westen bis zum Flüsschen Adur haben sie Hörner, glatte, weiße Gesichter und weiße Beine, selten findet sich ein hornloses Schaf in der Herde. Doch sobald man das Flüsschen nach Osten überquert und auf den Beeding Hill steigt, bestehen die Herden aus lauter hornlosen Schafen mit schwarzen Gesichtern, einem Puschel wei-

[*] eine Familie: Mr. Courthope aus Danny.

ßer Wolle auf der Stirn sowie gesprenkelten und gefleckten Beinen. Man könnte meinen, Labans Herden[3] grasten auf der einen Seite des Flusses und die seines Schwiegersohnes Jakob wären auf der anderen Seite zu Hause. Der Unterschied zieht sich weiter fort, nach Osten auf beiden Seiten des Tales von Bramber und Beeding, nach Westen die ganzen Downs entlang. Spricht man die Schäfer auf das Thema an, sagen sie, das sei seit Menschengedenken so, und lachen über die dumme Frage, ob sich die beiden Züchtungen nicht verändern ließen. Ein kluger Freund von mir in Chichester ist entschlossen, den Versuch zu unternehmen, und hat diesen Herbst, auf die Gefahr hin, ausgelacht zu werden, einen Haufen hornloser Böcke mit schwarzen Gesichtern unter die gehörnten westlichen Weibchen gemischt. Die ohne Hörner haben kürzere Beine und geben die bessere Wolle.

Da ich selten so spät im Jahr in den Sussex Downs unterwegs war und damit der Südküste sehr nahe, wollte ich unbedingt Ausschau halten nach den kurzflügeligen Sommerzugvögeln. Wir machen umfassende Untersuchungen vom Rückzug der Schwalbenarten, ohne ausreichend die Gründe zu erforschen, warum auch diese Vögel bei uns niemals im Winter zu sehen sind, denn, *entre nous*, deren Verschwinden ist viel erstaunlicher als das der Schwalben und dazu viel unerklärlicher. Die *Hirundines*, wenn sie das wollten, wären sicherlich in der Lage zu migrieren, doch werden sie häufig genug im Zustand der Kältestarre aufgefunden. Aber Gartenrotschwänze, Nachtigallen, Dorngrasmücken, Mönchsgrasmücken etc. sind schlecht ausgerüstet für Langstreckenflüge und wurden meines Wissens dennoch niemals in Kältestarre entdeckt. Man kann nicht davon ausgehen, dass sie sich Jahr für Jahr den Augen der neugierigen Beobachter entziehen, die tagtäglich alle anderen kleinen Vögel registrieren, die bekanntermaßen den Winter über bei uns bleiben. Ungeachtet meiner sorgfältigen Überprüfung konnte ich allerdings keine Sommerzugvögel und, was noch seltsamer ist, keine Steinschmätzer entdecken, obwohl sie im Herbst so zahlreich sind, dass die Schäfer sie als beträchtlichen Nebenverdienst fangen, und sie meines Wissens den ganzen Winter in vielen Teilen Südenglands zu finden sind. Die schlauesten Schäfer erzählten mir, einige wenige dieser Vögel würden im März in den Downs erscheinen und dann verschwinden, wahrscheinlich um in Wildgehegen und Steinbrüchen zu nisten. Gelegentlich wird auf einem Brachland in den Downs ein Nest aufgepflügt, aber das ist eine Seltenheit. Zur Zeit der Weizenernte werden riesige Mengen von Steinschmätzern gefangen, in Brighton und Tunbridge zum Verkauf angeboten und landen auf den Tischen des Landadels, der seinen Gästen etwas Besonderes bieten will. Gegen Michaelis verschwinden sie und sind bis März nicht mehr zu sehen. Obwohl die Vögel in den Downs nahe Lewes während der Saison sehr häufig sind, gibt es bei Eastbourne am östlichen Ende der Downs noch mehr davon. Das Erstaunlichste aber ist, dass zur Hochsaison zwar Abertausende der Vögel gefangen werden, man sie aber nie in Schwärmen sieht und nur ganz selten drei oder vier Stück auf einmal. Es muss also eine kontinuierliche Wanderung mit beständigem Nachzug vorliegen. Anscheinend wurde niemals ein Steinschmätzer westlich von Houghton Bridge an der Arun gesehen.

Selbstverständlich versäumte ich nicht, mich nach den Ringdrosseln umzusehen, meinen neuen Zugvögeln, um zu erfahren, ob sie sich zu dieser Jahreszeit in den Downs aufhalten. Schließlich hatte ich sie in früheren Jahren im Oktober von Chichester bis Lewes vorgefunden, überall wo Gebüsch und Unterholz war. Doch bekam ich keinen einzigen von ihnen zu Gesicht, nur ein paar Lerchen und Braunkehlchen, einige Saatkrähen und mehrere Milane und Bussarde.

Etwa zur Sommersonnenwende kommen einige Fichtenkreuzschnabel in das Kiefernwäldchen beim Haus hier, bleiben aber nicht lange.

Fichtenkreuzschnabel

Die alte Schildkröte, die ich in einem früheren Brief erwähnte, lebt nach wie vor hier im Garten und zog sich um den 20. November unter die Erde zurück, kam am 30. noch einmal für einen Tag heraus und liegt nun in einem feuchten, modrigen Beet an der Südseite einer Mauer, von Schlamm und Lehm bedeckt.

Hier beim Haus ist ein großer Rabenhorst, dessen Bewohner ihren Lebensunterhalt offenbar ganz leicht bestreiten, denn bei mildem Wetter verbringen sie den größten Teil des Tages auf ihren Nistbäumen. Im Winter verlassen sie jeden Abend ihren Horst und krächzen, wenn sie sich zum Übernachten tief in die Wälder begeben. Zur Morgendämmerung kehren sie auf ihre Nistbäume zurück, nachdem wenige Minuten zuvor eine Gruppe Dohlen eingetroffen ist, die offenbar als ihr Herold fungiert.

Ihr, etc.

18. BRIEF

An Selbigen
Selborne, 29. Jan. 1774

Dear Sir, die Rauchschwalbe oder Gabelschwalbe ist zweifellos die früheste aller britischen *Hirundines* und erscheint gewöhnlich am oder um den 13. April, wie ich durch mehrjährige Aufzeichnungen feststellen konnte. Nicht, dass gelegentlich ein versprengter Vogel viel früher da wäre! Als ich ein Junge war, beobachtete ich zum Beispiel einen ganzen Tag lang eine Rauchschwalbe an einem sonnigen, warmen Faschingsdienstag, der nicht auf ein Datum nach Mitte März fallen kann und oft im frühen Februar gefeiert wird.

Es verdient Beachtung, dass man die Vögel zuerst an Seen und Mühlteichen findet, nicht minder, dass die frühen Besucher, wenn sie Schnee und Frost vorfinden, wie es in den schrecklichen Frühlingen 1770 und 1771 der Fall war, sich sofort für einige Zeit zurückziehen. Ein Umstand, der eher für Unterschlupf als für Migration spricht, denn es ist viel wahrscheinlicher, dass sich der Vogel in sein nahe gelegenes *Hibernaculum* zurückzieht, als dass er sich für nur ein oder zwei Wochen in wärmere Breitengrade verabschiedet.

Die Rauchschwalbe, bisweilen auch Kaminschwalbe genannt, baut nicht nur in Kaminen, sondern auch an Dachsparren von Stallungen und Schuppen, was schon zu Vergils Zeiten nicht anders war:

... »Ante
Garrula quam tignis nidos suspendat hirundo«
[Bevor die zwitschernde Schwalbe ihr Nest irgendwie an einen Sparren hängt]
[Vergil: *Georgica*, Buch IV, 306–307]

In Schweden baut sie in Scheunen und wird deshalb *ladu swala* genannt, Scheunenschwalbe. Im Übrigen haben die Häuser in wärmeren Teilen Europas keine Kamine, es sei denn, sie sind im englischen Stil errichtet. Dort baut die Rauchschwalbe in Veranden, Einfahrten, Galerien und offenen Fluren.

Bisweilen bevorzugt der Vogel auch seltsame und außergewöhnliche Nistplätze, wie etwa einen alten Brunnenschacht, in dem früher Kalk zum Düngen hochgezogen wurde. Gewöhnlich aber nistet die Rauchschwalbe bei uns in Kaminen, vor allem dort, wo ständig ein Feuer unterhalten wird, zweifellos aufgrund der Wärme. Sie hält es zwar nicht direkt in dem Zug aus, unter dem das Feuer brennt, aber wählt oft einen, der mit dem Küchenkamin verbunden ist, und schert sich dabei nicht um den ständigen Rauch, wie ich oft mit nicht geringer Verwunderung festgestellt habe.

Fünf, sechs Fuß oder noch tiefer im Kamin baut der kleine Vogel Mitte Mai sein schalenförmiges Nest, das, wie bei der Hausschwalbe, aus Schlamm und Lehm besteht, vermengt mit Stroh, um es stabil und haltbar zu machen. Im Unterschied zum fast kugelförmigen Nest der Hausschwalbe ist seines oben offen und gleicht einer tiefen Schüssel. Innen ist es mit feinen Grashalmen und Federn ausgefüttert, die der Vogel oft in der Luft aufschnappt.

Wunderbar ist die Geschicklichkeit, die der gewandte Vogel zeigt, wenn er tagtäglich den engen Schacht mit großer Sicherheit hinauf- und hinabfliegt. Beim Schweben über der Schornsteinöffnung ruft die Vibration der Flügel in dem Raum darunter ein Rumoren hervor, das sich wie

Rauchschwalbe

Donner anhört. Es ist nicht unwahrscheinlich, dass die Vögel die Unbequemlichkeit eines Baues so tief im Kamin in Kauf nehmen, um ihre Brut vor Raubvögeln, insbesondere vor Eulen zu schützen, die des Öfteren in die Kamine fallen, vermutlich bei dem Versuch, ein Nest auszurauben.

Die Rauchschwalbe legt vier bis sechs weiße Eier mit roten Flecken; die erste Brut schlüpft in der letzten Juni- oder ersten Juliwoche. Die schrittweise Methode, mit der die Jungen angelernt werden, ist äußerst amüsant: Zuerst haben sie Schwierigkeiten genug, aus dem Schacht herauszukommen, und fallen oft in den Raum darunter. Vielleicht einen Tag lang werden sie oben auf dem Kamin gefüttert, um dann zu einem trockenen Ast eines Baumes gebracht zu werden, wo sie, in einer Reihe sitzend, ihr Futter empfangen. Nach weiteren ein bis zwei Tagen haben sie fliegen gelernt, können sich aber noch nicht selbst ernähren, weswegen sie sich in der Nähe der Alten aufhalten, die für sie Fliegen fangen. Haben diese einen Mundvoll beisammen, geben sie den Jungen ein bestimmtes Zeichen, woraufhin die beiden aufeinander zufliegen und sich in einem bestimmten Winkel treffen, während die Jungen die ganze Zeit über kurze Töne der Dankbarkeit und Zufriedenheit von sich geben. Man muss den Wundern der Natur sehr wenig Aufmerksamkeit schenken, wenn man das Bravourstück nicht schon oft gesehen hat.

Die Alten befassen sich mit der zweiten Brut, sobald sie von der ersten entlastet sind, die sich dann den jungen Hausschwalben anschließt und auf sonnigen Dächern, Türmen und Bäumen versammelt. Die zweite Brut der Rauchschwalben schlüpft gegen Mitte oder Ende August.

Den ganzen Sommer hindurch sind die Rauchschwalben ein beispielhaftes Muster von unermüdlichem Fleiß und Zuneigung, denn solange sie eine Familie zu versorgen haben, streifen sie von morgens bis abends dicht über dem Boden her, vollführen blitzschnelle Drehungen und plötzliche Wendungen. Alleen, Heckengänge, Weiden und frisch gemähte Wiesen, wo das Vieh grast, sind ihr Lieblingsrevier, vor allem, wenn hier und da ein Baum steht, weil dort die meisten Insekten zu finden sind. Wenn sie eine Fliege erhascht haben, schnappt ihr Schnabel tüchtig zu, was sich wie das Zuklappen eines Uhrenetuis anhört, doch ist die Bewegung zu schnell für unsere Augen.

Die Rauchschwalbe, wahrscheinlich das Männchen, ist der *Excubitor* oder Wächter der Hausschwalben und anderer kleiner Vögel, indem sie nahende Raubvögel ankündigt. Sobald sich ein Habicht sehen lässt, versammelt sie mit einem gellenden Alarmschrei alle Schwalben um sich, die den Feind im geschlossenen Verband verfolgen. Sie stürzen sich von oben auf ihn, steigen dann senkrecht auf, sodass ihnen keine Gefahr droht, und kämpfen so lange gegen ihn an, bis er aus dem Dorf vertrieben ist. Der Vogel schlägt auch Alarm, wenn Katzen auf die Hausdächer klettern oder sich anderweitig den Nestern nähern. Alle Schwalbenarten trinken im Flug, indem sie über die Wasseroberfläche gleiten, doch nur die Rauchschwalbe wäscht sich auch im Flug und taucht dabei mehrere Male ins Wasser ein. Bei sehr heißem Wetter machen das auch die Hausschwalben und Uferschwalben.

Die Rauchschwalbe ist ein fabelhafter Sänger und gibt bei mildem, sonnigem Wetter kleine Konzerte, wenn sie fliegt oder auf Bäumen und Kaminen sitzt. Sie ist auch ein wagemutiger Flieger, der selbst bei stärkerem Wind, den die anderen Schwalbenarten nicht mögen, entfernte Hügel und Gefilde, ja sogar exponierte Seehäfen aufsucht und kleine Ausflüge übers Meer unternimmt. Reiter werden im weiten Hügelland oft über viele Meilen von kleinen Rauchschwalbengruppen begleitet, die sich vor und hinter ihnen halten, über den Boden streichen und die versteckten Insekten fangen, die durch das Pferdegetrampel aufgescheucht werden. Müssen sie auf dieses Hilfsmittel verzichten, setzen sie sich bei starkem Wind auf den Boden, um die verborgene Beute aufzupicken.

Die Spezies frisst hauptsächlich Käfer, Mücken oder Fliegen und setzt sich gern auf frisch umgegrabenen Boden oder auf Wege und pickt Kiesel, um die Nahrung zu zermalmen und zu verdauen. Einige Wochen vor ihrer Abreise verlassen sie allesamt die Häuser und Kamine und übernachten auf Bäumen. Gewöhnlich ziehen sie sich Anfang Oktober zurück, doch finden sich vereinzelte Nachzügler noch bis in die erste Novemberwoche.

Einige wenige Paare leben in den neuen, offenen Straßen am Stadtrand von London, aber sie kommen nicht, wie die Hausschwalben, in die dichter besiedelten Stadtteile.

Männchen und Weibchen unterscheiden sich von ihren Artverwandten durch den langen, gabelförmigen Schwanz.

Sie sind unstreitig die flinksten aller Schwalben. Wenn das Männchen das Weibchen zur Paarungszeit verfolgt, fliegen sie noch schneller als üblich und erreichen solche Geschwindigkeiten, dass man ihnen mit den Augen kaum noch folgen kann.

Nach der ausführlichen Schilderung der Lebensumstände und der besonderen στοργή [Zuneigung] der Rauchschwalbe möchte ich zu Ihrer Erheiterung noch ein oder zwei Anekdoten anfügen, die nicht unbedingt für die Klugheit dieser Vögel sprechen:

Eine Rauchschwalbe baute zwei Jahre lang ihr Nest auf den Griffen einer Gartenschere, die an einen Schuppen gelehnt war, sodass dieses jedes Mal zerstört wurde, wenn man das Werkzeug benötigte. Noch sonderbarer ist ein Artgenosse, der sein Nest auf Flügel und Rumpf einer ausgetrockneten, toten Eule baute, die gerade an der Rückwand einer Scheune hing. Man brachte die Eule mit Nest und Eiern als Absonderlichkeit in das vornehmste Privatmuseum Großbritanniens. Der Besitzer, fasziniert von der Kuriosität, gab dem Überbringer eine große Muschelschale mit und bat ihn, sie dort anzubringen, wo die Eule gehangen hatte. Der tat wie geheißen, und im folgenden Jahr nistete ein Rauchschwalbenpärchen, wahrscheinlich dasselbe wie im Vorjahr, in der Muschelschale und brütete dort seine Eier aus.

Die Eule und die Muschel sind grotesk anzusehen und machen nicht die schlechteste Figur in der herausragenden Sammlung von Kunst und Natur.*

So ist der tierische Instinkt, sobald die geringste Abweichung vom Üblichen vorliegt, eine begrenzte Fähigkeit ohne Unterscheidungsvermögen und blind für alle Umstände, die sich nicht unmittelbar auf die Selbsterhaltung beziehen oder direkt zu Fortpflanzung und Fortbestand der Art beitragen.

Mit vorzüglicher Hochachtung

Ihr, etc. pp.

* Sammlung von Kunst und Natur: das »Museum« von Sir Ashton Lever.

19. BRIEF

An Selbigen
Selborne, 14. Febr. 1774

Dear Sir, ich erhielt Ihr Schreiben vom 8. des Monats und freue mich, dass Sie meine kleine Geschichte der Rauchschwalben mit der Ihnen eigenen Unvoreingenommenheit gelesen haben, und war nicht weniger erfreut festzustellen, dass Sie Einwände erhoben, wo Sie Grund dazu sahen.

Was die Zitate angeht, so ist es schwierig, genau zu sagen, welche Spezies von Schwalben Vergil in den betreffenden Zeilen gemeint haben könnte, denn die Alten achteten nicht so sehr auf spezifische Unterschiede, wie es moderne Naturforscher tun. Doch lässt sich das eine oder andere heranziehen, sodass ich dahin tendiere anzunehmen, der Dichter habe in beiden zitierten Stellen eine Rauchschwalbe im Sinn gehabt.

Erstens passt das Attribut *garrula* gut zur Rauchschwalbe, die ein großer Sänger ist, und weniger zur Hausschwalbe, ein eher stummer Vogel, der, wenn überhaupt, so verhalten singt, dass man kaum etwas von ihm hört. Wenn *tignum* an der betreffenden Stelle eher Sparren als Balken bedeutet, was mir der Fall zu sein scheint, dann muss auf eine Rauchschwalbe angespielt sein, die häufig unter dem Dach an Sparren baut, und nicht auf eine Hausschwalbe, die ihr Nest, soweit ich beobachten konnte, außerhalb des Daches an Traufen und Gesimsen errichtet.

Dem Vergleich muss nicht allzu viel Bedeutung beigemessen werden, doch spricht das Attribut *nigra* eindeutig für die Rauchschwalbe, deren Rücken und Flügel tiefschwarz sind und nicht blau wie bei der Hausschwalbe, die zudem ein milchweißes Hinterteil hat und eine Unterseite weiß wie Schnee. Auch können die (verhältnismäßig) plumpen Bewegungen der Hausschwalbe nicht gut für die plötzlichen, kunstreichen Wendungen und schnellen Drehungen stehen, die Juturna[1] mit dem Wagen ihres Bruders vollführte, um der verbissenen Verfolgung des wütenden Aeneas zu entkommen. Das Verb *sonat* scheint einen Vogel zu implizieren, der sozusagen redselig ist.

> »Nigra velut magnas domini cum divitis aedes
> Pervolat, et pennis alta atria lustrat hirundo,
> Pabula parva legens, nidisque loquacibus escas:
> Et nunc porticibus vacuis, nunc humida circum
> Stagna sonat ...«
> [Wie wenn das stattliche Haus wohlhabender Herren die schwarze / Schwalbe durchfliegt und das hohe Gehöft umschweift mit den Schwingen / Atzung dem zwitschernden Nest und winziges Futter zu suchen, / Jetzt in den räumigen Hallen und jetzt um die spiegelnden Teiche / Schwirrend sich schwingt ...]
> [Vergil: *Aeneis*, 12, 473–477, Übersetzung von Egon Gottwein]

Der Herbst und der Winter waren ausgesprochen nass, sodass die Quellen seit 1764, dem Jahr der großen Fluten und des Hochwassers, niemals so stark schütteten. Die Leute hier sagen, das Getreide wird teuer, wenn auf den Downs in Sussex, Hampshire und Wiltshire Quellen hervorbrechen, womit sie meinen, dass das Wasser auf den Hügeln und im Hochland hervorquillt, weil das Land vollgesogen ist und deshalb das Getreide ertrinkt. Das gab es seit Menschengedenken nie so oft wie in den letzten zehn oder elf Jahren, und nie war das Getreide so knapp, ungeachtet der großen Fortschritte der modernen Landwirtschaft. Ein derartiges Aufeinanderfolgen nasser Jahreszeiten hätte, da bin ich mir sicher, vor einem oder zwei Jahrhunderten Hungersnöte hervorgerufen. Deshalb führen Flugschriften und Zeitungsmeldungen, die von Abmachungen[2] sprechen, die Leute in die Irre und stacheln sie auf, denn wir können nicht viel erwarten, bis uns die Vorsehung günstigere Jahreszeiten schickt.

Die Weizenernte hier bei uns, in der Grafschaft Rutland

und anderswo war im letzten Jahr ausgesprochen schlecht. Nach dem strengen Frost und den starken Regenfällen steht der Weizen auch diesmal erbärmlich, die Rüben verfaulen sehr schnell.

Ihr, etc.

20. BRIEF

An Selbigen
Selborne, 26. Febr. 1774

Dear Sir, die Uferschwalbe ist die bei weitem kleinste der britischen *Hirundines* und, soweit wir wissen, die kleinste Schwalbenart überhaupt, auch wenn Brisson behauptet, es gäbe eine noch viel kleinere, nämlich die *Hirundo esculenta*.

Bedauerlicherweise ist es für einen Beobachter kaum möglich, die Lebensumstände und das Verhalten des kleinen Vogels vollständig und exakt zu beschreiben, weil es sich, zumindest in unserem Teil des Königreichs, um ein *fera natura* handelt, ein Wildtier, das den Menschen meidet und auf der Heide und in verlassenen Gegenden mit großen Seen lebt, wohingegen die anderen Arten, vor allem die Rauchschwalben und die Hausschwalben, erstaunlich zahm und domestiziert sind und sich nur unter dem Schutz der Menschen sicher zu fühlen scheinen.

Obwohl es in den Sandgruben und an den Ufern der Seen im Wolmer Forest mehrere Kolonien von Uferschwalben gibt, habe ich nie einen der Vögel bei uns im Dorf vorgefunden und auch nicht bei den Hütten, die verstreut in der wilden Umgebung stehen. Nur in der Stadt Bishop's Waltham sah ich sie einmal in unserer Grafschaft nisten, und zwar an der Rückwand der Stallungen auf dem Landsitz von William of Wykeham, eine Stelle, die jedoch sehr abgelegen

Hausschwalben

und schwer zugänglich ist und auf einen großen, schönen See zeigt. Die Spezies liebt in der Tat das Wasser und findet sich in nennenswerter Anzahl ausnahmslos an großen Gewässern und Flüssen, besonders auch an den Ufern der Themse unterhalb der London Bridge, wo Schwärme von ihnen gesichtet wurden.

Es ist erstaunlich zu sehen, mit welch verschiedenen architektonischen Fähigkeiten die Vorsehung Vögel derselben Gattung ausgestattet hat, die sich sonst in ihrer Lebensweise so sehr ähneln. Denn während die größte Fertigkeit der Hausschwalbe und Rauchschwalbe darin besteht, ihren Jungen als Wiege eine sicher befestigte Lehmschale zu bauen, bohrt die Uferschwalbe ein gleichmäßig rundes, gewundenes, horizontal liegendes Loch ungefähr zwei Fuß tief in den Sand oder die Erde. Am Ende dieser Höhle, wo größtmögliche Sicherheit gewährleistet ist, baut der Vogel dann sein einfaches Nest, das aus feinen Grashalmen und Federn, meist Gänsefedern, kunstlos zusammengesetzt ist.

Beharrlichkeit führt immer zum Ziel. Auch wenn man anfangs nicht glauben will, dass ein so schwacher Vogel mit weichem Schnabel und zarten Krallen jemals in der Lage sein sollte, eine feste Sandbank zu durchbohren, ohne dabei Schaden zu nehmen, so habe ich doch beobachtet, wie sich ein Pärchen mit seinen schwachen Werkzeugen an einem Tag sehr weit vorarbeitete. Ich konnte das an der Menge frischen Sandes ermessen, der am Ufer herunterrieselte und sich von der Farbe her von dem trockenen Sand unterschied, der dort lose in der Sonne lag.

Welchen Zeitraum die kleinen Künstler benötigen, um eine Höhle zu graben, konnte ich aus den oben erwähnten Gründen nicht ausmachen, doch wäre es für andere Naturforscher sicherlich eine lohnenswerte Aufgabe, das herauszufinden. Ich habe aber oft festgestellt, dass am Ende des Sommers verschieden tiefe Höhlen unvollendet blieben. Anzunehmen, dass die Vögel die Arbeit daran mit Absicht begannen, um im nächsten Frühjahr einen Vorsprung zu haben, hieße, ihnen zu viel Weitsicht oder *rerum prudentia* zuzubilligen. Könnte der Grund für die unvollendeten *latebrae* oder Verstecke nicht darin liegen, dass die Uferschwalbe auf zu feste und kompakte Sandschichten stieß und deshalb die Arbeit aufgab, um woanders zu graben, wo es einfacher war? Oder fanden sie andererseits zu lockere Erde vor, sodass die Höhle einzustürzen drohte und sie mit ihr hätten verschüttet werden können?

Erstaunlicherweise werden die Höhlen nach einigen Jahren verlassen und neue gebohrt, vielleicht weil die alten Quartiere mit der Zeit faulig und stinkend sind oder wegen des Überhandnehmens von Flöhen unbewohnbar werden. Die Uferschwalben sind von Flöhen geplagt, von Bettflöhen (*Pulex irritans*), die am Ausgang der Höhlen wie Bienen vor ihrem Stock herumschwärmen.

Auf keinen Fall übergangen werden darf die Tatsache, dass die Vögel ihre Höhlen nicht, wie man erwarten sollte, als *Hibernaculum* benutzen. Man hat im Winter solche durchlöcherten Uferbereiche sorgfältig ausstechen lassen und nichts als leere Nester gefunden.

Die Uferschwalbe erscheint etwa zur selben Zeit wie die Rauchschwalbe und legt wie diese vier bis sechs Eier. Doch da die Spezies kryptogam ist, also Nestbau, Brut und Fütterung im Dunkeln stattfinden, könnte man über die Brutzeit kaum Aussagen treffen, kämen die Jungen nicht gleichzeitig oder ein klein wenig früher als die der Rauchschwalben zum Vorschein. Die Nestlinge werden, wie ihre Artverwandten, mit Mücken und kleinen Insekten gefüttert, manchmal auch mit Libellen, die fast genauso lang sind wie sie selber. In den letzten Juniwochen sahen wir eine ganze Reihe von ihnen auf einem Geländer an einem größeren Teich sitzen, so jung und hilflos, dass wir sie in die Hand nehmen konnten. Ob die Alten sie auch im Flug füttern, wie es die Hausschwalben und Rauchschwalben tun, konnten wir bisher nicht in Erfahrung bringen, auch nicht, ob sie Raubvögel verfolgen und angreifen.

Wenn sie in der Nähe von Hecken oder Gehegen bauen, werden sie oftmals von Haussperlingen aus den Bruthöhlen vertrieben, ein Schicksal, das auch den Hausschwalben droht.

Diese *Hirundines* sind keine Sänger, sondern ziemlich stumm und geben nur einen kurzen, schroffen Ton von sich, wenn man sich den Nestern nähert. Gesellig sind sie anscheinend auch nicht und versammeln sich bei uns im Herbst niemals mit ihren Artverwandten. Zweifellos brüten sie, wie Hausschwalben und Rauchschwalben, ein zweites Mal und ziehen sich gegen Michaelis zurück.

Obwohl sie in einigen Gegenden häufiger anzutreffen sind, handelt es sich doch, zumindest in Südengland, um die seltenste Schwalbenart. Es gibt wenige Städte oder Dörfer, in denen sich nicht massenhaft Hausschwalben finden; keine Kirche und kein Turm, wo nicht Mauersegler leben; kaum ein Flecken oder einzelnes Gehöft, das nicht seine Rauchschwalben hat. Nur die Uferschwalben sind verstreut und leben abgesondert an Bruchkanten von Sandhügeln und an den Ufern einiger weniger Flüsse.

Die Vögel haben eine seltsame Art zu fliegen, indem sie ruckhaft zuckend hin- und herflitzen, nicht unähnlich den Bewegungen der Schmetterlinge. Zweifellos ist der Flug aller *Hirundines* beeinflusst von und angepasst an die speziellen Insekten, die ihre Nahrungsquelle darstellen. Insofern wäre es lohnend zu untersuchen, welche Gattungen von Insekten die Hauptnahrung einer jeweiligen Schwalbenart ist.

Ungeachtet dessen, was oben gesagt wurde, habe ich einige wenige Uferschwalben am Stadtrand von London angetroffen, und zwar an den schmutzigen Teichen in St George's Fields und in der Nähe von Whitechapel. Es fragt sich, wo sie bauen, denn es gibt dort keine Sandbänke oder wilden Ufer; vielleicht nisten sie in den Mauerlöchern von alten oder kürzlich verlassenen Gebäuden. Wie die

Hausschwalben und Rauchschwalben tauchen sie im Flug manchmal ins Wasser ein und waschen sich.

Uferschwalben unterscheiden sich von ihren Artverwandten durch ihre winzige Größe und die Färbung, die man gemeinhin mausgrau nennt. Nahe Valencia in Spanien werden sie, laut Willughby, gefangen und auf dem Markt zum Verzehr angeboten. Die Leute dort nennen sie, vermutlich wegen ihrer ruckhaften Flugweise, *Papilion de Montagna*.

21. BRIEF

An Selbigen
Selborne, 28. Sept. 1774

Dear Sir, Mauersegler oder Turmschwalben sind die größten unter allen britischen *Hirundines* und erscheinen zweifellos als Letzte. Ich weiß nur von einem einzigen Mal, dass sie vor der letzten Aprilwoche auftauchten. Ist das Frühjahr frostig und rau, wie in den letzten Jahren, lassen sie sich erst Anfang Mai sehen. Gewöhnlich kommen sie paarweise an.

Der Mauersegler ist, wie die Uferschwalbe, kein guter Architekt und baut für sein Nest keine Hülle oder Schale, sondern fügt es ziemlich kunstlos und unordentlich aus trockenem Gras und Federn zusammen. Bei all meinen Beobachtungen habe ich nie gesehen, dass die Vögel Material für das Nest gesucht oder zusammengetragen hätten, weswegen ich den Verdacht hege, dass sie manchmal die (identisch gebauten) Nester der Haussperlinge in Besitz nehmen und diese vertreiben, wie es die Sperlinge mit den Hausschwalben und Rauchschwalben tun. Ich sah sie auch öfter zankend vor den Nestern von Sperlingen, die, beunruhigt durch die Eindringlinge, in Aufruhr versetzt waren.

Allerdings erfuhr ich von einem aufmerksamen Beobachter aus Andalusien, dass sie tatsächlich Federn für ihre Nester auflesen und er sie sogar mit Baumaterial im Schnabel geschossen hat.

Wie bei den Uferschwalben findet der Nestbau auch bei den Mauerseglern im Verborgenen statt, und zwar in verdeckten Winkeln von Schlössern, Kirchtürmen und Glockentürmen oder an Kirchenmauern ganz oben unter dem Dach. Darum sind ihre Nester nicht so gut zu beobachten wie die der anderen Schwalbenarten, die gut einsehbar sind. Doch konnte ich feststellen, dass sie Mitte Mai zu bauen beginnen und am 9. Juni beim Brüten sind, was an den Eiern zu erkennen war, die ich zu der Zeit bekam. Gewöhnlich halten sie sich an hohen Gebäuden, Kirchen und Türmen auf, doch bei uns im Dorf leben einige Pärchen in den kleinsten und niedrigsten Bauernkaten und ziehen ihre Jungen unter den Reetdächern groß. Nur ein einziges Mal habe ich sie hier in der Grafschaft nicht an einem Gebäude nisten sehen, sondern in einem Kalksteinbruch in der Nähe des Städtchens Odiham, wo sie sich in die Felsspalten verkrochen und fiepsend über dem Abgrund segelten.

Da ich der Untersuchung des reizenden Vogels nicht wenig Zeit gewidmet habe, möge man mir Glauben schenken, wenn ich etwas Neues und Besonderes vorbringe, das den Mauersegler von allen anderen Vögeln unterscheidet, zumal meine Aussage auf langjährigen und exakten Beobachtungen beruht. Ich möchte hier nämlich die Behauptung aufstellen, dass sich die Mauersegler im Flug begatten, und bitte jeden aufmerksamen Beobachter, der die Hypothese brüsk zurückweist, sich mit eigenen Augen zu überzeugen, dass dem so ist. In einer anderen Klasse von Tieren, nämlich den Insekten, gehört es bei verschiedensten Spezies vieler Gattungen zu den gewöhnlichsten Erscheinungen, dass sie im Flug kopulieren. Der Mauersegler, der fast immer in der Luft ist und nie auf dem Boden, einem Baum oder einem Dach sitzt, fände keine Gelegenheit für seine amourösen Riten, wäre er nicht in der Lage, diese im Flug zu vollziehen. Wer an einem schönen Morgen im Mai darauf achtgibt, wie die Mauersegler in großer Höhe umherschweben, der wird sehen, dass sich hin und wieder einer auf den Rücken des anderen setzt und beide mit einem gellenden Laut viele Klafter tief sinken. Ebendas halte ich für den Zeitpunkt, an dem sich das Geschäft der Zeugung abspielt.

Da die Mauersegler im Flug essen, trinken, Baumaterial sammeln und, wie es scheint, sich fortpflanzen, leben sie offensichtlich mehr in der Luft als irgendein anderer Vogel und verrichten dort, abgesehen vom Schlafen und Brüten, alle Lebensfunktionen.

Diese *Hirundo* unterscheidet sich wesentlich von ihren Artverwandten, denn sie legt ausnahmslos zwei Eier, die milchweiß, lang und spitz sind, wohingegen die anderen Schwalbenarten pro Brut vier bis sechs Eier legen. Es ist ein sehr lebhafter Vogel, der früh aufsteht, sich erst spät am Abend zurückzieht und im Hochsommer mindestens sechzehn Stunden in der Luft verbringt. An den langen Tagen sieht man ihn bis Viertel vor neun, sodass er der späteste Tagvogel ist. Kurz vor der Nachtruhe versammeln sie sich hoch oben in der Luft und schießen zwitschernd mit großer Geschwindigkeit hin und her. Doch ist der Vogel niemals so agil wie bei schwüler Gewitterluft, wenn er unter Aufbietung seiner ganzen Energie emsig umherfliegt. In heißen Morgenstunden sammeln sie sich zu kleinen Gruppen, sausen um die Kirchtürme herum und rufen dabei schrill. Das dürften, genauen Beobachtungen zufolge, die Männchen sein, die ihren brütenden Weibchen ein Ständchen bringen, wofür spricht, dass sie die Töne erst in der Nähe von Mauern und Traufen ausstoßen und die Weibchen ihnen leise mit einem Ausdruck von Zufriedenheit antworten.

Hat das Weibchen den ganzen Tag hindurch gebrütet, erhebt es sich in der Dämmerung, streckt sich, entspannt die müden Glieder und nimmt in wenigen Minuten ein kärgliches Mahl zu sich, um gleich wieder zum Nest zurückzukehren und seine Pflicht zu erfüllen. Schießt man mutwillig und grausamerweise Mauersegler mit Jungen, so entdeckt man in ihrem Maul einen kleinen Insektenvorrat, den sie sich eingesteckt haben und unter der Zunge aufbewahren. Gewöhnlich jagen sie in höheren Luftregionen als die anderen Schwalbenarten, was beweist, dass größere Mengen von Mücken und anderen Insekten auch in beträchtlichen Höhen zu finden sind. Ihr Revier ist ziemlich ausgedehnt, weil sie mit so großer Flügelkraft ausgestattet sind, dass sie sich mühelos über weite Strecken bewegen können. Kraft und Last stehen in Relation, denn ihre Flügel sind verhältnismäßig länger als die eines jeden anderen Vogels. Wenn sie im Flug koten oder sich erleichtern, heben sie ihre Flügel und verschränken sie über dem Rücken.

Mir war aufgefallen, dass die Mauersegler an bestimmten Tagen im Sommer sehr niedrig über Flüsse und stehende Gewässer glitten, und ich fragte mich, was sie wohl dazu verleiten mochte, so viel tiefer zu jagen, als es sonst ihre Art ist. Nach einiger Beobachtung fand ich heraus, dass sie *Phryganeae*, *Ephemerae* und *Libellulae* (Köcherfliegen, Libellen und Eintagsfliegen) fingen, die soeben dem Puppenstadium entschlüpft waren. Kein Wunder, dass sie sich bei einer so fetten Beute in niedere Regionen begaben!

Die Jungen verlassen Mitte oder Ende Juli das Nest, doch da sie von den Alten nicht als Sitzvögel und, soweit ich erkennen konnte, auch nicht im Flug gefüttert werden, ist ihre Aufzucht nicht so spektakulär wie die der anderen Schwalbenarten.

Am 30. Juni letzten Jahres ließ ich die Dachziegel von einer Traufe nehmen, unter der mehrere Pärchen gebaut hatten, und fand in jedem Nest zwei nackte Küken. Als ich die Untersuchung am 8. Juli wiederholte, stellte sich heraus, dass sie in puncto Fiederung keine großen Fortschritte gemacht hatten und nach wie vor nackt und hilflos waren – woraus wir schließen können, dass diese Vögel, die ständig in der Luft sind, ihr Nest nicht vor Ende Juli verlassen. Rauchschwalben und Hausschwalben füttern ihre zahlreichen Familienmitglieder alle zwei oder drei Minuten, während Mauersegler, die nur zwei Junge versorgen müssen, mehr Freizeit haben und sich oft stundenlang nicht um ihre Brut kümmern.

Manchmal verfolgen sie Habichte und greifen diese an, wenn sie ihnen zu nahe kommen, aber nicht mit derselben Vehemenz, die Rauchschwalben in solchen Fällen an den Tag legen. Auch bei Nässe fliegen sie von morgens bis abends herum, suchen Nahrung und machen sich nichts aus Nieselregen. Daraus lässt sich zum einen schließen, dass sich auch bei Regen viele Insekten in höheren Luftregionen aufhalten, und zum anderen, dass ihre Federn gut gegen die Feuchtigkeit gefettet sein müssen. Wind, vor allem zusammen mit starken Regenschauern, mögen sie dagegen nicht und lassen sich an solchen Tagen kaum blicken.

Ein Umstand bezüglich der Farbe der Mauersegler verdient unsere Aufmerksamkeit. Wenn sie im Frühjahr erscheinen, haben sie eine glänzende, dunkle Rußfarbe, nur ihr Kinn ist weiß. Da sie sich den ganzen Tag lang draußen an der Sonne aufhalten, ist ihr Federkleid vor ihrem Verschwinden verwittert und ausgeblichen, und doch kehren sie im nächsten Frühjahr glänzend zurück. Wenn sie nun, was manche Naturforscher annehmen, die Sonne in niedrigere Breitengrade verfolgen, um sich an einem ewigen Sommer zu erfreuen, warum kommen sie dann nicht ausgeblichen zurück? Ist es nicht vielmehr so, dass sie sich zurückziehen, um sich auszuruhen, zu mausern und neue Federn zu bekommen, wie alle anderen Vögel kurz nach der Brutsaison?

Mauersegler weichen in mancher Hinsicht von ihren Artverwandten ab, nicht nur in der Anzahl der Jungen, die sie ausbrüten, sondern auch darin, dass sie nur einmal, und nicht, wie alle anderen britischen *Hirundines*, zweimal in der Saison brüten. Mauersegler können nur einmal brüten, daran besteht kein Zweifel, denn sie ziehen sich zurück, kurz nachdem ihre Jungen ausgeflogen sind und bevor die anderen Schwalbenarten eine zweite Brut hervorbringen. Wir können also festhalten, dass diese sich bei einer doppelten Brut mit je vier bis sechs Eiern durchschnittlich fünfmal so stark vermehren wie die Mauersegler bei einer einzigen Brut mit nur zwei Eiern.

Das Eigenartigste an den Mauerseglern ist ihr frühes Verschwinden. Die allermeisten verziehen sich um den 10. August, manchmal sogar noch früher. Die spätesten Nachzügler verlassen uns um den 20. August, wo doch alle ihre Artverwandten bis Anfang Oktober bleiben, viele den ganzen Oktober hindurch, einige sogar bis Anfang November. Der frühe Wegzug ist umso geheimnisvoller und erstaunlicher, als er in der schönsten Zeit des Jahres erfolgt. Doch noch bemerkenswerter ist, dass sie sich aus den südlichsten Teilen Andalusiens noch früher zurückziehen, was weder auf Wärmemangel noch, wie man vielleicht meinen sollte, auf Nahrungsmangel zurückzuführen ist. Wird nun ihr Verschwinden bei uns durch ein mangelhaftes Nahrungsangebot hervorgerufen, durch die bevorstehende Mauser, durch ein Bedürfnis, nach einem so stürmischen Leben auszuruhen, oder wodurch sonst? Dies ist eins der Phänome der Naturgeschichte, das uns bei unseren Untersuchungen nicht nur Rätsel aufgibt, sondern sich sogar unseren Mutmaßungen entzieht!

Diese *Hirundines* sitzen nie auf Bäumen oder Dächern und mischen sich auch nie unter ihre Artverwandten. Sie haben keine Angst, wenn sie ihre Nistplätze aufsuchen, fürchten sich nicht vor Gewehren und werden oft mit Stöcken und Knüppeln heruntergeholt, wenn sie unter die Traufen kriechen. Mauersegler werden oft so stark von Läusen aus dem Geschlecht der *Hippoboscae hirundinis* heimgesucht, dass sie im Flug hin und her zappeln und sich kratzen, um die lästigen Anhängsel loszuwerden.

Mauersegler sind keine Sänger und geben nur einen einzigen kreischenden Ton von sich, der aber aufgrund einer Assoziation für manche Ohren nicht unangenehm ist, weil er bloß an den schönsten Sommertagen zu hören ist.

Nur im Notfall setzen sie sich auf den Boden, können sich dann aber wegen der kurzen Beine und langen Flügel nur schwer wieder erheben. Sie sind auch nicht fähig zu gehen, sondern können nur kriechen, doch haben sie viel Kraft in den Füßen und krallen sich an Wänden fest. Mit ihrem flachen Körper sind sie in der Lage, in schmale Spalten zu dringen, und wenn sie nicht auf dem Bauch durchkommen, drehen sie sich zur Seite.

Ihre besondere Fußform unterscheidet die Mauersegler von allen anderen britischen *Hirundines* und überhaupt von allen bekannten Vögeln, ausgenommen der *Hirundo melba*, der großen weißbauchigen Gibraltarschwalbe. Bei ihrem Fuß zeigen nämlich »omnes quatuor digitos anticos«, alle vier Zehen nach vorne, und die Zehe, die bei den anderen Schwalbenarten nach hinten gerichtet ist, besteht aus einem einzigen Knochen und nicht, wie ihre anderen drei Zehen, aus zwei Knochen. Eine seltene und eigentümliche Konstruktion, jedoch vollkommen angemessen dem Gebrauch, den die Mauersegler von ihren Füßen machen. Das und andere Eigenarten bei den Nasenlöchern und dem Unterschnabel haben einen scharfsichtigen Naturforscher* zu der Annahme bewogen, dass die Spezies eine eigene Gattung bildet.

In London hält sich eine Gruppe Mauersegler beim Tower auf, direkt unter der Brücke, und sucht sich Nahrung am Fluss. Andere leben bei einigen Kirchen in Southwalk, aber trauen sich nicht, wie etwa die Hausschwalben, in die dicht bevölkerten Stadtteile.

Die Schweden haben dem Mauersegler einen sehr treffenden Namen gegeben und nennen ihn *ringswala*, weil er ständig in Ringen oder Kreisen um den Nistplatz fliegt.

* einen scharfsichtigen Naturforscher: John Antony Scopoli aus der Krain. [Scopoli hatte recht mit seiner Annahme: Mauersegler/Turmschwalben gehören zur Gattung der Segler, auch wenn sie äußerlich und in der Lebensweise den Schwalben ähneln.]

Mauersegler ernähren sich von *Coleoptera*, Käfern mit harten Schalen über den Flügeln, aber auch von weicheren Insekten. Fraglich ist, wie sie den feinen Kies bekommen, um ihr Futter, wie alle anderen Schwalbenarten, zu zermalmen, wo sie sich doch nie auf dem Boden niederlassen. Die Jungen sind so sehr von Läusen geplagt, dass sie manchmal aus dem Nest fallen, das vor lauter Ungeziefer nicht mehr bewohnbar ist. In unserem Dorf leben einige Mauersegler bei abgelegenen Bauernkaten, wobei die nachfolgende Generation den ungewöhnlichen Platz wieder aufsucht, was ein guter Beweis dafür ist, dass Vögel an ihnen bekannte Orte zurückkehren. Da sie sehr niedrig fliegen müssen, um unter die einfachen Traufen zu kommen, lauern ihnen Katzen auf und fangen sie manchmal beim Anflug.

Am 5. Juli 1775 ließ ich noch einmal ein Stück Dach über dem Nest eines Mauerseglers abdecken. Das Weibchen saß auf den Eiern, voller στοργή [Zuneigung] für ihre Brut, die sie in Gefahr glaubte, sodass sich der Vogel, ungeachtet seiner eigenen Sicherheit, nicht rührte und unverdrossen sitzen blieb und sich sogar mit der Hand ergreifen ließ. Wir holten die nackten Küken heraus und setzten sie ins Gras, wo sie hilflos wie neugeborene Babys umfielen. Als wir die nackten Körper mit den plumpen, unproportionierten Unterleibern und schweren Köpfen, die der Hals noch nicht tragen konnte, betrachteten, erschien es uns unfassbar, dass solche unbeholfenen Wesen kaum zwei Wochen später fähig sein sollten, mit unvorstellbarer Geschwindigkeit, einem Meteor gleich, durch die Lüfte zu sausen und möglicherweise bei der Migration riesige Kontinente und Meere bis zum Äquator zu überqueren. So schnell bringt die Natur kleine Vögel ins ἡλικία [Erwachsenenalter], dem Zustand der Vollendung, während das kontinuierliche Wachstum bei Menschen und großen Vierfüßern langsam und zäh vor sich geht!

Ihr, etc.

22. BRIEF

An Selbigen
Selborne, 13. Sept. 1774

Dear Sir, der gerade Kamin eines Cottages bot mir diesen Sommer Gelegenheit, in aller Ruhe zu beobachten, wie die Rauchschwalben den Schacht ein beträchtliches Stück hinauf- und hinabfliegen. Doch meine Freude beim Anblick der Geschicklichkeit, mit der sie das Kunststück vollbringen, wurde ein wenig getrübt durch die Befürchtung, dass meine Augen dasselbe Schicksal erleiden könnten wie die des Tobias[1].

Vielleicht interessiert es Sie zu erfahren, wann die verschiedenen Schwalbenarten dieses Frühjahr in drei weit voneinander entfernten Grafschaften[2] unseres Königreichs ankamen. Bei uns erschien die Rauchschwalbe am 4. April, der Mauersegler am 24. April, die Uferschwalbe am 12. April und die Hausschwalbe am 30. April. In South Zeal, Devonshire, tauchten die Rauchschwalben nicht vor dem 25. April auf, die Mauersegler in großer Zahl am 1. Mai und die Hausschwalben erst Mitte Mai. In Blackburn, Lancashire, wurden Mauersegler am 28. April, Rauchschwalben am 29. April und Hausschwalben am 1. Mai gesichtet. Sind die verschiedenen Ankunftszeiten in verschiedenen Regionen irgendein Beweis für oder gegen die Migration?

Ein Bauer bei Weyhill pflügt sein Land mit zwei Eselgespannen, wovon das eine bis Mittag, das andere am Nachmittag arbeitet. Wenn die Tiere ihre Arbeit getan haben, pfercht er sie, wie Schafe, über Nacht auf dem Feld ein. Im Winter werden sie auf dem Hof gefüttert und machen viel Dünger.

Linnaeus sagt, die Falken »paciscuntur inducias cum avibus, quamdiu cuculus cuculat« [verabreden Waffenruhe mit anderen Vögeln, solange der Kuckuck ruft]. Aber mir will scheinen, als würden in dieser Zeit viele kleine Vögel von Raubvögeln geschlagen, was man an den Federn erkennen kann, die sich am Wegrand und unter Hecken finden.

Die Misteldrossel ist während der Brutzeit wild und zänkisch und vertreibt wutentbrannt alle Vögel, die sich ihrem Nest nähern. Die Waliser nennen sie *pen y llwyn*, Herr des Unterholzes. Die Misteldrosseln dulden es nicht, dass Elstern, Eichelhäher und Amseln in die Gärten kommen, in denen sie nisten, und wachen deshalb in dieser Zeit über das frisch gesäte Gemüse. Meistens verteidigen sie ihre Familie mit großem Erfolg, aber einmal sah ich, wie eine Schar Elstern mit dem festen Vorsatz in meinen Garten kam, das Nest einer Misteldrossel zu stürmen. Die Alten verteidigten ihr Quartier mit Nachdruck und kämpften *pro aris et focis*, für Herd und Haus, doch die Elstern trugen durch ihre zahlenmäßige Überlegenheit schließlich den Sieg davon, zerrissen das Nest in Stücke und verschlangen die Küken lebendig.

In der Brutzeit sind die wildesten Vögel verhältnismäßig zahm. So brütete eine Ringeltaube auf meinen Feldern, obwohl dort fast immer Betrieb war. Auch die Misteldrossel, die im Herbst und im Winter scheu und wild ist, baute ihr Nest in meinem Garten nahe einem Fußweg, auf dem die Leute den ganzen Tag lang hin- und hergehen.

Spalierobst gibt es bei mir dieses Jahr reichlich, nur die Trauben, die sich anfangs gut entwickelten, sind gegenüber den vergangenen Jahren weit zurück. Aber das ist noch nicht das Schlimmste, denn das unfreundliche Wetter und die Kälte zur Sommersonnenwende haben den wichtigeren Früchten der Erde großen Schaden zugefügt und den Weizen ausgebleicht und zerstört. Die Hopfenernte verspricht sehr gut zu werden.

Häufige Anfälle von Taubheit stimmen mich traurig und machen mich halb untauglich zum Naturforscher, denn wenn ich darunter leide, muss ich alle kleinen Hinweise und erfreulichen Anzeichen entbehren, die mir die ländliche Geräuschkulisse bietet. Dann ist der Mai in Bezug auf den Vogelgesang genauso still und schweigsam wie der August. Meine Sehkraft ist, Gott sei Dank, gut und klar, doch was den anderen Sinn angeht, bin ich manchmal behindert:

> »Der Weisheit eine Pforte ganz verschlossen.«
> [Milton: *Paradise Lost*, III, 50]

23. BRIEF

An Selbigen
Selborne, 8. Juni 1775

Dear Sir, am 21. September 1741 war ich bei Freunden zu Besuch und stand vor Tagesanbruch auf, um dem Jagdvergnügen nachzugehen. Stoppelfelder und Wiesen waren mit einem dichten Netz von Spinnweben überzogen, in dessen Maschen dicke Tautropfen hingen. Es sah aus, als wären zwei oder drei Lagen von Fangnetzen über das Land gelegt worden. Als die Hunde die Fährte aufnehmen wollten, waren sie so blind, als wären ihnen die Augen verbunden, konnten nicht weiterlaufen und legten sich nieder, um das störende Gewebe mit den Vorderpfoten vom Gesicht zu kratzen. Derart von der Jagd abgehalten, ging ich nach Hause und dachte über den befremdlichen Vorfall nach.

Am späteren Morgen kam die Sonne heraus, und es wurde einer dieser schönen, warmen Tage, wie es sie nur im Herbst gibt – wolkenlos, ruhig und heiter, als wäre es in Südfrankreich.

Gegen neun Uhr zog eine äußerst ungewöhnliche Erscheinung unsere Aufmerksamkeit auf sich, denn ein Schauer von Spinnweben ging aus sehr hohen Luftschichten nieder und hielt ohne Unterbrechung bis zum Tagesende an. Der Niederschlag bestand nicht aus einzelnen hauchdünnen Fäden, die überall in der Luft schwebten, sondern aus Flocken oder Fetzen, bis zu einem Zoll breit und fünf oder sechs Zoll lang, die mit einer solchen Geschwindigkeit herabfielen, dass sie deutlich schwerer als Luft sein mussten.

Wohin man auch das Auge richtete, erblickte man einen unablässigen Strom frischer Flocken, die wie Sterne blinkten, wenn sie der Sonne zugewandt waren.

Wie ausgedehnt der wunderbare Schauer war, ist schwer zu sagen, jedenfalls reichte er bis Bradley, Selborne und Alresford, drei Orte, die in einem Dreieck liegen, dessen kürzeste Seite um die acht Meilen misst.

Am zweitgenannten Ort gab es einen Gentleman[1] (für dessen Aufrichtigkeit und klaren Verstand wir die größte Bewunderung hegen), der die Erscheinung erblickte, als er aus dem Haus trat. Er vermutete, von dem Berg hinter seinem Haus, wohin er jeden Morgen ausritt, das atmosphärische Phänomen, das seiner Meinung nach von den Distelfeldern herübergeweht sein musste, von oben betrachten zu können. Doch als er den höchsten Punkt erreichte, etwa 300 Fuß über seinem Grund, bemerkte er zu seiner großen Überraschung, dass sich die Spinnweben noch genauso weit über ihm befanden und in einem unablässigen Strom niedergingen, wobei sie in der Sonne blinkten, als wollten sie auch die Gleichgültigsten auf sich aufmerksam machen.

Nie zuvor und auch nicht danach wurde ein solcher Niederschlag beobachtet, der an diesem Tag so dick in den Bäumen und Hecken hing, dass ein fleißiger Mensch ihn körbeweise hätte einsammeln können.

Zu dieser auch Sommerfäden genannten spinnwebartigen Erscheinung möchte ich bemerken, dass niemand heutzutage bezweifelt, egal welche seltsamen und abergläubischen Vorstellungen[2] man früher damit verband, dass es sich um wirkliche Erzeugungen kleiner Spinnen handelt, die sich im Herbst bei schönem Wetter auf den

Feldern aufhalten und die Fähigkeit besitzen, aus ihrem Leib Fäden auszustoßen, sodass sie Auftrieb bekommen und leichter werden als Luft. Aber warum diese flügellosen Insekten an jenem Tag einen wundersamen Ausflug in die Atmosphäre unternehmen sollten und warum ihre Fäden so grob und körperhaft wurden, dass sie beträchtlich schwerer als Luft waren und zur Erde niedergingen, das zu beantworten übersteigt meine Kompetenz. Wenn ich eine Hypothese wagen dürfte, würde ich vermuten, dass sich die hauchdünnen Fäden, kaum waren sie ausgestoßen, im aufsteigenden Tau verfingen und durch rasche Kondensation zusammen mit den Spinnen in Luftschichten gehoben wurden, wo sich die Wolken bilden. Wenn die Spinnen, wie Dr. Lister sagt (siehe seine *Briefe* an Mr. Ray), die Fähigkeit besitzen, ihre Netze in der Luft zu weben und zu verstärken, dann müssen diese herunterfallen, sobald sie schwerer sind als Luft.

Bei schönem Wetter, vor allem im Herbst, sehe ich jeden Tag, wie die Spinnen ihre Netze bauen und hinaufklettern. Wenn man die Tiere in die Hand nimmt, schießen sie vom Finger empor. Letzten Sommer landete eine Spinne auf dem Buch, das ich gerade las, rannte nach oben auf die Seite, stieß einen Faden aus und schnellte hoch. Am allermeisten verwunderte mich, wie sie mit hoher Geschwindigkeit an einen Platz gelangte, wo sich die Luft nicht bewegte, auch bin ich mir sicher, dass ich ihr nicht mit meinem Atem nachhalf. Offenbar verfügen die kleinen Krabbler über eine Fortbewegungsfähigkeit, die es ihnen erlaubt, sich ohne Verwendung von Flügeln schneller als Luft emporzuschwingen.

24. BRIEF

An Selbigen
Selborne, 15. Aug. 1775

Dear Sir, in der tierischen Schöpfung herrscht, unabhängig von der sexuellen Anziehung, ein wunderbarer Gemeinschaftsgeist, für den die Versammlung geselliger Vögel im Winter ein erstaunliches Beispiel ist.

Viele Pferde, die in Gesellschaft friedlich sind, bleiben keine Minute allein auf dem Feld, auch die stärksten Zäune können sie nicht zurückhalten. Das Pferd meines Nachbarn will nicht alleine draußen bleiben und hält es auch nicht in einem fremden Stall aus, wo es die größte Ungeduld zeigt und mit den Vorderhufen Box und Futterkrippe zu zerstören sucht. Um Gesellschaft zu haben, ist das Pferd einmal aus dem Stallfenster gesprungen, als dort Mist herausgeworfen wurde. Ochsen und Kühe interessieren sich nicht für die saftigste Weide, wenn sie nicht von der Gemeinschaft empfohlen wird. Schafe, die ständig zusammen sind, als weiteres Beispiel anzuführen, erübrigt sich.

Dieser Hang scheint nicht nur für Tiere derselben Spezies zu gelten, denn wir wissen von einem Reh, das als Kitz von Milchkühen großgezogen wurde und mit ihnen auf die Weide geht und wieder zurück in den Stall. Die Haushunde haben sich an das Reh gewöhnt und beachten es nicht weiter. Nur wenn fremde Hunde kommen, beginnt die Jagd, die der Hausherr lächelnd verfolgt, wenn er sieht, wie sein Lieblingsreh die Verfolger über Hecken, Tore und Zäune zurück zu den Kühen führt, welche die Angreifer mit wütendem Blöken und gesenkten Hörnern von der Weide treiben.

Sogar erhebliche Differenzen in Tierart und Größe verhindern nicht immer die soziale Annäherung und gegenseitige Freundschaft. Ein sehr kluger und aufmerksamer Beobachter versicherte mir, vor vielen Jahren nur ein Pferd und ein Huhn gehalten zu haben. Die beiden so verschiedenen Tiere verbrachten gemeinsam viel Zeit in einem einsamen Obstgarten und bekamen keine anderen Geschöpfe zu Gesicht. Zwischen den abgesonderten Individuen entwickelte sich offenbar allmählich eine Beziehung. Das Federvieh näherte sich dem Vierfüßer mit Lauten der Zufriedenheit und schmiegte sich sanft an dessen Beine, während das Pferd mit großer Genugtuung auf das Huhn hinunterblickte und sich mit aller Vorsicht und Behutsamkeit bewegte, um nicht auf seinen winzigen Gefährten zu treten. Sie erwiesen einander gute Dienste und trösteten sich über einsame Stunden hinweg, sodass Milton wohl unrecht hatte, als er Adam den folgenden Gedanken in den Mund legte:

»... und nicht vermag
der Vogel mit dem Fische zu verkehren,
der Stier mit Affen nicht ...«
[Milton: *Paradise Lost*, VIII, 394–396]

25. BRIEF

An Selbigen
Selborne, 2. Okt. 1775

Dear Sir, es gibt zwei Gruppen oder Horden von Gipsies, die im Süden und Westen Englands unterwegs sind und auf ihrer Tour zwei- bis dreimal jährlich bei uns vorbeikommen. Der eine Stamm, von dem ich nichts Besonderes zu erzählen weiß, trägt den vornehmen Namen *Stanley*, der andere zeichnet sich durch ein ganz erstaunliches Appellativ aus. Soweit man ihr Kauderwelsch verstehen kann, nennt sich ihr Clan *Curleople*, ein Wort, das offenbar aus dem Griechischen stammt. Da Mézeray und alle seriösen Geschichtsschreiber übereinstimmend die

Auffassung vertreten, dass die Vagabunden vor zwei oder drei Jahrhunderten aus Ägypten und dem Nahen Osten eingewandert sind und sich nach und nach in Europa ausbreiteten, könnte es sich bei dem Familiennamen, wenn auch entstellt, um einen Namen handeln, den sie von der Levante mitgebracht haben. Es wäre sicherlich von Interesse, eine kluge Person unter ihnen zu finden und zu erfahren, ob sich in ihrer Sprache irgendwelche griechischen Wörter erhalten haben. Griechische Wurzeln sind meist in Begriffen wie Hand, Fuß, Kopf, Wasser, Erde etc. zu finden. Möglicherweise kann man in ihrem Rotwelsch verstümmelte Überreste ihrer ursprünglichen Sprache entdecken.

Das Verhalten dieser eigenartigen Menschen, der Gipsies, ist in einer Beziehung sehr erstaunlich. Während andere Bettler in Scheunen, Ställen oder Unterständen übernachten, scheinen diese robusten Wilden, obwohl sie aus einer wärmeren Klimazone stammen, stolz darauf zu sein, dem strengen Winter zu trotzen und das ganze Jahr *sub dio*, im Freien, zu leben. Im September letzten Jahres, dem nassesten Monat seit Menschengedenken, lag ein junges Gipsymädchen trotz der Wolkenbrüche mitten in unserem Hopfenfeld auf dem kalten Boden, nur mit einem Stück Decke an ein paar gebogenen Haselnussästen über sich aufgespannt, und brachte ein Kind zur Welt – Umstände, die sogar für eine Kuh in derselben Lage kaum erträglich wären. Dabei gab es auf dem Feld eine große Hopfenscheune, in die sie sich hätte zurückziehen können, wenn ihr ein Unterschlupf wichtig gewesen wäre.

Nicht einmal Europa kann die umherziehenden Vagabunden halten, denn Mr. Bell stieß bei seiner Rückreise aus Peking an der Grenze zur Tatarei auf Gipsies, die im Begriff standen, die Wüste zu durchqueren und in China* ihr Glück zu versuchen.

Sie werden in Frankreich, Böhmen, Italien und dem heutigen Griechenland *Zingani* genannt.

Ihr, etc.

* China: Siehe Bell's *Travels in China*.

26. BRIEF

An Selbigen
Selborne, 1. Nov. 1775

»Hic ... taedae pingues, hic plurimus ignis
Semper, et assidua postes fuligine nigri.«
[Hier ... gibt es fette Fackeln, hier immer reichlich Feuer, und die Pfosten sind schwarz vom unablässigen Ruß.]
[Vergil: *Bucolica*, Ekloge VII, 49–50]

Dear Sir, Ich muss mich nicht entschuldigen, Sie mit einem simplen Detail unserer heimischen Ökonomie zu behelligen, denn ich bin davon überzeugt, dass Sie alles, was der Nützlichkeit dient, als Ihrer Aufmerksamkeit würdig erachten. Worauf ich hinauswill, ist der Gebrauch von Binsen anstelle von Kerzen, der meines Wissens nicht nur bei uns, sondern in vielen anderen Gegenden, wenn auch nicht in allen Ländern, üblich ist. Nachdem ich das Thema mit einiger Genauigkeit untersucht habe, will ich Ihnen meine bescheidenen Ergebnisse präsentieren und Ihrem Urteil überlassen, ob sie nützlich sind.

Die für diesen Zweck geeignete Binsenart ist *Juncus conglomeratus* oder Knäuel-Binse, die man auf den meisten feuchten Wiesen, an Flussufern oder unter Hecken findet. Im Hochsommer eignen sie sich besonders gut für diese Verwendung, können aber auch bis in den Herbst hinein gesammelt werden. Es versteht sich von selbst, dass die dicksten und längsten Binsen am besten sind. Alte Männer, Frauen und Kinder haben die Aufgabe, die Binsen zu beschaffen und vorzubereiten. Sofort nach dem Schneiden werden sie ins Wasser geworfen und bleiben dort einige Zeit, weil sie sonst trocknen und schrumpfen und sich die Schale nicht gut ablösen würde. Dem Anfänger fällt es nicht leicht, Binsen so zu schälen oder zu häuten, dass ein von oben bis unten gleichmäßig dünner Stift übrig bleibt, der aus dem Mark besteht. Aber wie alle Fertigkeiten lernen das selbst die Kinder in kurzer Zeit, sogar eine stockblinde, alte Frau verrichtete die Arbeit blitzschnell und stellte nur selten einen Docht her, der nicht ebenmäßig geformt war. Die so vorbereiteten *Junci* kommen zum Bleichen auf die Wiese, wo sie einige Nächte vom Tau benetzt werden müssen, bevor man sie zum Trocknen in die Sonne legt.

Es bedarf einiger Geschicklichkeit, die Binsen in kochend heißes Fett oder Talg zu tauchen, aber auch hier lernt man bald die richtige Technik. Die umsichtige Frau des fleißigen Landarbeiters in Hampshire kriegt das Fett umsonst, denn sie sammelt zu diesem Zweck die Reste aus der Pfanne. Sind sie zu salzig, kommt alles in einen warmen Ofen, sodass sich das Salz unten absetzt. Wo es wenig Schweine gibt und vor allem am Meer nimmt man das billigste Fischöl. Ein Pfund gewöhnliches Fett kostet vier Pence; man benötigt sechs Pfund Fett für ein Pfund Binsendochte, die man für einen Shilling kaufen kann. Also kostet ein Pfund präparierter und gebrauchsfertiger Binsen drei Shilling. Wer Bienen hält, kann ein wenig Wachs unter das Fett mischen, wodurch die Binsenkerzen fester werden und damit sauberer und länger brennen. Hammeltalg erfüllt denselben Zweck.

Es stellte sich heraus, dass eine gute Binse mit einer Länge von 2 Fuß 4½ Zoll nur 3 Minuten kürzer als 1 Stunde brennt; längere Binsen brennen bis zu 1¼ Stunden.

Binsenkerzen geben ein schönes, klares Licht. Es stimmt, dass (mit Talg überzogene) Nachtlichter düster sind, wie »sichtbares Dunkel«[1], aber deren Dochte bestehen nicht aus einem, sondern aus zwei Binsen, wodurch die Flamme gedämpft wird, sodass die Kerze länger brennt.

Ein Pfund trockener Binsen ergab bei der Zählung mehr als 1600 Stück. Angenommen, jede brennt durchschnittlich nur eine halbe Stunde, dann kann sich ein armer Mann für drei Shilling 800 Stunden, also mehr als 33 ganze Tage Licht kaufen. Nach unserer Rechnung kostet jede Binse vor dem Eintauchen 1/33 Farthing[2], danach 1/11 Farthing, woraus sich ergibt, dass eine arme Familie 5½ Stunden Licht für einen Farthing genießen kann. Ein erfahrener, alter Familienvater versicherte mir, dass 1½ Pfund Binsenkerzen jährlich für eine Familie völlig ausreichend sind, denn die einfachen Leute stecken an den langen Tagen keine Kerzen an, da sie mit dem Tageslicht aufstehen und zu Bett gehen.

Kleinbauern benutzen an den kurzen Tagen morgens und abends Binsenkerzen in der Küche und in der Milchkammer. Aber die ganz Armen, die immer am schlechtesten wirtschaften und deswegen arm bleiben, kaufen jeden Abend eine Kerze für einen halben Penny, die in ihren zugigen Räumen nicht viel länger als zwei Stunden brennt. Sie haben also für dasselbe Geld statt elf Stunden nur zwei Stunden Licht.

Wo wir beim Thema der ländlichen Ökonomie sind, ist es vielleicht nicht fehl am Platz, einen hübschen Haushaltsgegenstand zu erwähnen, den ich bisher nirgendwo anders gesehen habe: ein kleiner, netter Besen, den unsere Wildhüter aus den Halmen von *Polytricum commune* machen, dem Goldenen Frauenhaarmoos, auch Haarmützenmoos genannt, das sich reichlich im Sumpfland findet. Wenn das Moos gekämmt, gut angeordnet und von der äußeren Haut befreit ist, bekommt es eine helle Kastanienfarbe. Der weiche und biegsame Moosbesen eignet sich hervorragend zum Abstauben von Betten, Gardinen, Teppichen, Wandbehängen etc. Wenn die Besenmacher in der Stadt davon wüssten, würde er für die oben erwähnten Zwecke bestimmt häufig benutzt.[*]

Ihr, etc.

[*] häufig benutzt: Ein derartiger Besen ist in Sir Ashton Levers Museum zu sehen.

27. BRIEF

An Selbigen
Selborne, 12. Dez. 1775

Dear Sir, hier im Dorf gab es vor über zwanzig Jahren einen idiotischen Jungen, der, wie ich mich gut erinnere, schon als Kind eine große Vorliebe für Bienen hatte, die für ihn Nahrung und Vergnügen, ja sein ein und alles waren. Da Menschen wie er selten über mehr als ein Interessengebiet verfügen, richtete der Bursche seine geringen Fähigkeiten auf dieses eine Ziel aus. Im Winter döste er im Hause seines Vaters, wie in eine Starre verfallen, am Kamin vor sich hin und verließ nur selten seinen Platz, doch im Sommer war er quicklebendig, immer auf der Jagd in den Feldern und an sonnigen Böschungen. Bienen, Hummeln und Wespen waren seine Beute, nach der er überall suchte. Er hatte keine Angst vor ihren Stichen, sondern ergriff sie *nudis manibus*, mit bloßer Hand, entwaffnete sie von ihrem Stachel und saugte den Honig aus. Manchmal steckte er Dutzende Bienen unter sein Hemd, manchmal verschloss er sie in Flaschen. Er war ein wahrer *Merops apiaster* oder Bienenfresser, sehr schädlich für Menschen, die Bienen hielten, denn er schlich sich in die Bienenhäuser, setzte sich vor die Stöcke, klopfte mit den Fingern an die Waben und holte sich die herauskrabbelnden Bienen. Um Honig zu bekommen, auf den er versessen war, stieß er sogar die Bienenstöcke um. Wo man Met machte, war er bei den Kesseln und Bottichen und bettelte um einen Schluck Bienenwein, wie er es nannte. Wenn er herumlief, machte er mit den Lippen ein Geräusch, das sich wie das Summen von Bienen anhörte. Der Junge war hager und blass wie eine Leiche. Abgesehen von seiner Lieblingsbeschäftigung, bei der er sich äußerst geschickt anstellte, war er völlig beschränkt. Hätte er ein größeres Auffassungsvermögen besessen und sich demselben Thema gewidmet, wäre unser Staunen über die Kunststücke eines bekannten Bienen-Schaustellers[1] vielleicht nicht so groß, aber so müssen wir sagen,

> »Wären Dir die Sterne gewogener gewesen,
> Könntest Du *Wildman* sein ...«[2]

Als Jugendlichen brachte man ihn in ein weit entferntes Dorf, wo er, wie ich gehört habe, vor Erreichen des Erwachsenenalters verstarb.

Ihr, etc.

28. BRIEF

An Selbigen
Selborne, 8. Jan. 1776

Dear Sir, abergläubische Vorstellungen abzuschütteln ist das Schwerste auf der Welt. Sie werden wie mit der Muttermilch aufgesogen, entfalten sich zu einer Zeit, in der sie sehr stark von uns Besitz ergreifen können, und hinterlassen dauerhaften Eindruck, bis sie schließlich so eng mit unserer Persönlichkeit verflochten sind, dass wir all unseren Verstand aufbieten müssen, um uns davon zu befreien. So ist es kein Wunder, dass die einfachen Leute ein Leben lang daran festhalten, weil ihr Geist nicht durch eine freiheitliche Erziehung gestärkt wurde und sie somit nicht befähigt sind, entsprechende Anstrengungen zu unternehmen.

Die Präambel ist nötig, bevor wir uns dem Aberglauben in unserer Gegend zuwenden, um nicht der Übertreibung verdächtigt zu werden, wenn wir über Praktiken berichten, die zu ungeheuerlich für unser aufgeklärtes Zeitalter sind.

Aber die Leute aus der Gemeinde Tring in Hertfordshire

sollten sich gut daran erinnern, dass sie noch im Jahr 1751, gerade einmal 20 Meilen von unserer Hauptstadt entfernt, zwei arme Kerle, altersblödsinnig und gebrechlich, der Hexerei verdächtigten, daraufhin der Wasserprobe unterzogen und im Dorfteich ertränkten.

Auf einem Hof mitten in unserem Dorf steht bis auf den heutigen Tag eine Reihe gekappter Eschen, die, wie an den langen Wunden und Narben am Stamm deutlich zu erkennen ist, in früheren Zeiten gespalten wurden. Als die Bäume jung und biegsam waren, wurden sie durchtrennt und der Spalt mit Keilen offen gehalten, woraufhin Kinder mit Leistenbruch, splitternackt, durch die Öffnung gezwängt wurden, in der Überzeugung, die Ärmsten würden dadurch von ihrem Gebrechen geheilt. Nach dem Ende der Prozedur wurde der Baum an der verletzten Stelle mit Lehm verstrichen und sorgfältig verbunden. Vereinigten sich die beiden Teile, was gewöhnlich der Fall war, wenn die Arbeit mit einiger Geschicklichkeit ausgeführt wurde, galt das Kind als geheilt, doch blieb der Spalt offen, hielt man die Operation für misslungen. Als ich vor einiger Zeit Gelegenheit hatte, meinen Garten zu erweitern, fällte ich zwei oder drei solcher Bäume, einer davon war nicht wieder zusammengewachsen.

Bei uns im Dorf leben mehrere Personen, die in ihrer Kindheit geheilt worden sein sollen durch dieses abergläubische Ritual, das vielleicht von unseren sächsischen Vorfahren stammt, die es vor ihrer Bekehrung zum Christentum praktizierten.

In der südlichen Ecke des Plestor, des Platzes nahe der Kirche, stand bis vor ungefähr zwanzig Jahren eine uralte, gekappte Esche, hohl und bizarr geformt, die man seit Generationen ehrfurchtsvoll als Spitz-Esche bezeichnete. Nun, eine Spitz-Esche ist eine Esche, mit deren Zweigen und Ästen man die Beine eines Viehs bestreichen muss, das unter Schmerzen leidet, die ihm eine Spitzmaus an ebendieser Stelle zugefügt hat. Denn man glaubt, die Spitzmaus habe eine so unheilvolle und schändliche Natur, dass Pferde, Kühe oder Schafe, denen die Maus über ein Bein krabbelt, schreckliche Qualen erleiden müssen, bis hin zu der Gefahr, das Bein nicht mehr bewegen zu können. Gegen solches Ungemach, das einen jederzeit ereilen konnte, hielten unsere fürsorglichen Vorväter immer eine Spitz-Esche parat, die, einmal zubereitet, ihre Heilkraft für ewig behielt. Eine Spitz-Esche wurde folgendermaßen hergestellt:* Man trieb mit einem Bohrer ein tiefes Loch in den Stamm des Baums und steckte, natürlich begleitet von wunderlichen Zaubersprüchen, die längst vergessen sind, eine lebende Spitzmaus hinein. Da die Kenntnis des vorgeschriebenen Weiherituals verloren ging, hat die Praxis ein Ende gefunden, sodass es in diesem und den nächsten hundert Gerichtsbezirken keinen derartigen Baum mehr gibt.

Für den auf dem Plestor gilt:

> »Der verstorbene Vikar fällte und verbrannte ihn,«[1]

als er Wegemeister war, ungeachtet der Proteste der Umstehenden, die sich vergebens für seinen Erhalt aussprachen, seine Kraft und Wirksamkeit anmahnten und geltend machten, man habe ihn

> »Religione patrum multos servata per annos.«
> [viele Jahre dank der Ehrfurcht unserer Vorfahren bewahrt.]
> [Vergil: *Aeneis*, II, 715]

Ihr, etc.

* folgendermaßen hergestellt: Eine ähnliche Praxis beschreibt Plot in *Staffordshire*.

29. BRIEF

An Selbigen
Selborne, 7. Febr. 1776

Dear Sir, bei starkem Nebel wirken Bäume, besonders auf Anhöhen, wie Alembiks[1]. Wer solche Dinge nicht beachtet, hat keine Vorstellung davon, wie viel Wasser ein Baum in einer Nacht durch Kondensation des Dunstes destilliert, der dann die Zweige und Äste heruntertröpfelt, sodass der Boden überschwemmt ist. In Newton Lane in Herefordshire tropfte es an einem nebligen Tag im Oktober 1775 von einer einzigen belaubten Eiche so stark herunter, dass auf dem Feldweg eine Pfütze entstand und das Wasser in den Spurrillen ablief, obwohl der Boden ringsherum staubtrocken war.

Auf einigen unserer kleineren Inseln in der Karibik gibt es, wenn ich mich nicht irre, keine Quellen und Flüsse. Die Menschen werden mit dem lebensnotwendigen Element versorgt, weil das Wasser von großen, hohen Bäumen herabtröpfelt, die auf den Berggipfeln stehen und mit ihren Kronen ständig in Nebel und Wolken versinken, aus denen sie immerwährend Feuchtigkeit ableiten, sodass die Gebiete nur dank der Kondensation bewohnbar sind.

Belaubte Bäume haben deutlich mehr Oberfläche als kahle, sodass ihre Kondensation theoretisch viel stärker ausfallen müsste als die von Bäumen, die ihr Laub verloren haben. Doch da Erstere über das Laub viel mehr Feuchtigkeit aufnehmen, ist es schwer zu entscheiden, welche Bäume am stärksten abtropfen. Allerdings kann ich definitiv sagen, dass Laubbäume, um die sich viel Efeu rankt, die größte Wassermenge destillieren. Efeublätter sind glatt, dick und kalt, sodass die Kondensation sehr schnell abläuft, ganz abgesehen davon, dass immergrüne Pflanzen selbst wenig Wasser aufnehmen. Solche Gegebenheiten können verständigen Menschen Aufschluss darüber geben, welche Baumarten im Vergleich zu anderen vorteilhaft sind und um einen kleinen Teich gepflanzt werden müssen, der ganzjährig das Wasser halten soll.

Bäume transpirieren stark, kondensieren viel und kontrollieren die Verdunstung so stark, dass Wälder immer feucht sind. Kein Wunder also, dass sie viel Wasser zu Teichen und Bächen beisteuern.

Eine allgemein bekannte Tatsache macht deutlich, wie wichtig Bäume für Seen und Flüsse sind, denn seit die Wälder in Nordamerika abgeholzt und ausgelichtet wurden, sind die Wasserstände so weit zurückgegangen, dass Flüsse, die vor einem Jahrhundert beträchtliche Ausmaße hatten, heute nicht einmal eine einfache Mühle antreiben.* Wegen des oben beschriebenen Zusammenhangs gibt es in den meisten unserer Wälder, Heidegebiete und Jagden reichlich Teiche und Sümpfe.

Für einen denkenden Menschen ist kaum ein Phänomen so irritierend wie die Tatsache, dass kleine Teiche auf den Gipfeln von Kalkbergen vielfach nicht einmal in den schlimmsten sommerlichen Trockenperioden ihr Wasser verlieren. Ich spreche ausdrücklich von Kalkbergen, denn in felsigen und kieshaltigen Böden brechen an den Flanken von Hügeln und Bergen oft in größerer Höhe Quellen hervor. Aber keiner, der sich mit Kalkgebieten auskennt, wird behaupten, dort jemals Quellen gesehen zu haben, es sei denn in Tälern und Senken, weil das Wasser bei einer so durchlässigen Schicht wie Kalk auf einem einheitlichen Niveau steht, wie mir Brunnenbauer immer wieder versichern.

Nun haben wir in unserer Gegend viele solcher kleinen, runden Teiche, zum Beispiel einen auf dem Schafhügel, 300 Fuß oberhalb meines Hauses. Der Teich ist zwar in der Mitte höchstens 3 Fuß tief und hat nicht mehr als 30 Fuß Durchmesser, enthält also maximal 50 bis 75 Hektoliter Wasser, aber er fiel niemals trocken, obwohl 300 bis 400 Schafe und mindestens 20 Rinder regelmäßig daraus

* antreiben: Siehe Kalms *Travels to North America.*

trinken. Zugegebenermaßen tropfen zwei mittelgroße Buchen über dem Teich ab und versorgen ihn so immer wieder mit Nachschub, aber es gibt andere, ebenso kleine Teiche, die ohne Hilfe von Bäumen trotz Verdunstung durch Sonne und Wind und regelmäßiger Entnahme durch das Vieh einen mittleren Wasserstand aufweisen, ohne in der nassen Jahreszeit überzufließen, wie es bei der Speisung durch Quellen der Fall wäre. In meinen Aufzeichnungen vom Mai 1775 heißt es: »Die kleinen und sogar die mittelgroßen Teiche in den Tälern sind jetzt ausgetrocknet, während die kleinen Teiche oben auf den Bergen kaum davon betroffen sind.« Erklärt sich der Unterschied allein durch die Kondensation, die zweifellos in Niederungen stärker ausfällt? Oder gleichen die höher gelegenen Teiche die Verluste des Tages, die dazu führen würden, dass das Vieh sie bald leergetrunken hätte, nachts auf unbekannte Weise aus? Hier gilt es genauer nachzuforschen. Dr. Hales schreibt in seinen *Vegetable Statics*, er habe experimentell festgestellt: »Je feuchter die Erde ist, desto mehr Tau fällt in der Nacht; auf eine Wasseroberfläche fällt doppelt so viel Tau wie auf eine gleich große Oberfläche mit feuchter Erde.« Daraus können wir ersehen, dass Wasser dank seiner Kühle nachts durch Kondensation eine große Menge Feuchtigkeit aufnehmen kann, und ferner, dass die Luft, die mit Nebel und Dämpfen, ja sogar reichlich mit Tau gesättigt ist, eine beträchtliche und niemals versiegende Quelle darstellt. Menschen, die sich oft draußen aufhalten und frühmorgens oder spätabends unterwegs sind, wie etwa Schäfer oder Fischer, können Auskunft darüber geben, wie viel Nebel es nachts sogar im heißesten Sommer auf größeren Anhöhen gibt und wie stark sich die nassen Dämpfe auf den Oberflächen aller Dinge niederschlagen, obwohl man mit den eigenen Sinnen kaum wahrnimmt, dass Feuchtigkeit niedergeht.

Ihr, etc.

30. BRIEF

An Selbigen
Selborne, 3. April 1776

Dear Sir, Monsieur Hérissant, ein französischer Anatom, ist offenbar davon überzeugt, entdeckt zu haben, warum der Kuckuck nicht seine eigenen Eier ausbrütet. Der Hinderungsgrund liegt seiner Meinung nach im Körperbau, der ihn für das Brüten ungeeignet macht. Danach liegt der Kropf oder die Aussackung des Kuckucks nicht vor dem Brustbein und unten im Hals, wie etwa bei den *Gallinae* (Hühnervögeln) oder *Columbae* (Tauben), sondern direkt dahinter, also auf und über dem Darm, was sich in einer großen Schwellung am Bauch zeigt.*

Angeregt durch die These, besorgten wir uns einen Kuckuck, öffneten das Sternum, legten die Gedärme frei und stellten fest, dass sich der Kropf an besagter Stelle befindet. Der große, runde Magen war prall wie ein Nadelkissen mit Nahrung gefüllt, die unserer genauen Untersuchung nach aus verschiedensten Insekten bestand, darunter kleinen Käfern, Spinnen und Libellen. Wir hatten beobachtet, dass der Kuckuck sich diese im Flug schnappt, kaum dass sie dem Puppenstadium entschlüpft sind. Unter dem gemischten Mageninhalt waren auch Maden und etliche Samen, etwa von Stachelbeeren, Johannisbeeren, Preiselbeeren oder ähnlichen Früchten, woraus zu schließen ist, dass der Vogel sich von Insekten und Früchten ernährt. An Knochen, Federn oder Fell war nicht die geringste Spur zu entdecken, sodass die Spekulation, der Kuckuck sei ein Raubvogel, keine Unterstützung fand.

Zwischen dem außergewöhnlich kurzen Brustbein des Vogels und dem Anus saß der Kropf oder die Aussackung, dahinter die Gedärme und die Wirbelsäule.

Man wird der Beobachtung des Anatomen recht geben, dass sich ein zumal voller Kropf, der auf den Gedärmen

* Schwellung am Bauch zeigt: *Histoire de l'Académie Royale*, 1752.

Weiblicher Kuckuck

platziert ist, beim Brüten sehr störend auswirken muss, wobei als Beweis nachzuprüfen wäre, ob die Körper von Vögeln, die mit Sicherheit ihre Eier selber ausbrüten, nicht genauso aufgebaut sind. Diese Untersuchung wollte ich, sobald sich Gelegenheit dazu ergäbe, an einem Ziegenmelker vornehmen. Sollte dessen Körperbau sich als identisch erweisen, wäre der angegebene Grund für die Unfähigkeit des Kuckucks ein etwas voreiliger Schluss.

Es dauerte nicht lange, bis uns ein Ziegenmelker vorlag, dessen Wuchs und Größe uns vermuten ließ, dass er dem Kuckuck im inneren Aufbau der Organe ähneln würde. Die

Vermutung erwies sich als nicht unbegründet, denn die Sektion ergab, dass bei ihm der Kropf ebenfalls hinter dem Sternum lag, zwischen den Eingeweiden und der Bauchdecke. Die Aussackung war voluminös und vollgestopft mit *Phalaenae*, also verschiedenartigen Motten sowie ihren Eiern, die zweifellos beim Schlucken aus den Insekten herausgequetscht worden waren.

Wenn nun dieser Vogel, der seine Eier bekanntermaßen selbst ausbrütet, ähnlich wie der Kuckuck aufgebaut ist, fällt Monsieur Hérissants Mutmaßung, der Kuckuck sei aufgrund des Arrangements seiner Eingeweide unfähig zur Brut, in sich zusammen, und wir kennen nach wie vor nicht den Grund für das seltsame und einzigartige Verhalten des *Cuculus canorus*.

Wir entdeckten denselben Körperbau bei einer Weihe und, soweit ich mich erinnere, auch beim Mauersegler. Es ist anzunehmen, dass das für viele andere Vogelarten gilt, die keine Körnerfresser sind.

Ihr, etc.

31. BRIEF

An Selbigen
Selborne, 29. April 1776

Dear Sir, am 4. August 1775[1] überraschten wir eine große Viper, die sehr schwer und aufgebläht war, als sie sich im Gras sonnte. Nachdem wir sie aufgeschnitten hatten, fanden wir, dass sich in ihrem Bauch fünfzehn Junge drängelten, die kleinste volle sieben Zoll lang und etwa so dick wie ein ausgewachsener Regenwurm. Soeben auf der Welt, zeigte die junge Brut schon ihre wahre Viperngesinnung: Sie waren hellwach, kaum dass sie sich aus dem Bauch des Muttertiers befreit hatten, wanden und schlängelten sich herum, streckten sich empor, rissen die Mäuler weit auf, wenn sie mit einem Stock berührt wurden, und machten drohende und furchteinflößende Gebärden, obwohl wir bei ihnen, selbst mit dem Vergrößerungsglas, noch keinerlei Giftzähne ausmachen konnten.

Für einen denkenden Menschen gibt es nichts Erstaunlicheres als den frühen Instinkt, der Jungtiere mit der Vorstellung ihrer natürlichen Waffen versieht und sie befähigt, diese zur Selbstverteidigung zu benutzen, noch bevor sie überhaupt vorhanden sind oder sich ausgebildet haben. So tritt ein junger Hahn nach seinem Gegner, bevor er überhaupt Sporne hat, und ein Kalb oder Lamm stößt mit dem Kopf, bevor seine Hörner ausgetrieben sind. Auf dieselbe Weise versuchten die jungen Vipern zu beißen, bevor ihnen Giftzähne gewachsen waren. Die Mutter war jedenfalls mit sehr ansehnlichen Exemplaren ausgerüstet, die wir ausklappten (sie sind eingeklappt, wenn sie nicht gebraucht werden) und mit einer Schere abschnitten.

Es gab wenig Grund anzunehmen, dass die Brut schon vorher im Freien gewesen war oder dass die Mutter sie zum Schutz vor der drohenden Gefahr ins Maul genommen hatte. In diesem Fall wären die Jungen irgendwo im Rachen aufzufinden gewesen, aber nicht im Bauch.

32. BRIEF

An Selbigen

Kastration hat eine eigenartige Wirkung: Sie entmannt Menschen, Vierfüßer oder Vögel und gleicht sie dem anderen Geschlecht an. So haben Eunuchen weiche, schmächtige Arme, Schenkel und Beine, breite Hüften, keinen Bartwuchs und hohe Stimmen. Kastrierte Hirsche und Böcke sind wie Hirschkühe und haben keine Hörner.

Hammel haben so kleine Hörner wie Schafe. Ochsen haben lange gebogene Hörner und blöken mit heiserer Stimme wie Kühe, wohingegen Bullen kurze, gerade Hörner haben, zwar mit einem tiefen, gewaltigen Ton murren und brummen, aber schrill blöken. Kapaune haben kleine Kämme und Kehllappen und sind am Kopf blass wie Hühnchen. Sie stolzieren auch nicht umher und glucken wie Hennen über Küken. Kastrierte Eber haben genauso kleine Hauer wie Sauen.

Daraus wird deutlich, dass der Verlust an Manneskraft die Entwicklung jener Körperteile und Eigenschaften unterbindet, die als Geschlechtsmerkmale gelten. Doch der scharfsinnige Mr. Lisle geht in seinem Buch über die Landwirtschaft noch einen Schritt weiter, wenn er sagt, dass umgekehrt auch der Verlust der Geschlechtsmerkmale einen seltsamen Einfluss auf die Fähigkeiten selbst haben kann. Er besaß einen Eber, so wild und von so starkem Geschlechtstrieb, dass man ihm, um Unheil zu vermeiden, die Hauer abbrach. Kaum war dem Tier die Verletzung beigebracht worden, verließen ihn seine Kräfte, und er beachtete die Weibchen nicht mehr, denen er vorher so leidenschaftlich zugetan war, dass ihn kein Zaun hatte zurückhalten können.

33. BRIEF

An Selbigen

Über die natürliche Lebensdauer von Hausschweinen ist aus naheliegenden Gründen wenig bekannt, denn es ist weder profitabel noch zweckmäßig, die unruhigen Tiere bis zum Ende ihres Lebens zu halten. Aber mein Nachbar, ein vermögender Gentleman, der es nicht nötig hat, sich jedes kleinen Vorteils zu bedienen, hielt eine Zuchtsau, die so dick wie lang war und mit dem Bauch über den Boden streifte. In ihrem 17. Lebensjahr zeigte sie Alterserscheinungen wie Zahnfäulnis und Verlust der Fruchtbarkeit.

Etwa zehn Jahre lang hatte die gebärfreudige Sau zweimal jährlich ungefähr zehn Ferkel geworfen. Einmal waren es sogar zwanzig in einem einzigen Wurf, doch da es fast doppelt so viele Ferkel wie Zitzen gab, starben viele davon. Im Laufe ihres langen Lebens war die Sau sehr klug und geschickt geworden: Wenn sich Gelegenheit zu einer geschlechtlichen Begegnung mit einem Eber bot, öffnete sie alle dazwischenliegenden Gatter, marschierte ganz allein zu einer weit entfernten Farm, wo der Eber gehalten wurde, und kehrte auf dieselbe Weise nach Hause zurück, sobald die Sache erledigt war. Ab dem Alter von ungefähr 15 Jahren warf sie nur noch vier bis fünf Junge, schließlich kam sie in den Maststall. Wie sich zeigte, war ihr Schinken hervorragend, saftig und zart, die Rinde oder Schwarte erstaunlich dünn. Nach vorsichtigen Berechnungen war es ihr vergönnt, um die 300 Schweine zu gebären, ein Beispiel unglaublicher Fortpflanzungsfähigkeit eines so großen Vierfüßers! Sie wurde im Frühling 1775 getötet.

Ihr, etc.

34. BRIEF

An Selbigen
Selborne, 9. Mai 1776

»... admorunt ubera tigres.«
[und Tigerinnen säugten dich.]
[Vergil, *Aeneis*, IV, 367]

Dear Sir, In einem früheren Brief haben wir angemerkt, dass auch nicht zusammenpassende Tiere, wenn sie allein sind, auf der Suche nach Geselligkeit miteinander eine Bindung eingehen. In diesem Zusammenhang ist es vielleicht nicht verfehlt, von einem weiteren Motiv zu berichten, das bekanntermaßen eine ebenso seltsame Zuneigung hervorrufen kann.

Man brachte meinem Freund ein kleines, hilfloses Häschen, das von den Bediensteten mit Milch in einem Löffel gefüttert wurde. Zur selben Zeit bekam seine Katze Junge, die beseitigt und vergraben wurden. Das Häschen war bald verschwunden, und man nahm an, dass es den Weg der meisten Findlinge gegangen, also von einem Hund oder einer Katze getötet worden war. Doch als der Hausherr etwa zwei Wochen später in der Abenddämmerung im Garten saß, sah er seine Katze mit erhobenem Schwanz auf ihn zutrotten und kurze, verhaltene Töne der Zufriedenheit von sich geben, wie sonst ihren Jungen gegenüber. Hinter ihr hergehüpft kam das Häschen, das von der Katze mit ihrer Milch ernährt worden war und weiter mit großer Zuneigung versorgt wurde.

Hier wurde ein pflanzenfressendes Tier von einem fleischfressenden aufgezogen, dazu noch von einem Raubtier!

Warum ein so grausames und blutdürstiges Tier wie eine Katze aus der wilden Gattung der *Feles*, der *Murium Leo* oder Löwe der Mäuse, wie Linnaeus die Katze nennt, zärtliche Gefühle gegenüber einem Tier empfinden sollte, das es normalerweise als Beute ansieht, ist nicht ganz leicht zu erschließen.

Wahrscheinlich wurde die eigenartige Zuneigung zum einen von dem zärtlichen und mütterlichen Gefühl ausgelöst, das die Katze nach dem Verlust ihrer Jungen empfand, und zum anderen von dem Wohlbehagen und der Zufriedenheit, wenn an ihren Zitzen genuckelt wurde, die prall von Milch waren, bis die Katze von dem Findling schließlich so entzückt war, als wäre es ihr eigener Nachkomme.

Das Beispiel bietet keine schlechte Erklärung für den seltsamen Umstand, den sowohl seriöse Geschichtsschreiber als auch Dichter geltend machen, wenn sie schreiben, dass ausgesetzte Kinder manchmal von wilden Tieren, die wahrscheinlich ihre eigenen Jungen verloren haben, aufgezogen werden. Denn es ist kein Fünkchen fabelhafter, dass Romulus und Remus als Säuglinge von einer Wölfin gestillt worden sein sollen, als dass ein armes, kleines Häschen von einem Stubentiger gepflegt und gehegt wurde.

»... viridi foetam Mavortis in antro
Procubuisse lupam, geminos huic ubera circum
Ludere pendentis pueros et lambere matrem
Impavidos, illam tereti cervice reflexam
Mulcere alternos et corpora fingere lingua.«

[... hier ist die nährende Wölfin zu sehn, wie gestreckt in der grünen Grotte des Mars sie liegt und das Zwillingspaar um die Euter spielend sich schmiegt und furchtlos saugt an der grimmigen Mutter, jene zurück sich beugt mit dem rundlichen Nacken und wechselnd beide beleckt und den Knaben den Leib glatt putzt mit der Zunge.]

[Vergil: *Aeneis*, VIII, 630–634, Übersetzung von Egon Gottwein]

35. BRIEF

An Selbigen
Selborne, 20. Mai 1777

Dear Sir, Länder, die häufig überschwemmt werden, sind arm, was daran liegen dürfte, dass die Würmer ertrinken. Die belanglosesten Insekten und Reptilien haben eine viel größere Bedeutung und mehr Einfluss auf die Ökonomie der Natur, als sich die Unwissenden vorstellen können. Gerade wegen ihrer Kleinheit, die sie für die Beobachtung uninteressant macht, und wegen der großen Anzahl und Fruchtbarkeit entfalten sie eine gewaltige Wirkung. Der Verlust von Regenwürmern, mögen

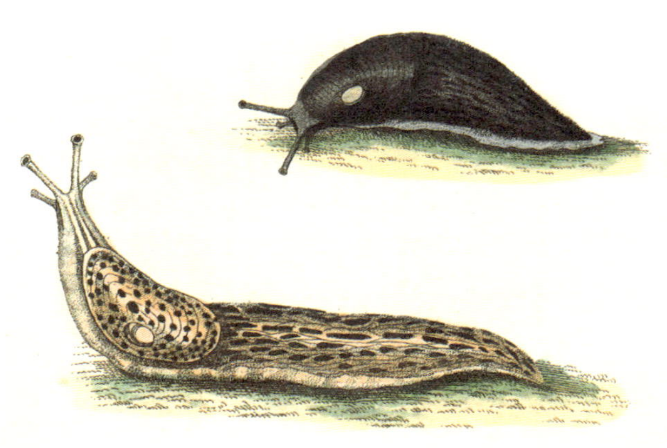

Nacktschnecken

sie ein noch so winziges und verachtenswertes Glied in der Stufenleiter der Natur [1] sein, hinterließe eine höchst beklagenswerte Lücke. Abgesehen vom halben Vogelreich und von manchen Vierfüßern, die sich fast gänzlich von ihnen ernähren, unterstützen die Würmer die Vegetation, die sich ohne sie nur dürftig entwickeln würde, weil sie den Boden durchbohren, durchlöchern und lockern, sodass er für Regen und Pflanzenfasern durchlässig wird. Sie befördern Halme, Blattstängel und kleine Zweige in den Boden und werfen vor allem unzählige Häufchen Erde auf, ihre Exkremente, die einen guten Dünger für Getreide und Gras abgeben. Wahrscheinlich liefern die Würmer frische Erde für Hügel und Abhänge, an denen der Boden vom Regen weggeschwemmt wurde, und sorgen auch dafür, dass Hänge nicht überflutet werden. Gärtner und Bauern verabscheuen Regenwürmer, die einen, weil sie den Rasen unansehnlich machen und viel Arbeit verursachen, die anderen, weil sie glauben, die Würmer fräßen ihr Getreide. Doch würden diese Menschen bald merken, dass der Boden ohne Würmer kalt, fest und wegen der fehlenden Fermentation steril wäre. Außerdem muss den Würmern zugutegehalten werden, dass Getreide, Gemüse und Blumen weniger von ihnen geschädigt werden als von diversen Arten der *Coleoptera* (Käfer) und *Tipulae* (Schnaken) im Larvenzustand, dazu von Myriaden kleiner Nacktschnecken, die leise und unbeachtet große Verwüstungen in Gärten und Feldern anrichten.*

Wir streuen diese Andeutungen aus, damit sich wissbegierige und scharfsichtige Geister diesbezüglich ans Werk machen.

Eine gute Monographie der Würmer wäre sowohl unterhaltsam als auch informativ und würde der Naturgeschichte ein weites, neues Feld eröffnen. Würmer sind vor allem im Frühling aktiv, aber in den kalten Monaten keinesfalls regungslos, denn wer sich die Mühe machen will, seinen Rasen in einer milden Winternacht mit einer Kerze in der Hand zu untersuchen, wird feststellen, dass sie herauskommen. Würmer sind Hermaphroditen, der Venus sehr zugeneigt und entsprechend fruchtbar.

Ihr, etc.

36. BRIEF

An Selbigen
Selborne, 22. Nov. 1777

Dear Sir, Sie werden sich gewiss daran erinnern, dass der 26. und 27. März letzten Jahres so heiß und schwül waren, dass jedermann klagte und unruhig wurde wegen der hohen Temperaturen, an die man sich nicht allmählich hatte gewöhnen können.

Die plötzliche sommerliche Hitze wurde von vielen entsprechenden Ereignissen begleitet, denn das Thermometer stieg an den beiden Tagen auf 19 Grad im Schatten. Viele Insektenarten lebten auf und kamen heraus, in der Nachbarschaft schwärmten einige Bienen, die alte Schildkröte bei Lewes in Sussex erwachte und kroch aus ihrem Winter-

* in Gärten und Feldern anrichten: Mr. Young von der Norton-Farm berichtete, dass in diesem Frühling (1777) etwa vier Morgen Getreide von Nacktschnecken zerstört wurden, die die Blätter fraßen, kaum dass sie gewachsen waren.

lager und, worauf ich an dieser Stelle hinauswill, an diversen Orten tauchten viele Rauchschwalben auf und waren sehr rege, vor allem in Cobham, Surrey.

Aber als auf die kurze warme Periode ein starker Wetterumschwung mit häufigen Frösten und Eis sowie schneidenden Winden folgte, zogen sich die Insekten wieder zurück, verkroch sich die Schildkröte in den Boden und waren die Schwalben nicht mehr zu sehen, bis das strenge Wetter um den 10. April abklang und sich sanftere Temperaturen durchsetzten.

Aus meinen langjährigen Aufzeichnungen geht hervor, dass sich die Hausschwalben allesamt Anfang Oktober zurückzuziehen beginnen, woraus ein eher unaufmerksamer Beobachter schließen könnte, dass sie sich damit endgültig verabschieden. Doch ist ebenfalls in meinem Journal zu lesen, dass sich noch in der ersten Novemberwoche beträchtliche Schwärme von ihnen gezeigt haben, und zwar des Öfteren am 4. des Monats, immer nur für einen Tag, wobei sie nicht den Eindruck machten, im Wegzug begriffen zu sein, sondern spielerisch umherflogen und in aller Ruhe fraßen, als wären sie in keiner Weise angespannt wegen der anstehenden Unternehmungen. So war es auch zu Beginn dieses Monats, denn am 4. November zeigten sich mehr als zwanzig Hausschwalben, die sich angeblich alle um den 7. Oktober verabschiedet hatten, wieder nur an diesem einen Morgen, jagten zwischen meinen Feldern und dem Hanger umher und taten sich gütlich an den Insekten, die in dem geschützten Bereich herumschwirrten. Am Vortag war es nass und stürmisch gewesen, doch dieser Tag war bewölkt und mild, es wehte ein sanfter Südwestwind, das Thermometer zeigte 15 Grad, ein für die Jahreszeit ungewöhnlich hoher Wert. An dieser Stelle sollte vielleicht hinzugefügt werden, dass die Fledermaus in den Herbst- und Wintermonaten immer dann herauskommt, wenn das Thermometer auf über 10 Grad steht.

All diese Sachverhalte belegen eindeutig, dass Insekten,

Reptilien und Vierfüßer durch kleine, verfrühte Wärmeperioden aus ihrem Winterschlaf geweckt werden, und umgekehrt, dass ihre todesähnliche Benommenheit nur durch einen Mangel an Wärme hervorgerufen wird. Darüber hinaus ist es plausibel anzunehmen, dass zwei Spezies oder zumindest viele Individuen der beiden Spezies von britischen *Hirundines* unsere Insel niemals verlassen, sondern in ebendiesem betäubten Zustand bei uns überwintern. Schließlich können wir nicht davon ausgehen, dass die Hausschwalben nach einem Monat Abwesenheit für nur einen einzigen Morgen im November aus südlicheren Regionen zurückkehren, oder dass die Rauchschwalben Gebiete in Afrika verlassen, um sich im Monat März für ein paar Tage an einem flüchtigen Sommer zu erfreuen.

Ihr, etc.

37. BRIEF

An Selbigen
Selborne, 8. Jan. 1778

Dear Sir, bei uns im Dorf gab es vor einigen Jahren einen bemitleidenswerten Armen, der seit seiner Geburt an Lepra erkrankt war, unseres Wissens einer besonderen Form, denn sie wirkte sich nur auf die Handflächen und Fußsohlen aus. Die Schuppenkrankheit brach in der Regel zweimal jährlich aus, im Frühjahr und im Herbst. Nachdem sich die Haut geschält hatte, war sie so dünn und zart, dass der arme Kerl weder Füße noch Hände gebrauchen konnte und das halbe Jahr mit Krücken herumlief, unfähig zur Arbeit war und in einem Zustand träger Untätigkeit dahinvegetierte. Er war hager, ausgemergelt und leichenblass. In dieser traurigen Verfassung schleppte er sich durch sein jämmerliches Leben, eine Last für sich selbst und die Gemeinde, die verpflichtet war, ihn zu unterstützen, bevor er im Alter von über dreißig Jahren durch den Tod erlöst wurde.

Die guten Frauen, die auf jede Krankheit bei einem Kind die Doktrin der sehnsüchtigen Begierde[1] anwenden, behaupteten, seine Mutter habe ein ungestümes Verlangen nach Austern empfunden, das sie nicht stillen konnte, und bei dem rauen, schwarzen Schorf an seinen Händen und Füßen handele es sich um die Schalen des Tieres. Wir kannten seine Eltern, die beide nicht leprös waren; der Vater erreichte ein hohes Alter.

Zu allen Zeiten hat sich die Lepra verheerend unter den Menschen ausgewirkt. Die Israeliten scheinen seit allerfrühesten Zeiten in besonderem Maße darunter gelitten zu haben, wie aus den eigenartigen und wiederholten Vorschriften hervorgeht, die ihnen in den levitischen Gesetzen* gegeben wurden. Dass der Groll dieses üblen Leidens auch in der letzten Periode ihres Reiches kaum abgeklungen war, wird an vielen Passagen im Neuen Testament deutlich.

Vor einigen Jahrhunderten war die schreckliche Krankheit über ganz Europa verbreitet, und auch unsere Vorväter waren keinesfalls davon verschont, was an den Vorkehrungen abzulesen ist, die für die Unglücklichen getroffen wurden, die darunter litten. Für weibliche Leprakranke gab es ein Krankenhaus in der Diözese Lincoln, für Adelige eins bei Durham, drei in London und Southwark und vermutlich viele andere in oder bei unseren großen Städten. Darüber hinaus haben gekrönte Häupter und andere reiche und wohltätige Personen große Summen hinterlassen für die armen Leute, die unter der hoffnungslosen Erkrankung dahindarbten.

Deshalb muss jeder human denkende Mensch heutzutage zugleich ein Gefühl von Wunder und Genugtuung empfinden, wenn er darüber sinniert, dass die Seuche fast ausgerottet ist und er nur noch selten einen Leprakranken zu Gesicht bekommt. Einmal mit solchen Gedanken be-

* levitischen Gesetzen: Siehe 3. Moses (Levitikus), 13ff. [Vorschriften über Reinheit und Unreinheit von Speisen].

schäftigt, wird er selbstverständlich den Grund dafür wissen wollen. Die glückliche Wendung geht vielleicht darauf zurück, dass jetzt in unseren Königreichen sehr viel weniger gepökeltes Fleisch und gepökelter Fisch gegessen wird, dass Leinen an die Haut kommt, dass es genügend besseres Brot gibt und in jeder Familie Früchte, Wurzeln, Gemüse und Salat ausreichend vorhanden sind. Vor drei oder vier Jahrhunderten, als es noch keine umzäunten Gärten, Saatflächen, Rüben oder Karotten gab und auch kein Heu gemacht wurde, ließ man das im Sommer gemästete Vieh, das nicht für den Winter geschlachtet worden war, kurz nach Michaelis nach draußen, wo es sich in den kalten Monaten durchbringen musste, sodass man im Winter und Frühling nicht an frisches Fleisch kam. Darum gab es, laut dem älteren Despenser, noch am 3. Mai in den Speisekammern von Edward II. riesige Vorräte an gepökeltem Fleisch.* Aus solchen Magazinen unterstützten die überdrüssigen Barone[2] die aufrührerischen Horden von Vasallen, die nur Chaos und Unruhe stiften wollten. Doch hat die Landwirtschaft inzwischen einen solchen Grad an Perfektion erreicht, dass unser bestes und fettestes Vieh im Winter geschlachtet wird und keiner, der sich frisches Fleisch leisten kann, gepökeltes essen muss, es sei denn, er zieht Letzteres vor.

Ein Grund für die Leprakrankheit dürften zweifellos die großen Mengen von schlechtem Fleisch und gesalzenem Fisch gewesen sein, die das gemeine Volk das ganze Jahr hindurch und selbst zur Fastenzeit konsumierte – Speisen, die selbst unsere Armen heute kaum anrühren würden.

Der Gebrauch von Wechselkleidung aus Leinen, etwa Hemden und Umhängen, anstelle von schmutziger und filziger Wolle, die lange auf der Haut getragen wurde, ist eine verhältnismäßig moderne Entwicklung in puncto Sauberkeit und muss sich günstig auf die Vermeidung von Hautkrankheiten auswirken. Wolle statt Leinen tragen heute noch die armen Leute in Wales, die häufig von bösen Ausschlägen heimgesucht werden.

* Vorräte an gepökeltem Fleisch: 100 Schinken, 80 Rinder und 600 Hammel.

Der Genuss von Weizenbrot, das heute im Süden unserer Insel in allen Bevölkerungsschichten verbreitet ist, anstelle des elenden Brotes aus Gerste oder Bohnen, das früher verzehrt wurde, dürfte nicht wenig zum Süßen des Blutes und zur Regulierung der Körpersäfte[3] beitragen, denn die Bewohner von Bergregionen leiden bis zum heutigen Tag aufgrund ihrer schlechten und ärmlichen Ernährung an Krätze und anderen Hautkrankheiten.

Was den Gartenbau angeht, so weiß jeder Mensch mittleren Alters, egal ob in der Stadt oder auf dem Land, aus eigener Erfahrung, wie stark der Verzehr an Gemüse zugenommen hat. Verkaufsstände in den Straßen versorgen die Stadtbevölkerung auf bequeme Weise und die Gärtner verdienen ein Vermögen.[4] Jeder vernünftige Arbeiter hat seinen Garten, von dem er die Familie zur Hälfte ernährt und der ihm auch noch Vergnügen bereitet. Jeder Grundbesitzer baut für seine Landarbeiter genügend Bohnen, Erbsen und Grüngemüse an, das sie mit dem Speck essen. Wer das nicht macht, wird als Geizhals verschrien, der sich nicht um das Wohlergehen seiner Leute kümmert. Kartoffeln[5] haben sich in den letzten zwanzig Jahren in unserem kleinen Bezirk mit Hilfe von Prämien[6] durchgesetzt und sind jetzt sehr geschätzt bei den Armen, die unter dem letzten König kaum gewagt hätten, sie auch nur zu probieren.

Unsere sächsischen Vorfahren müssen Kohl gekannt haben, sonst hätten sie den Monat Februar[7] nicht danach benannt, doch wurde dem Gartenbau dann über Jahrhunderte keine Bedeutung beigemessen. Erst die Mönche, die Muße hatten und in ständigem Schriftwechsel mit Italien standen, legten innerhalb der Klostermauern* ordentliche Gärten und Obsthaine an. Die Barone vernachlässigten alles, was

* innerhalb der Klostermauern: »In den Klöstern brannte die Lampe des Wissens weiter, wenn auch schwach. Dort wurden Männer für den Staatsdienst erzogen; die Mönche kultivierten die Kunst der Schrift und waren als einzige bewandert in Technik, Gartenbau und Architektur.« Siehe Dalrymple: *Annals of Scotland* [1776, 1779].

nicht dem Kriegshandwerk oder den Vergnügungen der Jagd diente.

Erst als einige Gentlemen sich mit der Hortikultur beschäftigten, wurden auf dem Gebiet des Gartenbaus gewaltige Fortschritte gemacht. Lord Cobham, Lord Ila und Mr. Waller aus Beaconsfield gehörten zu den ersten ranghohen Persönlichkeiten, die die elegante Wissenschaft der Gartenkunst förderten, ohne es unter ihrer Würde zu empfinden, auch Küchengärten und Spalierobst zu beachten.

Eine Bemerkung des exzellenten Mr. Ray in seinen Schriften über die Reise durch Europa überrascht uns einmal mehr und bekräftigt das eben Gesagte, denn er beobachtete schon zu seiner Zeit: »Die Italiener verwenden verschiedene Kräuter als Salat, die noch nicht oder erst kürzlich bei uns eingeführt wurden, nämlich Staudensellerie, eine Art süßer Knollensellerie, von dem die jungen Triebe zusammen mit dem Knollenansatz roh mit Öl und Pfeffer gegessen werden.« Weiter heißt es: »Krause Endivien werden dort blanchiert als Salat gegessen und dem Kopfsalat vorgezogen.« Nun, die Reise wurde erst 1663 unternommen.

Ihr, etc.

38. BRIEF

An Selbigen
Selborne, 12. Febr. 1778

»Forte puer comitum seductus ab agmine fido
Dixerat: ›ecquis adest?‹ et ›adest‹, responserat Echo.
Hic stupet; utque aciem partes divisit in omnes;
Voce ›veni‹, clamat magna; vocat illa vocantem.«
[Laut sprach eben verirrt von der Schar der treuen Begleiter
Jener: »Ist jemand da?« Und »da« antwortete Echo.

Jener erstaunt und wendet den Blick nach jeglicher Seite.
»Komm!« so tönt sein schallender Ruf. Sie rufet den Rufer.]
[Ovid: *Metamorphosen*, III, 379–382, Übersetzung von Egon Gottwein]

Dear Sir, in einer so vielgestaltigen Gegend wie dieser, voller tiefer Täler und Hangwälder, ist es nicht erstaunlich, dass es viele Echos gibt. Wir kennen einige, die das Gekläff eines Hunderudels, den Ton eines Jagdhorns, den gestimmten Klang von Glocken oder den Vogelgesang sehr gut wiedergeben. Aber uns fehlte ein mehrsilbiges, artikuliertes Echo, bis ein junger Gentleman, der sich bei einem sommerlichen Abendspaziergang von seinen Begleitern entfernt hatte und nach ihnen rief, auf ein sehr eigenartiges Echo stieß, und zwar an einer Stelle, wo man es am wenigsten erwartet hätte. Anfangs war er ziemlich überrascht und konnte sich nur vorstellen, von irgendeinem Burschen verspottet zu werden, aber als er seine Versuche in mehreren Sprachen wiederholte und feststellen musste, dass sein Gegenüber schon sehr geschickt und polyglott sein musste, merkte er, dass seine Vermutung nicht zutraf.

An Abenden, bevor die ländlichen Geräusche ganz verstummten, wiederholte das Echo zehn Silben, äußerst präzise artikuliert, vor allem, wenn man schnelle Daktylen[1] sprach. Die letzten Silben von

»Tityre, tu patulae recubans ...«
[O Tityrus, du liegst ausgestreckt ...]
[Vergil: *Bucolica*, Ekloge I, 1]

wurden genauso laut und verständlich zurückgeworfen wie die ersten. Es besteht kein Zweifel, dass noch zwei oder drei weitere Silben wiedergegeben worden wären, hätte man den Versuch um Mitternacht gemacht, wenn die Luft sehr elastisch ist und Totenstille herrscht. Aber der Ort für das Experiment war so weit entfernt, dass der späte Zeitpunkt ungelegen kam.

Wir stellten fest, dass sich schnelle Daktylen am besten eigneten, denn als wir langsame, schwermütige Spondeen[2] mit derselben Anzahl an Silben ausprobierten,

> »Monstrum horrendum informe ingens …«
> [Schreckliches Monster, unförmig, gewaltig …]
> [Vergil: *Aeneis*, III, 658]

hörten wir nur vier oder fünf zurückgeworfene Silben.

Es gibt stets einen Platz, zu dem das Echo stärker und deutlicher zurückschallt als zu allen anderen, und der liegt, nicht zu nah und nicht zu weit entfernt, direkt gegenüber dem Objekt, von dem es zurückkommt. Gebäude und kahle Felsen werfen das Echo viel artikulierter zurück als Hangwälder und Täler, als ob sich die Stimme darin verhedderte, im Unterholz verwirrte und bei der Rückkehr geschwächt würde.

In verschiedenen Versuchen fanden wir heraus, dass es sich bei dem Objekt, von dem das oben beschriebene Echo zurückgeworfen wird, um die steinerne Hopfenscheune mit Ziegeldach in der Gally Lane handelt, deren Frontseite 40 Fuß lang und 12 Fuß hoch ist. Das *Centrum phonicum* oder die ideale Entfernung ist eine bestimmte Stelle auf den Feldern am Weg nach Nore Hill, und zwar direkt am Rand der steilen Böschung des Hohlwegs. Was die Entfernung angeht, hat man insofern keine Wahl, als der Weg rein zufällig den genau richtigen Ort bezeichnet, weil das Gelände so rapide ansteigt bzw. abfällt, dass der Sprecher mit seinem Mund sofort über oder unter dem Objekt ist, wenn er auch nur einen Schritt vor oder zurück macht.

Wir haben das mehrsilbige Echo mit größter Präzision vermessen und fanden heraus, dass die Entfernung wesentlich kürzer ist, als Dr. Plots Regel für ein deutlich artikuliertes Echo besagt. In seiner Geschichte von Oxfordshire gibt er 120 Fuß für das klare Zurückwerfen jeder einzelnen Silbe an. Danach sollte unser Echo mit zehn präzise wiedergegebenen Silben 400 Yards entfernt sein, tatsächlich waren es aber nur 258 Yards, was einer Entfernung von etwa 75 Fuß pro Silbe entspricht. Also beträgt unser Wert ⅝ dessen, was Dr. Plot sagt, wobei eingeräumt werden muss, dass dieser unvoreingenommene Philosoph den Werten für den Abstand des Echos später einen gewissen Spielraum zubilligte, je nachdem, wo und wann die Messung vorgenommen wird.

Bei derartigen Experimenten darf nie außer Acht gelassen werden, welch großen Einfluss Wetter und Tageszeit auf ein Echo haben. Trübe, schwere, feuchte Luft dämpft und hemmt den Ton. Heißes, sonniges Wetter macht die Luft dünn und schwach und entzieht ihr alle Elastizität, während unstete Winde das Echo abtöten. An ruhigen, klaren, taufeuchten Abenden besitzt die Luft ihre größte Elastizität, die im Laufe des Abends noch zunehmen dürfte.

Das Echo hat die Vorstellungskraft schon immer so stark beschäftigt, dass die Dichter es personifiziert haben und wunderbare Geschichten daraus formten. Auch die ernsthaftesten Menschen müssen sich nicht schämen, von dem Phänomen ergriffen zu sein, das zum Gegenstand philosophischer und mathematischer Forschungen werden kann.

Man sollte meinen, Echos wären, wenn schon nicht unterhaltsam, dann doch zumindest harmlos und unbedenklich, doch Vergil bringt seltsamerweise vor, dass sie schädlich für die Bienen sind. Nach Aufzählung verschiedener möglicher und plausibler Belästigungen, denen umsichtige Imker ihre Bienenstöcke nicht aussetzen sollten, fügt er noch hinzu:

»… aut ubi concava pulsu
Saxa sonant vocisque offensa resultat imago.«
[… oder wo beim Schlagen der Fels ertönt
und das Abbild der Stimme zurückprallt]
[Vergil: *Georgica*, Buch IV, 49–50]

Die wilde, kuriose Behauptung wird bei heutigen Philosophen kaum Zuspruch finden, vor allem, weil alle darin übereinstimmen, dass Insekten mit keiner Art von Hörorganen ausgestattet sind. Sollte jedoch vorgebracht werden, dass sie den Widerhall der Töne zwar nicht hören, aber vielleicht spüren können, halte ich das für durchaus denkbar. Dass aber solche Eindrücke unangenehm oder schmerzhaft für die Bienen sein sollen, bestreite ich, weil sie sich in einem guten Sommer auf meinem Grund, wo es starke Echos gibt, sehr gut entwickeln, denn unser Dorf ist ein zweites Anatot[3], ein Ort der Widerhalle und Echos. Außerdem gibt es im Experiment keinerlei Belege dafür, dass Bienen von Tönen beeinflusst werden können. Ich selbst habe des Öfteren ein großes Sprachrohr an meine Bienenstöcke gehalten und mit einer Lautstärke hineingerufen, die ein Schiff in einer Meile Entfernung erreicht hätte, ohne dass die Insekten bei ihren unterschiedlichen Verrichtungen gestört worden wären oder auch nur das geringste Zeichen von Unmut gezeigt hätten.

Einige Zeit nach seiner Entdeckung ist unser Echo stumm geworden, obwohl die Hopfenscheune an Ort und Stelle steht. Das Ausbleiben hat aber nichts Rätselhaftes, weil das dazwischenliegende Feld mit Hopfen bepflanzt wurde, sodass die Stimme des Sprechers verschluckt wird und zwischen den Stangen mit dem rankenden Blattwerk des Hopfens verloren geht. Wenn die Stangen im Herbst entfernt werden, bleibt die Enttäuschung, weil eine hohe, schnell wachsende Hecke, die zum Schutz des Hopfenfeldes gepflanzt wurde, den Tonimpuls stört und den Widerhall der Stimme unterbindet. Erst wenn das Hindernis beseitigt ist, kann man erneut mit der Geschwätzigkeit des Ortes rechnen.

Sollte sich ein Gentleman in seinem Park oder Anwesen an einem schönen Echo erfreuen wollen, könnte er sich bei geringen oder gar keinen Kosten ein solches bauen. Wenn er nämlich eine neue Scheune, einen Stall, eine Hundehütte oder Ähnliches benötigt, müsste das Gebäude lediglich an einem sanften Abhang errichtet werden, mit dem in einigen hundert Yards Entfernung ein ähnlicher Abhang korrespondiert. Ein Kanal, Teich oder Fluss, der dazwischenliegt, fördert die Erfolgsaussichten des Vorhabens. Von einem Sitzplatz im *Centrum phonicum* könnte sich der Gentleman mit seinen Freunden am Plappern der redseligen Nymphe vergnügen, über deren Selbstzufriedenheit und Zurückhaltung mehr zu sagen wäre als über jede andere Vertreterin ihres Geschlechts, weil

»… quae nec reticere loquenti
Nec prior ipsa loqui didicit, resonabilis echo.«
[… sie weder gelernt hat zu schweigen, wenn man spricht,
noch selbst zu sprechen, die widerhallende Echo.]
[Ovid: Metamorphosen, III, 357–358]

Ihr, etc.

PS: Ich hoffe, der klassisch gebildete Leser wird mir das folgende hübsche Zitat genehmigen, das Echos so wunderbar beschreibt und poetisch Rechenschaft ablegt über die Gründe, die der Aberglaube des Volkes dafür verantwortlich macht:

»Quae bene cum videas, rationem reddere possis
Tute tibi atque aliis, quo pacto per loca sola
Saxa paris formas verborum ex ordine reddant.
Palantis comites com montis inter opacos
Quaerimus et magna dispersos voce ciemus.
Sex etiam aut septem loca vidi reddere vocis,
Unam cum iaceres: ita colles collibus ipsi
Verba repulsantes iterabant dicta referri.
Haec loca capripedes Satyros Nymphasque tenere
Finitimi fingunt et Faunos esse locuntur
Quorum noctivago strepitu ludoque iocanti

Adfirmant volgo taciturna silentia rumpi
Chordarumque sonos fieri dulceisque querellas,
Tibia quas fundit digitis pulsata canentum
Et genus agricolum late sentiscere quom Pan
Pinea semiferi capitis velamina quassans
Unco saepe labro calamos percurrit hiantis
Fistula silvestrem ne cesset fundere musam.«

[Erfasst du das hier richtig, so kannst du dir selber und anderen Rechenschaft geben, warum Felsen an einsamen Orten unsere Worte der Reihe nach richtig erwidern, etwa wenn wir die Gefährten suchen, die sich im schattigen Bergwald verirrten, und mit lauten Stimmen nach ihnen rufen. Sechs oder sieben Mal habe ich das Echo des Wortes vernommen, das man nur einmal rief, denn ein Hügel warf es dem andern stets von neuem zurück, sodass die Wörter immer wiederkamen. Dieser Ort sei bevölkert von bocksfüßigen Satyrn und Nymphen, raunt der benachbarte Bauer, auch Faune lärmten dort des Nachts und störten die schweigende Stille mit Lärm und Scherz, auch Saiten erklängen, süßklagende Weisen ertönten, von behänden Fingern der Flöte entlockt. Von nah und fern lausche das Landvolk, wenn Pan sein halb tierisches Haupt, mit Fichten bekränzt, hin und her wiege und dabei mit gebogener Lippe über die Löcher fahre, auf dass die silvanischen Klänge der Flöte nicht verstummten.]

[Lukrez: *De rerum natura*, IV, 571–589, Übersetzung nach Klaus Binder]

39. BRIEF

An Selbigen
Selborne, 13. Mai 1778

Dear Sir, was die vielen Eigentümlichkeiten der Mauersegler, dieser reizenden Vögel angeht, finde ich mich inzwischen in meiner Meinung bestärkt, dass wir Jahr für Jahr dieselbe Anzahl an unveränderlichen Pärchen bei uns haben, zumindest kommen meine langjährigen Forschungen zu diesem Ergebnis. Die Rauchschwalben und

Mauersegler

Hausschwalben sind so zahlreich und über das ganze Dorf verteilt, dass es kaum möglich ist, sie zu zählen, wohingegen die Mauersegler zwar nicht alle an der Kirche nisten, sich aber dort so häufig treffen und im Spiel herumfliegen, dass die Zählung leichtfällt. Ich komme immer auf acht Pärchen, von denen die Hälfte an der Kirche und die anderen an den kleinsten und einfachsten mit Stroh gedeckten Hütten bauen. Da nun diese acht Pärchen, Unfälle eingerechnet, jährlich acht weitere Pärchen ausbrüten, stellt sich die Frage, was jedes Jahr mit dem Zuwachs geschieht und wie im Frühjahr bestimmt wird, welches Pärchen uns besuchen und seinen alten Platz wieder einnehmen kann.

Seit ich mich mit dem Gegenstand der Ornithologie beschäftige, hege ich die Vermutung, dass die plötzliche Umkehrung der Zuneigung, die seltsame αντιστροφή, die die gefiederte Schöpfung unmittelbar nach der größten Leidenschaft ergreift, für die gleichmäßige Verteilung der Vögel auf der Erde verantwortlich ist. Ohne diese Vorkehrung wäre ein Lieblingsgebiet übervölkert, während andere Gegenden öde und unbesiedelt blieben. Die Elternvögel beharren offenbar eifersüchtig auf ihrem Vorrecht und nötigen die Jungen, sich neue Plätze zu suchen. Die Rivalität unter den Männchen bei vielen Arten verhindert die Häufung an einem Ort. Ob an Rauchschwalben und Hausschwalben jährlich dieselbe Anzahl zurückkehrt, ist aus den oben angeführten Gründen nicht leicht zu ermitteln, aber offenkundig steht die Zahl der bei uns ankommenden Schwalben, wie ich in meinen Monographien[1] dargelegt habe, im krassen Missverhältnis zu denen, die sich von uns zurückziehen.

40. BRIEF

An Selbigen
Selborne, 2. Juni 1778

Dear Sir, der beständige Einwand gegen die Botanik lautet, dass es sich um eine Beschäftigung handelt, die zwar die Vorstellungskraft anregt und das Gedächtnis trainiert, ohne aber den Geist zu fördern und das Wissen zu mehren. Wenn die Tätigkeit nicht über die bloße systematische Klassifikation hinausgeht, ist die Anklage nur zu berechtigt. Ein Botaniker, der solche Anschuldigungen als grundlos zurückweisen möchte, darf sich nicht mit Namenslisten begnügen, sondern muss die Pflanzen philosophisch studieren, die Gesetze der Vegetation erforschen, Kraft und Nutzen von Heilkräutern untersuchen, ihren Anbau fördern und den Gärtner und Bauern zum Phytologen[1] ausbilden. Nicht, dass die Systematik über Bord geworfen werden sollte, denn ohne sie wäre das Feld der Natur eine pfadlose Wildnis, aber sie muss der Sache dienen und darf nicht zum Selbstzweck werden.

Die Vegetation verdient unsere stärkste Beachtung und hat höchste Bedeutung für die Menschheit, weil sie für die größten Annehmlichkeiten und Schönheiten des Lebens sorgt. Wir verdanken den Pflanzen Holz, Brot, Bier, Honig, Wein, Öl, Leinen, Baumwolle etc., die damit nicht nur unsere Herzen stärken und den Geist beschwingen, sondern uns auch vor den Unbilden des Wetters schützen und unsere Person schmücken. In seinem Naturzustand wird der Mensch durch die jeweils herrschende Vegetation versorgt: In gemäßigten Zonen, in denen das Gras überwiegt, mischt er tierische Nahrung mit den Erzeugnissen aus Feld und Garten. Nur in den Polargebieten stillt er seinen Hunger, wie die mit ihm dort lebenden Bären und Wölfe, allein mit Fleisch und wird dazu getrieben, was nicht einmal die Raubtiere aus Hunger tun, Jagd auf seine eigene Spezies zu machen.*

Pflanzliche Produkte haben einen enormen Einfluss auf den Handel zwischen den Nationen und fördern die Kenntnisse in der Navigation ganz entscheidend, wie man am Beispiel von Zucker, Tee, Tabak, Opium, Ginseng, Betel, Papier etc. sehen kann. Da ein jedes Klima sein spezifisches Erzeugnis hat, führt dessen Mangel an anderen Orten zu gegenseitigem Austausch, sodass durch den Handel alle Weltgegenden mit den Produkten eines jeden Breitengrades versorgt werden. Ohne das Wissen um Pflanzen und ihre Zucht müssten wir mit Hagebutten und Mehlbeeren vorliebnehmen und könnten nicht die köstlichen Früchte aus Indien und die heilbringenden Drogen aus Peru genießen.

Statt die feinen Unterscheidungen verschiedener Spezies einer jeden obskuren Gattung zu untersuchen, sollte

* Jagd auf seine eigene Spezies zu machen: Siehe die Berichte über die letzten Reisen in die Südsee. [Gemeint ist George Fosters Reisebericht *A Voyage Round the World* von 1778, in dem Beispiele von Kannibalismus auf Neuseeland beschrieben werden.]

der Botaniker bemüht sein, sich mit den Pflanzen vertraut zu machen, die nützlich sind. Es gibt Menschen, die ohne Weiteres jedes Kraut auf dem Feld bestimmen können, aber kaum den Unterschied zwischen Weizen und Gerste kennen oder zumindest nicht eine Sorte Weizen oder Gerste von einer anderen unterscheiden können.

Von allen Pflanzen werden die Gräser am meisten vernachlässigt. Weder der Bauer noch der Viehzüchter unterscheidet gewöhnlich die einjährigen von den mehrjährigen, die harten von den weichen, die saftigen und nahrhaften von den trockenen und dürren Gräsern.

Das Studium der Gräser wäre von größter Bedeutung für ein nördliches Königreich mit viel Weideland. Der Botaniker, der das Grünland in seiner Umgebung verbesserte, wäre ein nützliches Mitglied der Gesellschaft. Eine dicke Grasnarbe auf dem nackten Boden heranzuziehen wäre viele Bände Pflanzensystematik wert. Wem es gelänge, dass »zwei Grashalme wachsen, wo vorher nur einer war«,[2] der würde dem Gemeinwohl einen unschätzbaren Dienst erweisen.

41. BRIEF

An Selbigen
Selborne, 3. Juli 1778

Dear Sir, in einer abwechslungsreichen Gegend mit einer Vielfalt an Bergen und Tälern, Geländeformen und Böden ist es nicht verwunderlich, dass man eine große Auswahl an Pflanzen vorfindet. Kalk, Lehm und Sand, Schafweiden und Hügel, Sumpf, Heide, Wald und Jagdgebiete müssen eine reichhaltige Flora aufweisen. Die tiefen, steinigen Hohlwege sind voller *Filices* (Farne), die Weiden und feuchten Wälder voller *Fungi* (Pilze). Wenn wir in einem botanischen Bereich nichts aufzuweisen haben, dann bei den großen Wasserpflanzen, was auch nicht zu erwarten ist an einem Ort, weit entfernt von Flüssen und mitten in einem Hügelland, wo Quellen entspringen. Alle Pflanzen aufzuzählen, die in unseren Grenzen entdeckt wurden, wäre ein nutzloses Unterfangen, doch eine kurze Liste der selteneren Arten mit Angabe der Orte, wo sie zu finden sind, ist vielleicht nicht inakzeptabel und auch nicht ganz uninteressant.

Helleborus foetidus, Stinkende Nieswurz oder Palmblatt-Schneerose, eine weit ausladende Pflanze, wächst den ganzen Winter überall oben im High Wood und am Coney Croft Hanger, blüht im Januar und ist sehr hühsch anzusehen an schattigen Wegen und unter Sträuchern. Die guten Frauen geben die zu Pulver verarbeiteten Blätter den Kindern, die Würmer haben. Es ist allerdings ein drastisches Mittel, das mit Vorsicht angewendet werden muss.

Helleborus viridis, Grüne Nieswurz, stirbt früh im Herbst oberirdisch ab, kommt gegen Februar wieder hervor und fängt kurz darauf an zu blühen – links am Steinweg direkt vor der Kurve zur Norton Farm und oben in Middle Dorton unter der Hecke.

Vaccinium oxycoccos, Gewöhnliche Moosbeere – in den Sümpfen am Bin's Pond.

Vaccinium myrtillus, Heidelbeere oder Blaubeere – auf den trockenen Buckeln im Wolmer Forest.

Drosera rotundifolia, Rundblättriger Sonnentau und *Drosera longifolia,* Langblättriger Sonnentau – beide in den Sümpfen am Bin's Pond.

Comarum palustre, Sumpf-Blutauge – in den Sümpfen am Bin's Pond.

Hypericum androsaemum, Blut-Johanniskraut oder Mannsblut – an steinigen Hohlwegen.

Vinca minor, Kleines Immergrün – am Selborne Hanger und im Shrubwood.

Monotropa hypopithys, Fichtenspargel oder Buchenspargel – am Selborne Hanger unter schattigen Buchen, an deren Wurzeln er ein Parasit zu sein scheint, und am nordwestlichen Ende des Hanger.

Chlora perfoliata, *Blackstonia perfoliate Hudsoni*, Durchwachsenblättriger Bitterling – an den Böschungen des King's Field.

Paris quadrifolia, Vierblättrige Einbeere, Augenkraut oder Sternkraut – im Church Litten Coppice.

Chrysosplenium oppositifolium, Gegenblättriges Milzkraut – an dunklen, steinigen Hohlwegen.

Gentiana amarella, Bitterer Fransen-Enzian – am Zigzag und am Hanger.

Lathraea squammaria, Gewöhnliche Schuppenwurz – im Church Litten Coppice bei der Fußbrücke unter Haselnusssträuchern, an Trimmings Gartenhecke und an der Trockenmauer gegenüber dem Grange Yard.

Dipsacus pilosus, Behaarte Karde – im Short Lythe und Long Lythe.

Lathyrus sylvestris, Wilde Platterbse oder Wald-Platterbse – am Fuße des Short Lythe, unter den Büschen am Weg.

Ophrys spiralis, Herbst-Drehwurz – am Long Lythe und an der Südecke des Common.

Ophrys nidus avis, Vogel-Nestwurz – am Long Lythe unter den schattigen Buchen im verwelkten Laub, in Great Dorton unter den Büschen und reichlich am Hanger.

Serapias latifolia, Weißes Waldvöglein – im High Wood unter den schattigen Buchen.

Daphne laureola, Lorbeer-Seidelbast – am Selborne Hanger und im High Wood.

Daphne mezereum, Echter Seidelbast – am südöstlichen Ende des Selborne Hanger unter den Büschen oberhalb der Cottages.

Lycoperdon tuber, Trüffel – am Hanger und im High Wood.

Sambucus ebulus, Zwerg-Holunder oder Attich – unter dem Gerümpel und den Ruinen der Abtei.

Short Lythe und Dorton

Das Eigenartigste unter allen Besonderheiten der Pflanzen sind ihre verschiedenen Blütezeiten. Einige bringen ihre Blüten im Winter oder im allerersten Frühling hervor, viele mitten im Frühling, andere im Hochsommer und wieder andere nicht vor dem Herbst. Wenn wir die *Helleborus foetidus* und die *Helleborus niger* zu Weihnachten blühen sehen, die *Helleborus hyemalis* im Januar und die *Helleborus viridis*, sobald sie aus dem Boden sprießt, wundern wir uns nicht, weil es sich um verwandte Pflanzen handelt, die erwartungsgemäß miteinander Schritt halten. Doch andere artverwandte Pflanzen unterscheiden sich so beträchtlich in ihrer Blütezeit, dass wir nur staunen können. Ich will als Beispiel nur den *Crocus sativus* anführen, den Frühlings- und den Herbstkrokus, die sich so ähnlich sind, dass die besten Botaniker keinen Unterschied in den Kronblättern oder im inneren Aufbau der Pflanze entdecken können und beide als Varietäten einer Gattung beschreiben, die nur aus einer Spezies besteht. Doch der Frühlingskrokus breitet seine Blütenblätter spätestens Anfang März aus, oft bei sehr harschen Temperaturen, und kann in seiner

Entwicklung nur gewaltsam gehemmt werden, während der Herbstkrokus (der Safran) dem Einfluss von Frühling und Sommer trotzt und erst dann blüht, wenn die meisten Pflanzen verwelken und sich versamen. Das zählt zu den Wundern der Schöpfung, wird aber kaum beachtet, weil es so alltäglich ist. Doch sollte man den Sachverhalt deswegen nicht übersehen, denn er ist so schwer zu erklären wie die gewaltigsten Naturphänomene.

Sag, was treibt dich an bei Schnee und Eis,
Dass du aufblühst, lila, gelb und weiß?
Was hält dich zurück, wenn alles wächst,
Dass du dich bis in den Herbst versteckst?
GOTT DER JAHRESZEITEN, einzig und allein,
Macht den Sturm, den Regen und den Sonnenschein,
Mahnt den einen Krokus sich zu eilen,
Gibt dem andern Zeit, noch zu verweilen.

42. BRIEF

An Selbigen
Selborne, 7. Aug. 1778

»Omnibus animalibus reliquis certus et unius modi et in suo cuique genere incessus est; aves solae vario meatu feruntur et in terra et in aere.«
[Alle übrigen Tiere haben, je nach ihrer Art, eine bestimmte Fortbewegung; nur die Vögel bewegen sich unterschiedlich, sowohl auf der Erde als auch in der Luft.]
[Plinius: *Naturalis historiae*, X, 54]

Dear Sir, ein guter Ornithologe sollte in der Lage sein, die Vögel nach Gesang, Farbe und Gestalt zu unterscheiden, und zwar am Boden, in der Luft, im Gebüsch und in der Hand. Auch wenn man nicht behaupten kann, dass jede Vogelart ihr spezifisches Verhalten zeigt, so weisen zumindest die meisten Gattungen charakteristische Merkmale auf, die einen verständigen Beobachter auf den ersten Blick erkennen lassen, worum es sich handelt.

Lass einen Vogel sich bewegen,

»... Et vera incessu patuit ...«
[Und verrät sich wahrhaft durch den Gang]
[Vergil: *Aeneis*, I, 405]

Milane und Bussarde kreisen bewegungslos mit weit ausladenden Flügeln und werden wegen ihres Gleitflugs in Nordengland immer noch *England gleads* genannt, nach dem sächsischen Verb *glidan*. Der Turmfalke oder Rüttler steht auf besondere Weise an einer Stelle in der Luft, wobei er die ganze Zeit heftig mit den Flügeln schlägt. Kornweihen fliegen niedrig über der Heide oder dem Kornfeld und verhalten sich wie Pointer oder Vorstehhunde. Eulen fliegen beschwingt, als wären sie leichter als Luft und benötigten Ballast. Eine Besonderheit der Raben fällt sogar dem gleichgültigsten Betrachter ins Auge: Sie verbringen ihre Mußezeit, indem sie sich in der Luft spaßeshalber stoßen und schlagen, als würden sie miteinander kämpfen. Während sie fliegen, drehen sie sich häufig mit einem lauten Krächzen auf den Rücken, sodass man schon glaubt, sie würden abstürzen. Das liegt daran, dass sie sich mit einem Fuß kratzen und deswegen das Gleichgewicht verlieren. Saatkrähen hechten und taumeln ausgelassen herum. Kolkraben und Dohlen gehen torkelnd. Spechte fliegen wellenförmig, *volatu undoso*, öffnen und schließen ihre Flügel bei jedem Schlag, sodass sie entweder steigen oder sinken. Zur Unterstützung beim Klettern an Baumstämmen benutzt die ganze Gattung den Schwanz, der nach unten geneigt ist. Wie alle Vögel mit krallenförmigen Füßen gehen Papageien tapsig, verwenden den Schnabel als dritten Fuß und

Turmfalken

Grünfink

sind grotesk vorsichtig beim Hinauf- und Hinabklettern. Hühnervögel stolzieren, können flink rennen, aber nur mit Schwierigkeiten und ungestümem Schwingen geradeaus fliegen. Elstern und Eichelhäher flattern mit kraftlosen Flügeln umher und erreichen keine hohe Fluggeschwindigkeit. Reiher scheinen mit zu vielen Segeln für ihre leichten Körper ausgestattet zu sein, brauchen diese aber, um schwere Lasten zu tragen, etwa große Fische. Tauben, vor allem die sogenannten Klätscher, haben im Flug die Eigenschaft, ihre Flügel laut über dem Rücken zusammenzuklappen. Eine andere Taubenrasse, die Purzler, überschlagen sich im Flug rückwärts. Manche Vögel haben zur Paarungszeit besondere Flugweisen: Die Ringeltaube, sonst ein starker und schneller Flieger, bewegt sich im Frühjahr spaßig und spielerisch durch die Lüfte. Die Schnepfe scheint zur Brutzeit ihre übliche Art zu fliegen vergessen zu haben und fächert die Luft wie ein Falke. Der Grünfink zeigt zu dieser Zeit so matte und geschwächte Gebärden, dass man glaubt, er wäre verletzt und läge im Sterben. Der Eisvogel schießt wie ein Pfeil durch die Luft. Ziegenmelker glänzen in der Abenddämmerung über den Baumwipfeln wie Meteore. Der Star scheint in der Luft zu schwimmen, während die Misteldrossel abrupt und halbherzig fliegt. Rauchschwalben streichen tief über dem Erdboden oder dem Wasser dahin und zeichnen sich durch blitzschnelle Kehren und Umschwünge aus. Mauersegler kreiseln, während Uferschwalben wie Schmetterlinge hin und herschwanken. Die meisten kleinen Vögel fliegen in Schwüngen, sie steigen und fallen. Am Boden hüpfen sie, nur Stelzen und Lerchen gehen, indem sie ein Bein vor das andere setzen. Feldlerchen steigen auf und stürzen senkrecht nach unten, während sie dabei singen. Heidelerchen hängen souverän in der Luft, Wiesenpieper steigen und fallen in großen Kreisen und singen beim Abstieg. Dorngrasmücken rucken und gebärden sich seltsam über Hecken und Büschen. Alle Enten watscheln. Taucher und Alkenvögel, bei Linnaeus die *Alcidae*, gehen wie gefesselt und stehen aufrecht auf ihrem Schwanz. Gänse und Kraniche sowie die meisten Arten Federwild fliegen in Formationen und wechseln dabei häufig die Position. Die Schwungfedern der *Tringae* (Wasserläufer), Wildenten und einiger anderer Vögel sind sehr lang und geben ihren Flügeln, wenn sie in Bewegung sind, ein hakenförmiges Aussehen. Zwergtaucher, Moorhühner und Blässhühner fliegen aufrecht, mit herabhängenden Beinen, und erreichen keine hohe Geschwindigkeit, was daran liegt, dass ihre Flügel zu weit vor dem Schwerpunkt sitzen, während sie bei den Alkenvögeln und den anderen Tauchern zu weit hinten platziert sind.

43. BRIEF

An Selbigen
Selborne, 9. Sept. 1778

Dear Sir, der Übergang von der Fortbewegung der Vögel zu ihren Tönen und Lautäußerungen ist fast natürlich. Ich gebe nicht vor, ihre Sprache zu verstehen, wie der Wesir*, der eine Unterhaltung zwischen zwei Eulen verfolgte und daraufhin von seinem Sultan, der auf Eroberung und Zerstörung erpicht war, Zurückhaltung erbat. Dennoch möchte ich meinen, dass viele der geflügelten Sippschaften unterschiedliche Töne und Stimmen zur Verfügung haben, um diverse Leidenschaften, Begehrlichkeiten und Gefühle auszudrücken, wie etwa Wut, Angst, Liebe, Hass, Hunger und dergleichen. Nicht alle Arten sind gleich eloquent: Einige sind weitschweifig und flüssig in ihren Äußerungen, andere beschränken sich auf wenige wichtige Töne. Aber kein Vogel ist stumm wie ein Fisch, auch wenn manche recht schweigsam sind. Die Sprache der Vögel ist sehr alt und wie andere uralte Sprechweisen äußerst elliptisch – wenig wird gesagt, aber viel gemeint und verstanden.

Die schrillen Stimmen der Adler sind alles durchdringend und variieren stark während der Brutperiode, wie mir wiederholt von einem kundigen Naturbeobachter bestätigt wurde, der sich lange in Gibraltar aufhielt, wo es viele Adler gibt. Die Stimmen unserer Falken gleichen denen des Königs der Lüfte. Eulen haben sehr ausdrucksstarke, feine Gesangsstimmen, dem Orgelregister der *Vox humana* ähnlich und mit der Stimmpfeife in der Tonart zu bestimmen. Ihre Laute scheinen Wohlbehagen und Rivalität zwischen den Männchen auszudrücken. Sie stoßen aber auch kurze Rufe aus und können grässlich schreien, schnauben und zischen, um ihren Feinden zu drohen. Raben haben neben

* Wesir: Siehe *Spectator*, Vol. VII, Nr. 512. [Die Londoner Tageszeitung berichtete 1712 von einem Wesir, der von Eulen gehört haben wollte, die sich über zerstörte Dörfer beklagten. Der Sultan ließ angeblich alles wieder aufbauen.]

Buntspecht, Kleinspecht und Grünspecht

dem lauten Krächzen auch einen tiefen, feierlichen Ton aufzubieten, der in den Wäldern widerhallt. Die verliebte Saatkrähe gibt einen seltsamen, lächerlichen Ton von sich. Die Nebelkrähe versucht sich in der Brutzeit vor lauter Herzensfreude im Gesang, doch nicht mit sonderlichem Erfolg. Die Papageien verfügen über viele stimmliche Modulationen, wie sich in ihrer Fähigkeit zeigt, menschliche Töne zu imitieren. Tauben gurren auf eine traurige, verliebte Art und sind das Sinnbild des verzweifelten Liebhabers.

Der Specht stimmt ein lautes, herzhaftes Lachen an. Der Ziegenmelker amüsiert sein Weibchen von der Abenddämmerung bis zum Tagesanbruch wie mit dem Geklapper von Kastagnetten. Alle Singvögel drücken ihre Zufriedenheit durch süße Modulationen und eine Vielfalt an Melodien aus. Wie ich in einem früheren Brief angemerkt habe, warnt die Rauchschwalbe die anderen *Hirundines* mit einem gellenden Alarmschrei, sobald sich ein Habicht nähert. Vor allem nachtaktive Wasservögel und solche, die gesellig leben, wie etwa Kraniche, Wildgänse oder Wildenten, sind sehr laut und lärmend, wenn sie im Dunkeln ihr Quartier wechseln. Der beständige Lärm verhindert, dass sie sich voneinander entfernen und verlieren.

Bei einem so umfangreichen Thema kann man nicht mehr als Skizzen und Umrisse verlangen, denn es wären endlose Beispiele aus der riesigen Vielfalt der gefiederten Nation anzuführen. Deshalb wollen wir uns für den Rest des Briefes auf das domestizierte Geflügel in unseren Höfen beschränken, das allgemein bekannt ist und somit am besten verstanden wird. Als Erstes verlangt der Pfau mit seiner prachtvollen Schleppe unsere Aufmerksamkeit, doch wie bei den meisten farbenfreudigen Vögeln ist seine Stimme kratzend. Sie beleidigt unser Ohr und hört sich genauso abscheulich an wie jaulende Katzen oder kreischende Esel. Die Gänse haben, wie seriöse Geschichtsschreiber berichten, mit ihren trompetenartig scheppernden Stimmen einst das Kapitol in Rom gerettet. Das furchteinflößende und bedrohliche Zischen des Ganters beschützt die Brut. Bei den Enten unterscheiden sich die Geschlechter deutlich in den Stimmen, denn während das Weibchen laut und klangvoll quakt, hat der Erpel eine verhaltene, raue und schwächliche Stimme, die kaum hörbar ist. Der Truthahn stolziert vor dem Weibchen herum und kollert äußerst ungehobelt, hat aber auch einen frechen und verdrießlichen Ton, wenn er seinen Kontrahenten angreift. Führt ein Truthahnweibchen ihre junge Brut herum, ist sie auf der Hut: Erscheint ein Raubvogel auch noch so hoch in der Luft, kündigt ihn die achtsame Mutter mit einem verhaltenen Raunen an und behält ihn fest im Blick. Doch wenn er sich nähert, wird ihr Ton ernst und alarmiert, der Aufschrei doppelt stark.

Keine anderen Hofbewohner besitzen eine solche Bandbreite an Ausdrucksmöglichkeiten und eine so reiche Sprache wie die gewöhnlichen Haushühner. Hält man ein vier oder fünf Tage altes Küken an ein Fenster mit Fliegen, schnappt es augenblicklich nach der Beute und zwitschert behaglich. Doch zeigt man ihm eine Wespe oder Biene, wird der Ton barsch und drückt Missfallen und ein Gefühl von Gefahr aus. Wenn ein Hühnchen ins Legealter kommt, verkündet es das Ereignis mit einem freudigen und sanften Laut. Von allen Begebenheiten im Leben der Henne scheint das Eierlegen am wichtigsten zu sein, denn kaum hat sie sich erleichtert, stürmt sie freudig lärmend los, woraufhin der Hahn und seine anderen Hennen sofort in das Gegacker einstimmen. Der Aufruhr beschränkt sich nicht auf die Familie, sondern pflanzt sich von Hof zu Hof fort und breitet sich auf alle Gehöfte in Hörweite aus, bis schließlich das ganze Dorf in Unruhe ist. Sobald eine Glucke ein Junges hat, braucht sie für ihre neue Lebenslage eine neue Sprache, rennt gackernd und schreiend umher und führt sich wie besessen auf. Auch der Vater der Hühnerschar besitzt ein erstaunlich großes Vokabular: Findet er Nahrung, ruft er eins seiner Lieblingsweibchen herbei; nähert sich ein Raubvogel, stößt er für die Familie einen Warnruf aus. Dem galanten Gockel stehen verliebte Phrasen ebenso zur Verfügung wie missbilligende Ausdrücke. Am bekanntesten aber ist er für sein Krähen, das dem Landmann seit jeher tagsüber als Uhr dient, wie der Nachtwächter in der Nacht. Der Dichter kleidet es in elegante Worte:

»... der Hahn ruft mit Fanfarenstößen
die stillen Stunden aus«
[Milton: *Paradise Lost*, VII, 443–444]

Ein benachbarter Gentleman verlor in einem Sommer fast alle Küken, weil sich ein Sperber immer wieder auf den Hühnerstall stürzte, der zwischen einem Reisighaufen und der Hauswand lag. Erzürnt über die Verminderung seiner Hühnerschar, spannte der schlaue Besitzer ein Netz zwischen Haus und Reisig, in dem sich der Schurke verfing, als er hinabschoss. Aus Groll wandte der Gentleman das Gesetz der Vergeltung an: Er stutzte dem Sperber die Flügel, schnitt die Krallen ab, steckte ihm einen Korken in den Schnabel und warf ihn den Bruthennen vor. Man kann sich kaum ausmalen, was dann geschah: Angst, Wut und Rache drückten sich in neuen und noch nie gesehenen Formen aus. Die aufgebrachten Matronen schimpften, attackierten und triumphierten. Mit einem Wort, sie ließen nicht eher von ihrem Widersacher ab, bis er in tausend Stücke zerrissen war.

44. BRIEF

An Selbigen
Selborne

»... monstrent
Quid tantum Oceano properent se tingere soles
Hiberni, vel quae tardis mora noctibus obstet.«
[zeigen ... warum die Sonne des Winters so rasch zum Ozean sinkt und was sie in den späten Nächten hemmt.]
[Vergil: *Georgica*, Buch II, 477–482]

Gentlemen, die über ein Anwesen verfügen, könnten Ziergärten anlegen, die auch dem Nützlichen dienen: Ein hübsches Trompe-l'œil[1] kann dazu beitragen, die Wissenschaften zu fördern; ein Obelisk im Garten oder Park kann beides sein, Schmuckelement und Heliotrop.

Jeder neugierige Mensch, der das Vergnügen hat, auf einen weiten Horizont zu blicken, kann sich ohne große Mühe zwei Heliotrope[2] bauen, eins für die Winter- und eins für die Sommersonnenwende. Die beiden Einrichtungen verursachen kaum Kosten, denn zwei 10–12 Fuß hohe und an der Basis 4 Fuß breite Holzrahmen, die mit Brettern verkleidet werden, erfüllen vollkommen den Zweck.

Das Heliotrop für die Wintersonnenwende sollte möglichst von einem Fenster aus zu beobachten sein, denn man hält sich zur kalten Jahreszeit am Tagesende für gewöhnlich im Hause auf. Das für die Sommersonnenwende kann im Garten oder Park an einem Platz errichtet werden, der dazu angetan ist, an schönen Abenden der längsten Tage des Jahres über die größte Sonneneinstrahlung im Norden nachzusinnen. Nun bedarf es nicht mehr, als die beiden Heliotrope exakt so zu positionieren, dass die Sonnenscheibe beim Aufsetzen am kürzesten Tag gerade ganz hinter dem Winterheliotrop verschwindet und die volle Sonnenscheibe beim Aufsetzen am längsten Tag gerade rechts vom Sommerheliotrop steht.

Mit diesem einfachen Mittel wäre zu veranschaulichen, dass es genau genommen kein Solstitium, wörtlich Sonnenstillstand, gibt, denn nach dem kürzesten Tag würde man sehen, dass die Sonnenscheibe Abend für Abend beim Aufsetzen immer weiter westlich, also rechts, neben dem Winterheliotrop steht, während man nach dem längsten Tag sehen könnte, dass sich die Sonnenscheibe beim Aufsetzen immer weiter westlich, also nach links, hinter das Sommerheliotrop zurückzieht, bis sie schließlich ganz dahinter verschwindet. Wenn es auf die Sommersonnenwende zugeht, setzt die Scheibe nämlich zunächst hinter dem Sommerheliotrop auf. Nach einigen Tagen erscheint sie Abend für Abend immer weiter rechts davon, bis sie mit ihrer ganzen Scheibe für drei Abende rechts vom Sommerheliotrop untergeht, dabei am mittleren der drei Abende mit einem merklichen Unterschied zum vorhergehenden oder nachfolgenden Abend. Wenn sie ihre Umkehr vom sommerlichen Wendepunkt beginnt, dann verschwindet sie Abend für Abend immer weiter hinter dem Sommerheliotrop, bis sie schließlich wieder ganz davon verdeckt wird.

45. BRIEF

An Selbigen
Selborne

»... Mugire videbis
Sub pedibus terram, et descendere montibus ornos.«
[Du hörst die Erde unter den Füßen dröhnen, siehst die Eschen die Berghänge hinabstürzen.]
[Vergil: *Aeneis*, IV, 490–491]

Als ich ein Junge war, las ich mit Erstaunen und geheimer Zustimmung in Bakers *Chronicle*[1] Berichte über schreitende Hügel und reisende Berge. John Philips spielt, mit dem köstlichen und feinen Humor, der ihm als Autor von *Splendid Shilling* eigen ist, in seinem Gedichtband *Cyder* darauf an, dass solche Geschichten als glaubwürdig erachtet wurden.

»Ich rat nicht ab, noch rate ich zur Wahl
Von Marcley Hill; der Apfel findet nirgends
Besseren Boden; und doch ist diesem trügerischen
Erdreich nicht zu trauen: Wer weiß, ob wieder mal
Der Berg auf Reisen geht und Deine schönen Pflanzen
Zum Nachbarn schiebt und damit zum Spezialfall macht
Für das Gericht!«

Als ich genauer darüber nachdachte, hielt ich es für durchaus möglich, dass unsere Berge zwar keine weiten Reisen unternommen haben, aber bei dem einen oder anderen in längst vergangenen Zeiten die Kuppen weggerutscht und abgesunken sein müssen, sodass nur der nackte Fels übrig blieb. So wird es sich beim Nore Hill und beim Whetham Hill zugetragen haben, vor allem aber am Kamm zwischen Hartley Park und Ward le ham, wo der Boden zu riesigen Buckeln und Furchen verschoben wurde und sich in einer romantischen Unordnung zeigt, für die kein anderes Geschehen verantwortlich zu machen ist. Erst kürzlich gab es ein seltenes Ereignis, das diesen Verdacht rechtfertigt. Auch wenn es sich nicht in den Grenzen unserer Gemeinde abspielte, sondern nur im Bezirk Selborne, sind die Umstände so einzigartig, dass das Ereignis einen Platz in dieser Arbeit beanspruchen kann.

Die Monate Januar und Februar des Jahres 1774 waren bemerkenswert wegen der großen Schneeschmelze und der enormen Regengüsse, sodass sich die Quellen auf den Hügeln Ende Februar auftaten und fast so stark schütteten wie im denkwürdigen Winter 1764. Als das Wetter bis Anfang März anhielt, wurde in der Nacht vom 8. zum 9. des Monats ein beträchtliches Stück des Hangwaldes bei Hawkley weggerissen,[2] sackte ab und legte einen hohen Sandsteinfelsen frei, sodass man meinen konnte, es wäre die Steilkante eines Kalksteinbruchs. Wie sich herausstellte, war die riesige Erdscholle, die vermutlich vollgesogen und von Wasser unterspült war, senkrecht nach unten gerissen worden, denn ein Tor von einem Feld oben auf dem Hügel blieb in aufrechter Position stehen und schloss genauso perfekt wie vorher, obwohl es mitsamt seinen Pfosten 30 oder 40 Fuß in die Tiefe gerutscht war. Auch einige Eichen standen nach dem extremen Sprung noch aufrecht und waren in ihrem Wuchs nicht beeinträchtigt. Dass ein Großteil der ungeheuren Erdscholle von einer Kluft aufgenommen wurde, zeigt der leicht abfallende Boden unten am Abhang, der unberührt blieb, wo er doch unter Erdmassen begraben läge, wäre die Scholle auseinandergebrochen und abgerollt. Etwa 100 Yards vom Fuß des Abhangs entfernt stand eine

Hütte an einem Weg, 200 Yards weiter auf der anderen Straßenseite ein Haus, in dem ein Landarbeiter mit seiner Familie wohnte, direkt daneben eine stattliche, neue Scheune. Die Hütte war von einer alten Frau, ihrem Sohn und dessen Ehefrau bewohnt. Alle diese Leute bemerkten am Abend, der sehr düster und stürmisch war, dass sich die Ziegelböden in ihren Küchen hoben und teilten, die Wände sich öffneten und die Dächer einzufallen drohten. Aber sie berichteten übereinstimmend, dass der Boden nicht zitterte wie bei einem Erdbeben, sondern nur der Sturm in den Wäldern und Abhängen toste. Die elenden Bewohner trauten sich nicht zu Bett zu gehen, verharrten in größter Sorge und Bestürzung und erwarteten jeden Moment, unter den Trümmern ihrer zerberstenden Häuser begraben zu werden. Als es hell wurde, konnten sie die Zerstörungen der Nacht in Augenschein nehmen. Sie stellten fest, dass sich unter ihren Häusern ein tiefer Riss oder Spalt aufgetan hatte und diese in zwei Teile zerrissen waren, auch ein Teil der Scheune hatte dasselbe Schicksal erlitten. In einem Teich nahe der Hütte war es zu einer seltsamen Umkehrung gekommen, denn das tiefe Ende war seicht geworden und *vice versa*. Dann waren viele hohe Eichen umgestürzt, einige lagen am Boden, andere hingen in den Kronen der Nachbarbäume. Ein Gartentor war zusammen mit der Hecke ganze sechs Fuß verschoben worden, als ob man einen neuen Zuweg geplant hätte. Vom Fuß der Klippe ist das Gelände, bei dem es sich um Weideland handelt, über etwa eine halbe Meile leicht abschüssig, durchsetzt von einigen Buckeln, die kreuz und quer zerrissen wurden. Auf der ersten Weide begannen die tiefen Spalten, verliefen über die Straße hinweg und dann weiter unter den Gebäuden hindurch, sodass sich riesige Platten bildeten und die Straße einige Zeit unpassierbar war. Der Acker auf der anderen Straßenseite sah sonderbar zerklüftet und wüst aus. Die nächste Weide, die weicher und beweglicher war, hatte sich nach vorne verschoben, ohne dass es größere Risse im Boden gab. Stattdessen waren quer zur Bewegungsrichtung lange Erdwälle aufgehäuft, die an Gräber erinnerten. Am unteren Ende der Weide türmten sich Erdschollen und Grassoden viele Fuß hoch gegen einige Eichenstämme, die den Prozess gestoppt und dem furchtbaren Chaos ein Ende gemacht hatten.

Die Höhe des Abhangs beträgt durchschnittlich 23 Yards, die Länge der abgerutschten Scholle, die man unten auf den Feldern sieht, 181 Yards, dazu weitere 70 Yards, die sich im Unterholz verfangen haben, was einen Erdrutsch mit einer Gesamtlänge von 251 Yards ergibt. Etwa 50 Morgen Land litten unter der heftigen Erschütterung, zwei Häuser wurden völlig zerstört, ein Teil einer neuen Scheune liegt in Ruinen, durch die Mauern und die einzelnen Steine zieht sich ein tiefer Riss. Ein Abhang verwandelte sich in nackten Fels, einige Wiesen und ein Acker sind durch tiefe Spalten aufgebrochen und zerklüftet, sodass sie nicht zum Pflügen und Weiden geeignet waren, bis beträchtliche Arbeit und hohe Unkosten aufgewendet wurden, um die Oberfläche zu begradigen und die klaffenden Risse zu verfüllen.

46. BRIEF

An Selbigen
Selborne

»... resonant arbusta ...«
[ertönen die Büsche]
[Vergil: *Bucolica*, Ekloge II, 13]

Direkt hinter unserem Dorf erhebt sich steil ansteigendes Weideland, durchsetzt mit Stechginster, das Short Lythe genannt wird, aus trockenem, steinigem Boden besteht und von der Abendsonne beschienen wird.

Dort gibt es reichlich Feldgrillen, *Gryllus campestris*, die zwar in unserer Gegend häufig vorkommen, aber in anderen Grafschaften beileibe kein gewöhnliches Insekt sind.

Da ihr freudiger, sommerlicher Gesang die Aufmerksamkeit eines jeden Naturforschers erregt, bin ich oft hinübergegangen, um das Verhalten der *Grylli* zu beobachten und ihre Lebensweise zu studieren. Aber sie sind so scheu und vorsichtig, dass es nicht leicht ist, sie zu Gesicht zu bekommen, denn sobald sie die Fußtritte eines Menschen spüren, halten sie mitten im Gesang inne, ziehen sich rasch rückwärts in ihre Erdlöcher zurück und liegen auf der Lauer, bis keine Gefahr mehr droht.

Zuerst versuchten wir, sie mit dem Spaten auszugraben, waren dabei aber nicht sehr erfolgreich, denn wir kamen entweder nicht tief genug in ihre Höhle, die oft unter einem großen Stein endete, oder zerdrückten das arme Insekt unabsichtlich beim Graben. Einer so zerquetschten Grille entnahmen wir etliche Eier, schmal und lang, von gelblicher Farbe und mit einer sehr harten Haut bedeckt. Dabei lernten wir, die männlichen von den weiblichen Grillen zu unterscheiden: Die Männchen sind glänzend schwarz mit einem goldfarbenen Streifen um die Schultern. Die Weibchen sind dunkler, besitzen einen breiteren Hinterleib und einen langen, schwertähnlichen Fortsatz am Schwanz, mit dem sie vermutlich ihre Eier in Spalten und an anderen sicheren Plätzen ablegen.

Wo gewalttätige Methoden nicht fruchten, kommt man oft mit sanfteren Mitteln zum Ziel. So war es auch im vorliegenden Fall, denn als wir anstelle des groben Spatens einen biegsamen Grashalm als Werkzeug verwendeten und damit entlang der Windungen ganz unten in die Höhle fuhren, holten wir den Bewohner hervor, sodass der menschliche Forschungsgeist seine Neugier befriedigen konnte, ohne sein Objekt zu verletzen. Erstaunlicherweise verfügen diese Insekten zwar über lange Beine und muskulöse Schenkel, um wie Grashüpfer zu springen, aber wenn sie aus ihren

Erdlöchern getrieben werden, sind sie inaktiv, krabbeln hilflos herum und lassen sich leicht ergreifen. Obwohl sie mit einem seltsamen Flügelapparat ausgestattet sind, nutzen sie ihn nicht einmal, wenn es angebracht wäre. Nur die Männchen erzeugen das schrille Geräusch, das durch starke Reibung der Flügel entsteht und wahrscheinlich im Wettstreit mit den Rivalen eingesetzt wird, wie man es bei vielen Tierarten kennt, die zur Paarungszeit herzhafte Töne von sich geben. Es handelt sich um Einzelgänger, Männchen und Weibchen leben für sich, allerdings muss es eine Zeit geben, vielleicht nachts, in der die Geschlechter miteinander verkehren, wobei ihnen die Flügel von Nutzen sein könnten. Wenn zwei Männchen aufeinandertreffen, kämpfen sie erbittert, wie ich herausfand, als ich zwei von ihnen in den Spalt einer trockenen Steinmauer setzte, womit ich ihnen etwas Gutes zu tun glaubte. Obwohl sie verzweifelt waren, aus ihrer gewohnten Umgebung gerissen worden zu sein, griff das erste Männchen, das die Ritze in Beschlag genommen hatte, mit seinen gezackten Beißwerkzeugen alles an, was ihm den Platz streitig machen wollte. Mit ihren kräftigen Kiefern, gezahnt wie die Scheren von Krebsen, höhlen sie ihre Erdlöcher aus und formen sie rundlich, denn ihre Vorderbeine sind nicht zum Graben geeignet, wie etwa die der Maulwurfsgrillen. Nimmt man sie in die Hand, machen sie erstaunlicherweise keine Anstalten, sich zu verteidigen, wo sie doch über so formidable Waffen verfügen. Sie fressen unterschiedslos alles, was an Kräutern vor dem Höhleneingang wächst, entledigen sich ihrer Ausscheidungen auf einer kleinen Fläche, die sie ganz in der Nähe angelegt haben, und entfernen sich den ganzen Tag lang nicht weiter als zwei bis drei Zoll von ihrem Zuhause. Am Eingang der Höhle sitzend, zirpen sie Tag und Nacht von Mitte Mai bis Mitte Juli. Bei großer Hitze, wenn sie am vitalsten sind, erschallen die Hügel von ihrem Gesang; in den stillen Nachtstunden hört man sie noch in beträchtlicher Entfernung. Ihre Stimme ist zu Beginn der Saison schwach und verhalten, wird im Verlauf des Sommers immer stärker und nimmt dann allmählich wieder in der Lautstärke ab.

Töne beglücken uns manchmal nicht, auch wenn sie süß und melodisch sind, umgekehrt missfallen uns auch harsche Töne nicht immer. Wir sind eher geneigt, von den Assoziationen, die sie hervorrufen, bezaubert oder abgestoßen zu werden, statt von den Noten selbst. So ist das Zirpen der Feldgrille zwar spitz und schrill, doch erfüllt es manche Hörer mit großer Freude und ruft sommerliche Vorstellungen von üppigem Grün und fröhlichem Landleben hervor.

Um den 10. März erscheinen die Feldgrillen an der Mündung ihrer Höhlen und richten sie wieder her. Zu Gesicht bekommen habe ich sie in dieser Jahreszeit eigentlich nur im Puppenstadium, wo die rudimentären Flügel unter einer Hautschicht sitzen, die abgeworfen werden muss, bevor das Insekt sein Reifestadium erreicht,* woraus man schließen könnte, dass die Alten vom letzten Jahr nicht immer den Winter überleben. Im August verfallen die Höhlen und die Insekten sind bis zum Frühjahr nicht mehr zu sehen.

Vor einigen Jahren versuchte ich, eine Grillenkolonie in meinen Garten zu transplantieren, indem ich tiefe Löcher in den vor der Terrasse abfallenden Boden bohrte. Die neuen Mitbewohner blieben eine Zeit lang und sangen auch, verschwanden aber nach und nach und ließen sich jeden Morgen in einiger Entfernung vernehmen. Wie es aussieht, machten sie in diesem Notfall Gebrauch von ihren Flügeln, um dorthin zurückzukehren, wo ich sie hergeholt hatte.

Stellt man eine Grille in einem Papierkäfig an die Sonne und versorgt sie mit feuchten Pflanzen, entwickelt sie sich sehr gut und zirpt so fröhlich und laut, dass es lästig wird, mit ihr zusammen im Zimmer zu sein. Werden die Pflanzen nicht gewässert, stirbt die Grille.

* Reifestadium erreicht: Wir haben beobachtet, dass sie die Haut im April abwerfen, die dann am Eingang ihrer Erdlöcher liegt.

47. BRIEF

An Selbigen
Selborne

»Schätzt die Grille überm Herd,
Denn sie ist der Freude wert.«
John Milton: *Il Penseroso* [Der Nachdenkliche, 81–82]

Während viele andere Insekten auf Feldern, in Wäldern oder am Wasser gesucht werden müssen, lebt *Gryllus domesticus*, das Heimchen, bei uns in den Häusern und macht, ob wir es wollen oder nicht, von allein auf sich aufmerksam. Die Spezies hält sich gern in neu gebauten Häusern auf und mag, wie die Spinnen, feuchte Wände. Außerdem ermöglicht ihnen der noch weiche Mörtel, in den Fugen zwischen den Steinen zu graben und Verbindungen von einem Zimmer zum anderen zu schaffen. Wegen der ständigen Wärme schätzen sie vor allem Küchen und Backöfen.

Zarte Insekten, die draußen leben, erfreuen sich entweder nur eines einzigen Sommers oder verbringen die ungemütliche Jahreszeit in tiefem Schlummer, doch für diese Art, die gleichsam in einer heißen Zone lebt, ist ein schönes Weihnachtsfeuer dasselbe wie die Hitze an den Hundstagen. Obwohl sie sich auch häufig tagsüber hören lassen, sind sie natürlicherweise nachts aktiv. Sobald die Dämmerung einsetzt, fangen sie an zu zirpen und zeigen sich, die kleinsten sind von der Größe eines Flohs. Wie man wegen der glühend heißen Umgebung, in der sie leben, nicht anders vermuten sollte, handelt es sich um ein durstiges Völkchen, das Flüssigkeiten sehr zugetan ist, weswegen man häufig Heimchen findet, die in Töpfen mit Wasser, Milch, Brühe oder dergleichen ertrunken sind. Sie mögen alles, was nass ist, und nagen deshalb oft Löcher in feuchte Wollstrümpfe oder Schürzen, die am Feuer hängen. Sie sind das

Barometer der Hausfrau und kündigen Regen an, aber auch Glück und Unglück, den Tod eines nahen Verwandten oder die Rückkehr eines abwesenden Geliebten, wie manche glauben. Da sie der ständige Begleiter der Hausfrauen sind, ist es nicht verwunderlich, dass sie abergläubische Vorstellungen hervorrufen. Diese Grillenart ist nicht nur sehr durstig, sondern auch sehr gefräßig, denn sie verschlingt Essensreste, Hefe, Salz, Brotkrumen und jede Form von Küchenabfällen und Kehricht. Im Sommer haben wir sie in der Dämmerung aus dem Fenster und über die Nachbarhäuser fliegen sehen, was erklärt, wie sie plötzlich von einem Ort verschwinden und anderswo auftauchen, wo sie vorher nicht waren. Erstaunlicherweise benutzen viele Insektenarten ihre Flügel nur dann, wenn sie ihren Standort verlassen und neue Kolonien gründen wollen. Grillen fliegen *volatu undoso*, in Wellen oder Schwüngen, wie die Spechte, und öffnen und schließen ihre Flügel bei jedem Schlag, sodass sie abwechselnd steigen und sinken.

Wenn sie sich zu stark vermehren, wie es einmal in dem Haus geschah, wo ich jetzt schreibe, werden sie zur Plage. Sie fliegen in brennende Kerzen und den Leuten ins Gesicht, aber man kann sie mit Schießpulver vernichten, das in ihren Höhlen und Spalten ausgelegt wird. Zu solchen Zeiten kommen sie, wie die Frösche beim Pharao, »in deine Schlafkammer, auf dein Bett, in deine Backöfen und deine Teigtröge.«* Ihre schrillen Töne entstehen durch schnelles Aneinanderreiben der Flügel. Katzen fangen die Heimchen, spielen mit ihnen wie mit Mäusen und verschlingen sie dann. Grillen kann man wie Wespen ausrotten, indem man ihnen halb mit Bier oder anderen Flüssigkeiten gefüllte Fläschchen hinstellt. Da sie gierig sind zu trinken, krabbeln sie hinein, bis das Gefäß voll ist.

* in deine … Teigtröge: 2. Moses, 8, 3.

48. BRIEF

An Selbigen
Selborne

Wie unterschiedlich doch die Lebensformen nicht nur von artverschiedenen, sondern sogar von artverwandten Tieren sind und wie die spezifischen Merkmale immer ihren jeweiligen Zwecken entsprechen! Während die Feldgrille sonnige, trockene Böschungen liebt und das Heimchen sich in der glühenden Hitze eines Kamins oder Backofens wohlfühlt, bewohnt *Gryllus gryllo talpa* (die Maulwurfsgrille) feuchte Wiesen, besucht Teich- und Flussufer und verrichtet alle ihre Tätigkeiten in sumpfig-feuchter Erde. Mit einem Paar zweckdienlich eingerichteter Vorderfüße gräbt und wühlt sie wie ein Maulwurf unter der Erde und wirft dabei Furchen auf, aber nur selten Hügel.

Da die Maulwurfsgrillen oft Gärten an Wasserläufen heimsuchen, sind sie für den Gärtner äußerst unwillkommene Gäste, die bei ihrer unterirdischen Arbeit Furchen aufwerfen und den Rasen verunstalten. Wenn sie über den Küchengarten herfallen, richten sie unter den Sprossen und Wurzeln großen Schaden an und zerstören ganze Kohlbeete, junges Gemüse und Blumen. Gräbt man sie aus, sind sie sehr träge und hilflos. Tagsüber machen sie keinen Gebrauch von ihren Flügeln, doch nachts kommen sie heraus und unternehmen größere Ausflüge, wie ich an einzelnen versprengten Tieren erkennen konnte, die ich morgens an abgelegenen Orten vorfand. Ab Mitte April trösten sie sich abends bei gutem Wetter mit ihren leisen, dumpf schnarrenden Tönen, die sie lange ohne Unterbrechung von sich geben, nicht unähnlich dem Geschrei des Ziegenmelkers, nur verhaltener.

Anfang Mai legen sie ihre Eier ab, wovon ich einmal Zeuge war. In einem Haus,[1] wo ich gerade zu Besuch war, mähte der Gärtner am 6. Mai ein Rasenstück neben einem Kanal, riss dabei, weil er die Sense zu steil ansetzte, ein großes Stück Grassoden heraus und legte eine spannende häusliche Szene frei:

> »… ingentem lato dedit ore fenestram.
> Apparet domus intus et atria longa patescunt,
> Apparent … penetralia.«
> [… weit gähnt durch die Wand eine gewaltige Öffnung.
> Das Haus innen wird sichtbar und es stehen offen … die Innenräume.]
> [Vergil: *Aeneis*, II, 482–484]

Da waren viele Kavernen und gewundene Gänge, die zu einer Art Kammer führten, schön geglättet und gerundet, von der Größe einer mittleren Schnupftabakdose. Die geheime Kinderstube enthielt fast hundert Eier, schmutzig gelb in der Farbe und von einer zähen Haut umgeben. Da sie erst kürzlich abgelegt worden waren, enthielten sie noch keine Spuren von Jungen, sondern bloß eine gallertartige Masse. Die Eier lagen unter einem Häufchen Humus, wie ihn Ameisen zusammentragen, nicht tief im Boden, sodass die Sonne auf sie einwirken konnte.

Maulwurfsgrillen fliegen *cursu undoso*, mit wellenförmigen Schwüngen, wie die zuvor beschriebenen Grillenarten. In verschieden Teilen unseres Königreichs nennt man sie Sumpfgrillen, Zirpwürmer oder Abendzirper, alles sehr treffende Bezeichnungen.

Anatomen haben die Eingeweide dieser Insekten seziert und kommen zu dem erstaunlichen Ergebnis, dass es gute Gründe gibt, aus der Struktur, Lage und Anzahl ihrer Mägen zu folgern, diese und die beiden zuvor erwähnten Spezies seien Wiederkäuer, wie viele Vierfüßer!

49. BRIEF

An Selbigen
Selborne, 7. Mai 1779

Seit nunmehr vierzig Jahren kümmere ich mich ein wenig um die Ornithologie unserer Gegend, ohne das Thema ausgeschöpft zu haben. Solange Untersuchungen angestellt werden, gibt es neue Ergebnisse.

In der letzten Woche des vorigen Monats wurden fünf Exemplare eines sehr seltenen Vogels, der nicht einmal einen englischen Namen hat, sondern den Naturforschern als *Himantopus*, *Loripes* und *Charadrius himantopus* [1] bekannt ist, am Ufer des Frinsham Pond geschossen, ein großer See im Besitz des Bischofs von Winchester, zwischen dem Wolmer Forest und der Stadt Farnham in der Grafschaft Surrey gelegen. Der Seewärter sagte, die Schar habe aus drei Pärchen bestanden, und da er mit den fünf Vögeln zufrieden gewesen sei, habe er den sechsten unbehelligt gelassen. Ich konnte mir ein Exemplar beschaffen und fand die Beine so außerordentlich lang, dass man auf den ersten Blick hätte vermuten können, die Schenkel wären angebracht worden, um die Leichtgläubigkeit des Betrachters auf die Probe zu stellen: Seine Beine waren karikaturhaft lang. Auf einem chinesischen oder japanischen Bild hätten wir derartige Proportionen allein der Phantasie des Zeichners zugeschrieben. Die Vögel kommen aus der Familie der Regenpfeifer und könnten gut und gerne Stelzen-Regenpfeifer genannt werden. Wohl unter demselben Eindruck gibt ihm Brisson den passenden Namen *l'échasse* oder Stelze. Mein ausgestopftes Exemplar, das gezeichnet und mit Pfeffer präpariert [2] wurde, wog nur 4¼ Unzen, wobei die Schenkel 3½ Zoll und die ganzen Beine 4½ Zoll maßen. Wir können also mit Fug und Recht feststellen, dass diese Vögel im Verhältnis zu ihrem Gewicht die größte Beinlänge aller Vogelarten haben. Der *Flamingo* gehört zwar zu den Vögeln mit den längsten Beinen, aber sie reichen im Verhältnis nicht an die des *Himantopus* heran, denn ein Flamingo-Männchen kommt bei einem durchschnittlichen Gewicht von 4 Pfund auf eine Beinlänge von gewöhnlich 20 Zoll. 4 Pfund sind mehr als das Fünfzehnfache von 4¼ Unzen. Wenn 4¼ Unzen einer Beinlänge von 4½ Zoll entsprechen, müssten 4 Pfund eine solche von 120 Zoll ergeben, also mehr als 10 Fuß – so monströse Proportionen hat die Welt noch nie gesehen! Bei noch größeren Vögeln würde das Missverhältnis noch stärker ausfallen. Es ist sicher sehr befremdlich, den Stelzen-Regenpfeifer laufen zu sehen und zu beobachten, wie die schwachen Muskeln, mit denen seine Schenkel ausgerüstet sind, einen derart langen Hebel in Bewegung setzen. Bestenfalls könnte man ihn für einen miserablen Läufer halten, aber zu allem Überfluss kommt hinzu, dass ihm die Hinterzehe fehlt. Ohne diese feste Stütze ist er, wie ich meine, der Gefahr ausgesetzt, beim Gehen ständig hin und her zu schwanken und das Gleichgewicht zu verlieren.

Der alte Name *Himantopus* stammt von Plinius und spielt metaphorisch darauf an, dass seine Beine so schlank und biegsam sind, als wären sie aus einem Lederriemen geschnitten. Weder Willughby noch Ray haben den Vogel bei all ihren Forschungsreisen im In- und Ausland jemals zu Gesicht bekommen. Mr. Pennant hat ihn in ganz Großbritannien nirgendwo entdeckt, ihn aber öfter in den Wunderkammern von Paris gesehen. Hasselquist schreibt, der Vogel migriere im Herbst nach Ägypten, und ein höchst aufmerksamer Naturbeobachter[3] versicherte mir, ihn an den Ufern von Flüssen in Andalusien gesehen zu haben.

Nach den Aufzeichnungen unserer Autoren wurde er in Großbritannien nur zweimal vorgefunden. Aus den Berichten geht deutlich hervor, dass der langbeinige Regenpfeifer im südlichen Europa zu Hause ist und unsere Insel nur selten besucht. Und wenn, dann handelt es sich um versprengte Streuner, die aus Zufall oder uns unbekannten Gründen genötigt wurden, eine so lange Reise in den Nor-

Stelzenläufer (»Stelzen-Regenpfeifer«)

den zu unternehmen. Gefolgert werden kann auf jeden Fall, dass die Vögel vom Kontinent her zu uns kommen, denn es ist nicht davon auszugehen, dass eine nicht gesichtete Spezies, dazu von so erstaunlicher Gestalt, regelmäßig in unserem Königreich brüten sollte.

50. BRIEF

An Selbigen
Selborne, 21. April 1780

Dear Sir, die alte Schildkröte aus Sussex,[1] die ich schon öfter erwähnte, ist jetzt bei mir. Ich holte sie im März aus ihrem Winterlager, als sie schon wach genug war, ihren Ärger durch Zischen kundzutun, packte sie mit Erde in eine Schachtel und legte mit ihr 80 Meilen in der Postkutsche zurück. Das Rattern und die Hast der Reise weckten sie vollends auf, sodass sie nach dem Auspacken zweimal bis zum Ende meines Gartens spazierte, sich dann aber, da es am Abend kalt wurde, in den lockeren Humus eingrub und sich nicht mehr blicken ließ.

Da ich sie nun ständig unter Beobachtung habe, gibt mir das Gelegenheit, meine Kenntnisse über ihre Lebensweise und Vorlieben auszuweiten. Jetzt schon kann ich sagen, dass sie, wo es auf den Zeitpunkt des Aufwachens zugeht, in der Nähe ihres Kopfes ein kleines Loch in der Erde geöffnet hat, wie ich annehme, um besser atmen zu können, wenn sie aktiver wird. Die Schildkröte gräbt sich nicht nur von Mitte November bis Mitte April ein, sondern schläft auch einen großen Teil des Sommers, denn an den längsten Tagen ruht sie ab vier Uhr nachmittags und lässt sich erst spät am Morgen sehen. Außerdem zieht sie sich bei jedem Regenschauer zurück und rührt sich an nassen Tagen gar nicht.

Denkt man über die Existenz dieses seltsamen Wesens nach, kommt es einem Wunder gleich, dass die Vorsehung ihm ein solches Übermaß an Tagen zubilligt, eine solch verschwenderische Langlebigkeit einem Reptil gewährt, das anscheinend herzlich wenig davon auskostet, über zwei Drittel seines Lebens in freudloser Benommenheit verschwendet und monatelang, jeder Empfindung bar, in tiefstem Schlummer verbringt.

Während ich diesen Brief schrieb, ein feuchter, warmer Nachmittag, an dem das Thermometer auf 10 Grad stieg, erschienen große Mengen von Schnecken. Zum selben Zeitpunkt hob die Schildkröte die Erdschicht und streckte den Kopf hervor. Am nächsten Morgen kam sie heraus, wie von den Toten erwacht, und spazierte bis vier Uhr nachmittags herum. Es war eine seltsame Koinzidenz und ein unterhaltsamer Vorfall, die Gefühlsübereinstimmung zwischen den beiden φερεοικοι oder Hausträgern zu beobachten, denn so nannten die Griechen Schnecken und Schildkröten.

Die Sommervögel tauchen in diesem kalten, zögerlichen Frühling ungewöhnlich spät auf. Ich habe bis jetzt erst eine einzige Schwalbe gesehen. Ihre Anpassung an das Wetter bestärkt mich immer mehr in der Überzeugung, dass sie im Winter schlafen.

Weitere Einzelheiten[2] zu der alten Familienschildkröte:

Da wir dieses Geschöpf für ein elendes Reptil halten, sind wir geneigt, seine Fähigkeiten zu unterschätzen und seine Instinktleistungen zu verkennen. Doch ist die Schildkröte, was Mr. Pope von seinem Herrn sagt,

> »... viel zu schlau, um in einen Brunnen zu fallen«[3]

und besitzt auch genug Einsicht, nicht in ein Ha-Ha[4] zu stürzen, sondern am Rand Halt zu machen und sich mit äußerster Vorsicht zurückzuziehen.

Obwohl sie Wärme liebt, meidet sie die heiße Sonne, denn ihr dicker Panzer würde sie, wie der Dichter sagt,[5] »schützend sengen«. Deswegen verbringt sie die schwülen Stunden unter dem Schirm eines großen Kohlblattes oder im wiegenden Wald eines Spargelbeetes.

Doch wie sie im Sommer der Hitze ausweicht, verstärkt sie, wenn es auf das Ende des Jahres zugeht, die schwachen Strahlen der Herbstsonne, indem sie eine reflektierende Südwand aufsucht. Auch wenn sie nie gelesen hat, dass zum Horizont geneigte Flächen mehr Wärme bekommen,* lehnt sie ihren Panzer gegen die Wand, um jeden noch so schwachen Sonnenstrahl einzufangen und aufzunehmen.

Bemitleidenswert sind die Lebensumstände dieses armen, verwirrten Reptils, das in eine schwere Rüstung gehüllt ist, die es nicht ablegen kann. In seinen eigenen Panzer eingeschlossen zu sein muss, sollte man meinen, alle Aktivitäten und jeden Unternehmungsgeist lähmen. Doch gibt es eine Zeit (gewöhnlich Anfang Juni), wenn die Schildkröte bemerkenswerte Anstrengungen unternimmt. Sie geht dann auf Zehenspitzen, ist schon um fünf Uhr früh rege, durchquert den Garten und prüft jede Lücke und jeden Zwischenraum im Zaun, um möglicherweise dadurch zu entfliehen. So entzog sie sich schon öfter der Obhut des Gärtners und wanderte zu einem entfernten Feld. Der Beweggrund, solche Streifzüge zu unternehmen, scheint amouröser Natur zu sein. Ihre Interessen nehmen dann eine deutlich sexuelle Richtung, die sie ihrer üblichen Schwere enthebt und dazu führt, dass sie für eine gewisse Zeit ihre sonstige Würde verliert.

51. BRIEF

An Selbigen
Selborne, 3. Sept. 1781

Ich habe nun Ihre *Miscellanies*[1] sorgfältig und mit Gewinn gelesen und möchte Ihnen meinen vorzüglichen Dank dafür aussprechen, dass Sie mich als Naturforscher erwähnen, eine Ehre, der ich mich bemühe gerecht zu werden.

In früheren Briefen äußerte ich die Vermutung, dass

* mehr Wärme bekommen: Vor einigen Jahren erschien ein Buch mit dem Titel *Fruit-walls improved by inclining them to the horizon*, in dem der Autor per Berechnung zeigt, dass eine viel größere Menge Sonnenstrahlen auf geneigte als auf senkrecht stehende Wände fällt.

viele Hausschwalben sich im Winter nicht weit von unserem Dorf entfernen. Deswegen habe ich mich am südöstlichen Ende der Anhöhe auf die Suche gemacht, weil ich glaubte, sie könnten dort die ungemütlichen Wintermonate verschlummern. Da ich davon ausging, dass eine solche Untersuchung am besten im Frühling zu machen wäre, und bis zum 11. April noch keine Hausschwalbe aufgetaucht war, ließ ich einige Leute an der betreffenden Stelle in Büschen und Höhlen suchen. Sie gaben sich alle Mühe, aber leider ohne Erfolg. Doch geschah während unserer Arbeit etwas Bemerkenswertes, denn die erste Hausschwalbe des Jahres ließ sich im Dorf sehen, flog sofort zu einem Nest, blieb kurz dort und verschwand dann über den Häusern. Bis zum 16. April tauchten keine weiteren Hausschwalben auf, und dann nur ein einziges Pärchen. Sie erschienen dieses Jahr erstaunlich spät.

52. BRIEF

An Selbigen
Selborne, 9. Sept. 1781

Ich habe soeben einen Sachverhalt bezüglich der Mauersegler entdeckt, der eine Ausnahme von allen meinen Beobachtungen darstellt, die ich gemacht habe, seit ich diese Spezies von *Hirundines* studiere. Unsere Mauersegler zogen sich dieses Jahr um den 1. August zurück, und zwar alle, bis auf ein Pärchen, von dem nach zwei oder drei Tagen nur noch ein Vogel da war. Dessen Beharrlichkeit gab zu der Vermutung Anlass, dass nur das stärkste Motiv, nämlich die Bindung an den Nachwuchs, ein so langes Verweilen erklären könnte. Ich gab also gut acht und entdeckte am 24. August, dass sich ein Weibchen unter der Traufe der Kirche um zwei flügge Junge kümmerte, die ihr weißes Kinn hervorstreckten. Sie blieben bis zum 27. August im Nest, waren von Tag zu Tag munterer und schienen auf das Ausfliegen zu warten. Danach waren sie auf einmal verschwunden, ohne dass ich beobachtet hätte, wie sie zusammen mit der Mutter um die Kirche kreisen, um fliegen zu lernen, was sonst üblich ist. Am 31. August ließ ich die Traufe durchsuchen und fand ein Nest mit zwei toten, stinkenden, nackten Mauerseglern, darüber ein zweites Nest. Dieses war voller schwarz glänzender Larven von *Hippoboscae hirundinis* (Lausfliegen).

Die Folgerungen aus der ungewöhnlichen Begebenheit liegen auf der Hand. Erstens: Es mag für Mauersegler zwar ungünstig sein, über Anfang August hinaus zu bleiben, doch sie halten es offensichtlich länger bei uns aus. Zweitens: Da das seltene Ereignis auf den Verlust der ersten Brut zurückzuführen war, untermauert es meine früheren Ausführungen, dass Mauersegler gewöhnlich nur einmal brüten, denn im anderen Fall wäre der oben beschriebene Vorfall weder neu noch selten.

PS: In Lyndon in der Grafschaft Rutland wurde 1782 noch am 3. September ein Mauersegler entdeckt.

53. BRIEF

An Selbigen

Da ich erfahren habe, dass Sie Erkundigungen über verschiedene Insekten einziehen, schicke ich Ihnen hier einen Bericht über eine Art, die ich in unserem Königreich zu finden kaum erwartet hätte. Ich hatte schon öfter beobachtet, dass ein bestimmter Abschnitt des Weins, der an der Rückwand meines Hauses wächst, im Herbst mit einer schwarzen, staubähnlichen Schicht bedeckt ist, die von den Fliegen begierig gefressen wird, und dass die davon betroffenen Triebe und Blätter nicht gedeihen und auch die Früchte nicht reifen. Ich untersuchte die Substanz mit der Lupe, fand aber keinen Hinweis darauf, dass es sich, wie anfangs vermutet, um tierisches Leben handelte. Doch bei genauerer Untersuchung entdeckte ich überraschenderweise, dass die dickeren Äste hinten mit röhrenartigen Schalen übersät waren, von denen eine baumwollartige Substanz ausging, die eine Masse von Eiern enthielt. Das eigenartige und höchst ungewöhnliche Phänomen rief mir in Erinnerung, was ich bezüglich *Coccus vitis viniferae Linnaeus* gehört und gelesen hatte, der Rebenschildlaus, die in Südeuropa die Weinstöcke befällt und eine grässliche Plage ist. Als ich mir die Beschreibung angesehen hatte, wusste ich sofort, dass mein Wein von diesem Insekt befallen war, dem der ungewöhnlich strenge letzte Winter offenbar nichts ausgemacht hatte.

Da ich damals nicht wusste, dass das Insekt auch in England vorkommt, vermutete ich stark, dass es aus Gibraltar stammte und in den vielen Kisten und Paketen mit Pflanzen und Vögeln zu uns gekommen war, die mir früher von dort geschickt wurden,[1] zumal der befallene Wein unter dem Fenster meines Arbeitszimmers wuchs, in dem ich gewöhnlich meine Präparate aufbewahre. Nun erhalte ich zwar seit Jahren keine Sendungen mehr von dort, aber da Insekten bekanntermaßen auf oft unerwartete Art und Weise von Land zu Land gebracht werden und darüber hinaus die wunderbare Fähigkeit besitzen, so lange auszuharren, bis sie einen geeigneten Platz zur Versorgung und Vermehrung gefunden haben, muss ich davon ausgehen, dass die *cocci* ursprünglich aus Andalusien kommen. Dennoch gebietet mir meine Aufrichtigkeit anzumerken, dass Mr. Lightfoot mir geschrieben hat, er habe das Insekt, allerdings nur ein einziges Mal, an einem Wein in Weymouth in Dorsetshire entdeckt, einer Hafenstadt, woran ich erinnern möchte, in die es per Schiff gelangt sein könnte.

Da viele meiner Leser wahrscheinlich nie von diesem seltsamen und außergewöhnlichen Insekt gehört haben, will ich hier eine Passage aus der Naturgeschichte Gibraltars[2] wiedergeben, die von Reverend John White, dem verstorbenen Vikar von Blackburn in Lancashire, geschrieben und bisher nicht veröffentlicht wurde:

»Im Jahre 1770 war der Wein, der an der Ostseite meines Hauses wuchs und seit vielen Jahren die schönsten Trauben getragen hatte, plötzlich an allen verholzten Ästen mit großen Mengen einer weißen, faserigen Substanz überzogen, die an Spinnweben oder eher an rohe Baumwolle erinnerte. Sie fühlte sich feuchtkalt an, klebte an allem fest, was damit in Berührung kam, und konnte zu langen Fäden versponnen werden. Zuerst hielt ich es für eine Hervorbringung von Spinnen, konnte aber keine solche entdecken. Nichts schien mit der Substanz zu tun zu haben, außer den vielen braunen, ovalen Röhren, die ganz und gar nicht wie Insekten aussahen, sondern kleinen Stückchen trockener Rinde ähnelten. Der Weinstock hatte reichlich Trauben ausgebildet, als die Plage über ihn kam, doch litten sie offensichtlich unter der schweren Belastung. Den ganzen Sommer über wurde es nicht besser und nahm sogar zu, sodass die verholzten und tragenden Äste in hohem Maße befallen waren. Ich streifte öfter größere Mengen Substanz mit der Hand ab, aber sie war so schleimig und zäh, dass ich unmöglich alles entfernen konnte. Die Trauben erlangten nicht ihre natürliche Qualität und schmeckten wässrig und fad. Als ich hinterher das Werk von Monsieur de Réaumur konsultierte, fand ich alles genauestens beschrieben und begründet. Die röhrenartigen Schalen, die ich beobachtet hatte, waren die weiblichen *cocci*, denen seitlich die baumwollähnliche Substanz entströmte, die den Eiern als Hülle und Schutz diente.«

Dem Bericht wäre hinzuzufügen, dass die weiblichen *cocci* zwar stationär sind und sich nur selten von dem Platz wegbewegen, an dem sie kleben, die Männchen aber geflügelte Insekten sind. Bei dem schwarzen Staub, den ich sah, handelte es sich zweifellos um die Exkremente der Weibchen, die sowohl von Ameisen als auch von Fliegen gefressen werden. Obwohl der extrem strenge Winter den Insekten nichts anhaben konnte, hat die ein oder zwei Sommer währende Behandlung durch meinen Gärtner den Wein von dem scheußlichen Befall befreit.

Da ich oben davon sprach, dass Insekten oft auf unerklärliche Weise von einem Land ins andere gelangen, will ich hier noch auf die Emigration von kleinen *Aphides* oder Blattläusen eingehen, die erst kürzlich am 1. August 1785 in unserem Dorf Selborne beobachtet wurde.

An dem sehr heißen Tag wurden die Leute im Dorf gegen drei Uhr nachmittags von einer Wolke von *Aphides* überrascht, die in das Gebiet einfiel. Wer zu dem Zeitpunkt auf der Straße ging, war von oben bis unten von den Insekten bedeckt, die sich auch auf den Hecken und in den Gärten niederließen, sodass alle Pflanzen schwarz davon waren. Mein Gemüse verfärbte sich und die Stängel in einem Zwiebelbeet waren sechs Tage lang voller Insekten. Diese Heerscharen befanden sich zweifellos auf der Migration und wechselten ihren Lebensraum. Sie kamen, soweit wir wissen, von den großen Hopfenplantagen in Kent oder Sussex, denn der Wind wehte den ganzen Tag aus östlicher Richtung. Zur selben Zeit wurden auch große Insektenwolken bei Farnham und im Tal zwischen Farnham und Alton beobachtet.*

54. BRIEF

An Selbigen

Dear Sir, immer wenn ich eine Familie besuche, in der Gold- und Silberfische in einer Glaskugel gehalten werden, freue ich mich, denn es gibt mir Gele-

* beobachtet: Für andere Methoden der Insekten, ihren Standort zu wechseln, siehe Derhams *Physico-Theology*.

genheit, die Verhaltensweisen und Vorlieben eines Tieres zu studieren, das wir nicht in seinem natürlichen Umfeld kennen. Kürzlich verbrachte ich zwei Wochen im Haus eines Freundes[1] mit so einem Vivarium, dem ich nicht wenig Aufmerksamkeit schenkte, um alles in Erfahrung zu bringen, was in seinen engen Grenzen vor sich ging. Hier konnte ich zum ersten Mal beobachten, wie Fische sterben: Sobald sie krank werden, sinken sie vorn immer tiefer, bis sie förmlich auf dem Kopf stehen, immer schwächer werden, das Gleichgewicht verlieren, sich der Schwanz herumdreht und sie schließlich mit dem Bauch nach oben auf der Wasseroberfläche treiben. Es liegt auf der Hand, warum tote Fische oben schwimmen, denn wenn der Körper nicht mehr mit den Bauchflossen ausbalanciert wird, bekommt der breite, muskulöse Rücken ein Übergewicht, drückt den Bauch nach oben, da dieser als Hohlraum leichter ist und die Schwimmblase enthält, die dafür sorgt, dass der Fisch im Wasser schweben kann. Einige Menschen, die sich an Gold- und Silberfischen erfreuen, sind der Meinung, dass diese kein Futter benötigten. Es stimmt zwar, dass sie lange Zeit nur mit der Nahrung auskommen, die sie dem regelmäßig gewechselten, sauberen Wasser entnehmen. Dennoch müssen sie sich von winzigen Tierchen und anderen Stoffen im Wasser ernähren, denn obwohl sie anscheinend nichts fressen, lassen sie die Folgen der Nahrungsaufnahme oft fallen. Dass sie magere Kost vorziehen, ist leicht zu widerlegen, indem man ihnen Brotkrumen gibt, nach denen sie sehr bereitwillig, um nicht zu sagen, gierig schnappen. Allerdings sollte man ihnen nicht zu viel Brot geben, damit das Wasser nicht umschlägt und sauer wird. Sie ernähren sich auch von Wasserpflanzen, die *lemna* (Entengrütze) genannt werden, dazu auch von Fischbrut.

Für leichte Bewegungen benutzen sie ihre *Pinnae pectorales* (Brustflossen), doch nur dank der sehr muskulösen Schwanzflossen können sie, wie alle Fische, mit unglaublicher Schnelligkeit dahinschießen. Man sagt über Fischaugen, sie seien unbeweglich, aber diese Fische können ihre Augen nach Bedarf in den Höhlen nach vorn und hinten drehen. Von einer brennenden Kerze, die nahe an ihren Kopf gehalten wird, nehmen sie kaum Notiz, aber sie zucken und ängstigen sich offenbar, wenn man plötzlich gegen die Kordel schlägt, an der die Glaskugel aufgehängt ist, und zwar vor allem, wenn sie reglos sind und vermutlich schlafen. Da Fische keine Augenlider besitzen, ist es schwer zu erkennen, ob sie schlafen oder nicht, denn ihre Augen sind immer offen.

Solche Fische in einer Glaskugel zu beobachten ist äußerst unterhaltsam: Durch die doppelte Brechung des Lichtes im Glas und im Wasser werden ihre Bewegungen in den vielfältigsten Variationen von Größe, Schatten und Farben abgebildet. Dank der konkav-konvexen Form des Gefäßes sieht man sie stark vergrößert und verzerrt, ganz zu schweigen davon, dass ein neues Element, das samt Bewohnern in den Häusern Einzug hält, unsere Vorstellungskraft in sehr ansprechender Form anregt.

Gold- und Silberfische, die ursprünglich in China und Japan beheimatet sind, haben sich so sehr an unser Klima gewöhnt, dass sie gut gedeihen und sich in unseren Teichen und Becken schnell fortpflanzen. Linnaeus klassifiziert sie in der Gattung der *Cyprini* oder Karpfenfische und bezeichnet sie als *Cyprinus auratus*.

Einige Leute stellen ihre Goldfische auf sehr eigenwillige Art zur Schau, indem sie sich eine Glaskugel mit einem großen, hohlen Innenraum blasen lassen, der nicht mit der Kugel verbunden ist. In die Höhlung setzen sie gelegentlich einen Vogel, sodass man etwa einen Grünfink oder einen Hänfling mitten im Wasser herumhopsen sieht, während ein Goldfisch um ihn herumschwimmt. Die Fische auf einfache Art zu zeigen ist schön und angemessen, aber in dieser komplizierten Form wird es skurril und unnatürlich, sodass der Einwand gilt:

»Qui variare cupit rem prodigialiter unam.«
[Wer ungeheuerlich etwas Einfaches zu verändern wünscht, (malt einen Delfin in die Wälder und einen Eber ins Meer).]
[Horaz: *Episteln*, Buch II, 3, 29–30]

Ihr, etc.

55. BRIEF

An Selbigen
10. Oktober 1781

Dear Sir, ich glaube, ich habe schon früher darauf hingewiesen, dass sich der allergrößte Teil der Hausschwalben um die erste Oktoberwoche von hier zurückzieht, dass aber einige, sicher aus der späteren Brut, bis Mitte des Monats bei uns verweilen und dass sich ganz wenige, vielleicht einmal alle zwei oder drei Jahre, für nur einen Tag in der ersten Novemberwoche zeigen.

Da ich mir im Oktober 1780 notiert hatte, dass der letzte Schwarm bei mildem und ruhigem Wetter sehr groß war und vielleicht bis zu 150 Stück umfasste, war ich entschlossen, den späten Vögeln meine Aufmerksamkeit zu schenken, um herauszufinden, wo sie nächtigen und wann genau sie sich zurückziehen. Die Lebensweise dieser *Hirundines* kommt meinem Vorhaben sehr entgegen, da sie den ganzen Tag in dem geschützten Bereich zwischen meinem Haus und dem Hanger verbringen, dort seelenruhig herumfliegen und sich über die Insekten hermachen, die sich, ungestört von den rauen Winden, an besagter Stelle aufhalten. Da es mir hauptsächlich um den Ort ging, an dem sie die Nacht verbringen, wartete ich bis zu ihrem Aufbruch und konnte erfreut feststellen, dass sie mehre Abende genau um Viertel nach fünf in großer Eile nach Südosten schossen und in das niedrige Gebüsch einfielen, das sich oberhalb der Cottages am Hanger befindet. Der Platz schien in mancherlei Hinsicht gut geeignet als Winterlager, denn das Buschwerk ist an vielen Stellen steil wie ein Hausdach und bietet deshalb Schutz vor dem Regen. Außerdem ist es mit Buchensträuchern durchsetzt, die durch den Schafverbiss verkrüppelt sind und ein verschlungenes Dickicht bilden, auch für den kleinsten Spaniel undurchdringbar. Darüber hinaus werfen die Buchen im Unterholz den ganzen Winter ihre Blätter nicht ab, sodass, mit Laub am Boden und an den Zweigen, kein besserer Unterschlupf denkbar ist. Ich beobachtete, wie sich die Vögel bis zum 13. und 14. Oktober abends zur selben Zeit auf dieselbe Weise zurückzogen und danach nur noch sporadisch auftauchten. Gelegentlich zeigte sich eine versprengte Schwalbe, dann am 22. Oktober flogen noch zwei über das Dorf, womit meine Aufzeichnungen für die Saison endeten.

Fügt man die einzelnen Vorkommnisse zusammen, ist es mehr als wahrscheinlich, dass der zögerliche Schwarm so spät im Jahr unsere Insel nicht mehr verließ. Hätten sie mich in jenem Herbst mit einem Besuch im November beehrt, wie ich es mir dringend wünschte, dann wäre die Angelegenheit mit Hilfe ein paar fähiger Assistenten ein für alle Mal geklärt worden. Doch obwohl der 3. November ein lieblicher Tag war und augenscheinlich allen meinen Wünschen entsprach, zeigte sich nicht eine einzige Hausschwalbe, sodass ich mich, wenn auch zögernd, gezwungen sah, mein Vorhaben aufzugeben.

Ich habe lediglich hinzuzufügen, dass man in den Büschen, die mehrere Morgen bedecken und nicht zu meinem Besitz gehören – könnte man dort graben und sorgfältige Untersuchungen anstellen –, vermutlich die späte Brut und vielleicht sogar den gesamten Bestand an Hausschwalben unserer Gegend in ihren geheimen Schlafstätten finden würde. So käme heraus, dass sie sich keinesfalls in wärmere Regionen zurückziehen, sondern sich nicht einmal 300 Yards vom Dorf entfernen.

Eichhörnchen

56. BRIEF

An Selbigen

Wer über Naturgeschichte schreibt, kann nicht häufig genug auf den Instinkt verweisen, jene wunderbare begrenzte Fähigkeit, welche die tierische Schöpfung manchmal über den Verstand erhebt, sie aber in anderen Fällen weit dahinter zurückfallen lässt. Philosophen definieren den Instinkt als verborgenen Einfluss, durch den jede Spezies von Natur aus angetrieben wird, stets auf dieselbe Weise vorzugehen, ohne dass die Methode erlernt oder einem Beispiel entnommen werden müsste, wohingegen der Verstand ohne Unterweisung sich häufig wechselnder Methoden bedienen würde, um das zu tun, was der Instinkt immer gleichförmig erledigt. Allerdings muss die Maxime mit gewissen Einschränkungen versehen werden, denn es gibt Beispiele, in denen der Instinkt variabel ist und sich den Umständen von Zeit und Gegebenheit anpasst.

Jede Vogelart hat bekanntermaßen eine spezifische Art zu brüten, schon ein Schuljunge erkennt den Vogel am Nest. Das gilt für Felder, Wälder und Wildnis, doch in den Dörfern um London, wo kaum Moose, Gräser und Pflanzenfasern zu finden sind, ist das Nest des Buchfinks längst nicht so elegant ausgeführt und nicht so hübsch mit Flechten besetzt wie in einem ländlicheren Gebiet. Der Zaunkönig muss dort beim Bau seines Hauses mit Stroh und trockenem Gras vorliebnehmen, die nicht zu dem erstaunlich gerundeten und kompakten Bauwerk führen, für das der kleine Architekt so berühmt ist. Das Nest der Hausschwalbe ist normalerweise halbkugelig, aber wenn ein Sparren, Balken oder Gesims im Wege steht, wird es gemäß den Hindernissen entworfen und ist flach, oval oder eingedrückt.

In den folgenden Beispielen ist der Instinkt jeweils völlig

Kleiber

gleichförmig und konsistent. Es gibt drei Tiere, das Eichhörnchen, die Feldmaus und den Kleiber (*Sitta europaea*), die sich alle im Wesentlichen von Haselnüssen ernähren, sie aber auf verschiedene Weise öffnen. Das erste Tier raspelt das spitze Ende ab und spaltet die Schale mit seinen langen Vorderzähnen, wie ein Mensch mit einem Messer. Das zweite Tier nagt mit den Zähnen ein Loch hinein, so rund wie mit einem Bohrer und so klein, dass man kaum glauben kann, der Kern würde hindurchpassen. Das dritte Tier pickt mit dem Schnabel ein unregelmäßiges Loch hinein, aber da es keine Pfoten hat, um die Nuss wie ein Handwerker bei der Arbeit festzuhalten, klemmt es sie in eine Art Schraubstock, eine Baumspalte oder einen anderen Schlitz, und durchlöchert von oben die harte Schale. Wir haben öfter Nüsse in die Spalte eines Torpfostens gesteckt, wo sich Kleiber aufhielten, und sie wurden jedes Mal aufgehackt.

Dabei machen die Vögel ein klopfendes Geräusch, das noch in beträchtlicher Entfernung zu hören ist.

Da Sie in Theorie und Praxis viel von Musik verstehen,[1] können Sie uns vielleicht am besten darüber aufklären, warum Harmonien und Melodien manche Menschen auf so besondere Weise ergreifen, und das sogar in der Erinnerung, Tage nach einem Konzert. Was ich damit sagen will, wird in der folgenden Passage deutlich:

> »Praehabebat porro vocibus humanis, instrumentisque harmonicis musicam illam avium: non quod alia quoque non delectaretur; sed quod ex musica humana relinqueretur in animo continens quaedam, attentionemque et somnum conturbans agitatio; dum ascensus, excensus, tenores, ac mutationes illae sonorum, et consonantiarum euntque, redeuntque per phantasiam – cum nihil tale relinqui possit ex modulationibus avium, quae, quod non sunt perinde a nobis imitabiles, non possunt perinde internam facultatem commovere.«
> [Er zog die Musik der Vögel derjenigen vor, die von der menschlichen Stimme und den harmonischen Instrumenten erzeugt wurde. Nicht dass ihm Letztere keine Freude bereitete, aber die Melodien und Harmonien liefen wieder und wieder in seiner Vorstellung ab, sodass das andauernde Vergnügen seinen Geist ablenkte und seinen Schlaf störte. So war es jedoch nicht mit der Musik der Vögel – aus dem einen Grund, dass diese Melodien nicht geeignet waren, von Menschen wiederholt zu werden, und deswegen nicht im Gedächtnis haften blieben und die inneren Fähigkeiten nicht völlig durcheinanderbringen konnten.]
> [Gassendus in *Vita Peireskii*] [2]

Das wunderliche Zitat beeindruckt mich sehr, weil es genau mein eigenes Erleben wiedergibt und beschreibt, was ich oft empfunden haben, ohne dass ich es so gut hätte ausdrücken können. Wenn ich schöne Musik höre, verfolgen mich einzelne Passagen Tag und Nacht, und zwar mit einer Eindringlichkeit, die mir vor allem, wenn ich morgens aufwache, mehr Unbehagen als Vergnügen bereitet. Elegante

Übungsstücke reizen immer noch meine Vorstellungskraft und drängen sich mir unwiderstehlich auf, auch wenn ich über ernstere Dinge nachzudenken wünsche.

Ihr, etc.

57. BRIEF

An Selbigen

Ein seltener und meiner Meinung nach neuer, kleiner Vogel kommt seit einiger Zeit in meinen Garten. Ich habe allen Grund anzunehmen, dass es sich um eine Gartengrasmücke handelt, die in einigen Teilen des Königreichs gewöhnlich ist und von der ich früher mehrere tote Exemplare aus Gibraltar erhielt. Der Vogel hat starke Ähnlichkeit mit der Dorngrasmücke, ist aber weißer oder, besser gesagt, silbrig an Brust und Bauch. Er ist unruhig und aktiv wie der Zilpzalp, hüpft von Ast zu Ast, sucht jede Stelle nach Nahrung ab, klettert die Stängel der Kaiserkronen hinauf, steckt den Kopf in die Blütenglocken und nippt die Flüssigkeit aus den Nektarien der Blütenblätter. Manchmal frisst er am Boden wie die Heckenbraunelle und hüpft dabei über Rasenstücke und Wege.

Einer meiner Nachbarn, ein kluger, aufmerksamer Mann, teilte mir mit, Anfang Mai abends um zehn vor acht eine große Ansammlung von Rauchschwalben entdeckt zu haben, mindestens dreißig, wie er schätzte, die auf einer Weide am Ufer von James Knight's oberem Teich hockten. Sie hatten mit ihrem Zwitschern seine Aufmerksamkeit geweckt, saßen regungslos in einer Reihe auf einem Ast, die Köpfe alle in eine Richtung gewandt, und drückten mit ihrem Gewicht den Ast so tief herunter, dass dieser beinahe das Wasser berührte. Er behielt die Szene im Auge, bis es zu dunkel war, um etwas zu erkennen. Solche Beobachtungen,

Wanderfalke

die wiederholt im Frühjahr und Herbst gemacht wurden, geben stark zu der Vermutung Anlass, dass Rauchschwalben, unabhängig von der Nahrungssuche, einen engen Bezug zum Wasser haben. Auch wenn sie sich vielleicht nicht in das nasse Element zurückziehen, könnten sie sich in den ungemütlichen Wintermonaten an den Ufern von Teichen und Flüssen verbergen.

Einer der Wildhüter im Wolmer Forest schickte mir einen Wanderfalken, den er am Rande des Gebietes geschossen hatte, als dieser gerade eine Ringeltaube verschlang. Der *Falco peregrinus* ist ein nobles Tier, das man selten in den südlichen Grafschaften findet. Im Winter 1767 wurde einer in der Nachbargemeinde Farringdon getötet, den ich dann Mr. Pennant nach North Wales schickte.* Seitdem hatte ich keinen Wanderfalken mehr gesehen. Das oben erwähnte Exemplar war in einem guten Erhaltungszustand und nicht durch den Schuss beschädigt. Der Falke hatte eine Spannweite von 52 Zoll, maß von Schnabel bis Schwanz 21 Zoll und kam auf ein Gewicht von 2½ Pfund. Die Spezies ist sehr kräftig und von der Gestalt eines Räubers: Seine Brust war stark und muskulös, die Schenkel lang und stämmig, die Beine erstaunlich kurz und wohlgesetzt, die Füße höchst beeindruckend mit langen, scharfen Krallen bewaffnet. Augenlider und Wachshaut des Schnabels waren gelb, die Iris war dunkelbraun, der Schnabel dick und hakenförmig, schwärzlich in der Farbe, beidseitig mit einem gezackten Fortsatz am oberen Ende des Oberschnabels. Der Schwanz war im Verhältnis zum kräftigen Rumpf kurz, die Flügel bedeckten im geschlossenen Zustand nicht die Schwanzfedern. Nach der Größe und den feinen Proportionen des Körperbaus zu urteilen, handelte es sich um ein Weibchen, doch durfte ich das Exemplar nicht öffnen. Wenn Raubvögel in der Regel schlank sind, galt das für ihn in hohem Maße. In seinem Kropf fanden sich viele Gerstenkörner, vermutlich von der Ringeltaube, die er gerade verschlang, als man ihn schoss. Raubvögel fressen keine Körner, doch wenn sie Beute gemacht haben, verschlingen sie voller Ungestüm unterschiedslos alles, Knochen, Federn etc. Der Falke kommt vermutlich aus den Bergen von North Wales oder Schottland, wo er bekanntlich brütet, und wurde durch das schlechte Wetter und den hohen Schnee, der kürzlich fiel, von dort vertrieben.

Ihr, etc.

* nach North Wales schickte: Siehe meinen 10. und 11. Brief an diesen Gentleman.

58. BRIEF

An Selbigen

Mein nächster Nachbar,[1] ein junger Gentleman, der in Diensten der East India Company steht, brachte ein Pärchen chinesischer Hunde aus Kanton mit, die dort zum Verzehr gemästet werden. Sie sind ungefähr so groß wie ein mittlerer Spaniel, von blassgelber Farbe, mit rauen Haaren am Rücken, Stehohren und spitzer Schnauze, die ihnen ein fuchsähnliches Aussehen verleiht. Die Hinterläufe sind ungewöhnlich gerade, ohne Beuge am Sprunggelenk, sodass ihr Gang sehr plump wirkt. Die Rute ist, wie bei einigen Jagdhunden, beim Laufen hoch über den Rücken aufgerichtet und hat etwa in der Mitte einen kahlen Fleck, der nicht von einem Unfall herzurühren scheint, sondern wohl ein typisches Merkmal ist. Die Augen sind kohlschwarz, klein und stechend, Maul und Lippen ebenfalls von schwärzlicher Farbe, die Zunge ist blau. Das Weibchen hat an beiden Hinterläufen Daumenkrallen, das Männchen nicht. Das Weibchen zeigte eine gewisse Neigung zur Jagd, nahm die Fährte einer Kette Rebhühner auf und stellte sie, wobei sie ihre Zunge die ganze Zeit über heraushängen ließ. Südamerikanische Hunde sind stumm, diese aber bellen kurz auf, wie ein Fuchs. Ihr Verhalten ist wild, wie das ihrer Vorfahren, die nicht domestiziert sind, sondern in Ställen gehalten und gefüttert werden, um mit Reis und Mehlspeisen auf den Tisch zu kommen. Obwohl die beiden Hunde gleich nach dem Absetzen an Bord genommen wurden und nicht viel vom Muttertier lernen konnten, fraßen sie kein Fleisch, als sie nach England kamen. Auf den Inseln des Pazifischen Ozeans werden sie mit Gemüse ernährt; das Fleisch, das ihnen von unseren Weltumseglern angeboten wurde, wollten sie nie fressen.

Wir glauben, dass alle Hunde von Natur aus Spitzohren wie Füchse haben und dass Hängeohren, die als elegant

Rebhühner

gelten, eine Folge von Zuchtwahl und Kultivierung sind. In den Berichten des Ysbrand Ides über seine Reise von Moskau nach China sind die Schlittenhunde in der Tatarei am Fluss Oby mit spitzen Ohren dargestellt, genauso wie die aus Kanton. Auch in Kamtschatka werden Hunde mit aufrechten Ohren und spitzen Schnauzen zum Schlittenziehen trainiert, wie man aus einer schönen Abbildung ersehen kann, die für Captain Cooks Bericht über seine letzte Weltreise gestochen wurde.

Wo wir einmal beim Thema Hunde sind, möchte ich hinzufügen, dass Spaniels, wie jeder Jäger weiß, zwar wie aus Instinkt Rebhühner und Fasanen jagen, und das mit Freude und Eifer, sie aber deren Knochen nicht anrühren, wenn sie ihnen zum Fressen gegeben werden. Das gilt auch für einen meiner Mischlingshunde, obwohl er beim Aufstöbern von Federwild ganz bemerkenswert ist. Doch als wir den beiden chinesischen Hunden die Knochen von Rebhühnern gaben, verschlangen sie diese gierig und leckten die Schüssel ab.

Kein Jagdhund wird Waldschnepfen aufscheuchen, wenn er nicht auf den Geruch trainiert wurde, nachher aber mit

Leidenschaft und Begeisterung. Die Knochen rührt er nicht an und wendet sich, selbst wenn er Hunger hat, angewidert davon ab.

Nun ist es nicht verwunderlich, dass Hunde die Knochen von Vögeln nicht mögen, die sie ihrer Veranlagung nach nicht jagen. Aber warum sie ihre natürliche Beute zurückweisen und verschmähen, ist nicht so einfach zu erklären, wo doch der Zweck der Jagd offensichtlich darin besteht, das verfolgte Wild zu verzehren. Hunde fressen keine ranzig schmeckenden Wasserhühner, keine Knochen von Federwild und auch keine stinkenden Vögel, die sich von Abfall und Unrat ernähren. Ihre Abneigung könnte gewissermaßen ein Instinkt sein, der durch die Vorsehung bestimmt ist, denn Geier*, Milane, Raben, Krähen etc. sind Fressgenossen der Hunde* beim Aas und scheinen von der Natur dazu ausersehen, all die lästigen Kadaver vom Angesicht der Erde zu entfernen.

Ihr, etc.

59. BRIEF

An Selbigen

Der versteinerte Wald in den Sümpfen des Wolmer Forest ist noch nicht ganz erschöpft, denn die Torfstecher stoßen gelegentlich auf einen Stamm. Ich habe gerade ein Stück in Augenschein genommen, das von einem Arbeiter aus Oakhanger zu einem Zimmermann im Dorf gebracht wurde. Es handelt sich um das Endstück einer kleinen Eiche, etwa 5 Fuß lang und 5 Zoll im Durchmesser. Es war schwer und schwarz wie Ebenholz und offensichtlich mit der Axt geschlagen worden. Auf meine Frage,

* Geier: Hasselquist berichtet von Hunden und Geiern in Kairo, die so vertraut miteinander sind, dass sie ihre Jungen am selben Ort aufziehen.

* Hunde: Das chinesische Wort für Hunde klingt für ein europäisches Ohr wie *quihloh*.

was er mit dem Holz machen wolle, antwortete der Zimmermann, sein Bruder, ein Tischler in Farnham, würde es zusammen mit anderen Hölzern für Intarsien an einem Schrank verwenden.

Wer sich im Frühling und Sommer nach Einbruch der Dunkelheit oft draußen aufhält, wird häufig einen Nachtvogel vorbeifliegen hören, der immer wieder einen kurzen, schnellen Ton ausstößt. Ich habe den Vogel oft bemerkt und konnte ihn lange nicht identifizieren, bis ich erkannte, dass es ein Triel (*Charadrius oedicnemus*) ist. Einige der Vögel fliegen fast jeden Abend in der Dunkelheit über mein Haus. Sie kommen oben von der Hochebene am North Field und fliegen Richtung Dorton, wo sie an den Bächen und in den Wiesen reichlich Nahrung finden. Vögel, die nachts fliegen, sind dazu gezwungen, laut zu sein, denn die wiederholten Töne sind ihre Signale oder Parolen, damit sie zusammenbleiben und sich nicht verirren oder in der Dunkelheit verlieren.

Die abendlichen Prozessionen und Manöver der Saatkrähen im Herbst sind kurios und amüsant. Kurz vor Einbruch der Dämmerung kommen sie in langen Ketten von der Futtersuche des Tages zurück und treffen sich zu Tausenden über dem Selborne Down, wo sie herumkreisen, sich im Spiel jagen und Sturzflüge machen, während sie nach Leibeskräften unentwegt krähen, was sich bei uns unten im Dorf, im Zusammenklang und gedämpft durch die Entfernung, wie ein chaotisches Stimmengewirr oder Schelten anhört, nein, besser wie ein angenehmes Murmeln, das die Vorstellungskraft anregt, gar nicht so verschieden von einem Rudel Jagdhunde in den nachhallenden Wäldern, dem Rauschen des Windes in hohen Bäumen oder den Wellen, die über einen Kieselstrand streichen. Wenn die Zeremonie mit dem letzten schimmernden Tageslicht vorüber ist, ziehen sie sich für die Nacht in die tiefen Buchenwälder von Tisted und Ropley zurück. Ein kleines Mädchen sagte beim Zubettgehen, als sie die Krähen hörte, im wahren Geist der

Saatkrähe

Naturtheologie, dass die Krähen ihre Gebete aufsagen, auch wenn das Kind viel zu klein war, um zu wissen, dass es in der Schrift vom Herrgott heißt, »er füttert die Raben, die ihn anrufen.«[1]

Ihr, etc.

60. BRIEF

An Selbigen

In Dr. Huxhams *Observationes de Aëre*, herausgegeben in Plymouth, finde ich unter den so irritierenden wie präzisen Bemerkungen zu einem Bericht über das Wetter in den Jahren 1727 bis einschließlich 1748, dass es in Devonshire zwar ständig regnet, aber die gefallenen Regenmengen nicht sehr groß und in einigen Jahren sogar sehr klein sind: 1731 wurden nur 17,266 Zoll gemessen, 1741 waren es 20,354 und 1743 wieder nur 20,908 Zoll. Nahe am Meer gelegene Orte verzeichnen häufig Windböen, welche die Atmosphäre feucht halten, aber nicht weit ins Land vordringen. Auch wenn es kaum regnet, ist dort die feuchte Meeresluft vorherrschend. In den nassesten Jahren maß der Doktor einmal 36 und, im Jahr 1734, einmal 37,114 Zoll, eine Niederschlagsmenge, die in Selborne in dem kurzen Zeitraum meiner eigenen Messungen zweimal übertroffen wurde. Dr. Huxham schreibt, dass häufige kleine Regenschauer die Luft feucht halten, während ein starker Regenguss sie trockener macht, weil der Dunst niedergeschlagen wird. Er vertritt auch die Meinung, dass die trübe, rauchige Luft in sehr trockenen Zeiten auf einem Mangel an Feuchtigkeit beruht, die erforderlich ist, um das Licht durchzulassen und die Atmosphäre transparent zu machen. Er hatte nämlich beobachtet, dass bestimmte Körper bei Feuchtigkeit durchscheinender sind als bei Trockenheit, aber die Luft zu Regenzeiten nie so beschaffen war.

Mein Freund,[1] der oben am Selborne Down wohnt, kam mit seinen drei Drehbassen[2] zu mir, um sie auf meinem Anwesen mit der Mündung zum Hanger auszuprobieren. Er hoffte auf eine prächtige Akustik, doch entsprach das Experiment nicht seinen Erwartungen. Als er die Drehbassen zu der Nische auf dem Hanger brachte, hörte sich der Knall, der sich in Richtung Lythe und Comb Wood fortpflanzte, ganz großartig an. Doch als er sie dann an der Hermitage[3] ausprobierte, waren die Zuhörer begeistert vom Echo, das nicht nur Lythe mit so einem Getöse füllte, dass man meinen konnte, alle Buchen würden samt Wurzeln herausgerissen, sondern sich weiter nach links fortpflanzte, in das Tal oberhalb des Combwood Pond drang und sich nach kurzer Pause zu wiederholen schien, sodass sich der Knall bei den Hartley Hangers ausbreitete, um dann schließlich im Unterholz und Buschwald von Ward le ham zu verstummen. Ich hatte bereits darauf hingewiesen, dass unsere Gegend ein zweites Anatot[4] ist, ein Ort des Widerhalls und der Echos, insofern äußerst geeignet für solche Experimente. Hinzuzufügen ist noch, dass die Pausen bei einem Echo, wenn es erstirbt und dann doch wieder aufkommt, die Zuhörer wie Pausen in der Musik überraschen und eine wunderbare Wirkung auf ihre Vorstellungskraft ausüben.

Derselbe Gentleman hat in seinem Haus in Newton Valence ein Barometer angebracht. Die Röhre war zuerst hier (in Selborne) zweimal sorgfältig gefüllt worden, wodurch wir uns überzeugten, dass die Quecksilbersäule genauso hoch stand wie in meinem Barometer. Als das Quecksilber dann in Newton eingefüllt wurde, zeigte sein Barometer wegen der größeren Höhe, in der sein Haus steht, 3/10 Zoll weniger an als die Barometer in unserem Dorf, und so ist es jedes Mal, egal wie groß das Gewicht der Atmosphäre gerade ist. Die Skala des Barometers in Newton beginnt bei 27 Zoll,[5] bei Sturm fällt das Quecksilber manchmal auf unter 28. Wir hatten gedacht, dass das Haus in Newton 200 Fuß höher gelegen ist als das in Selborne. Doch wenn die Regel stimmt, die besagt, dass das Quecksilber im Barometer pro 100 Fuß 1/10 Zoll sinkt, dann beweist das Barometer in Newton, das 3/10 unter dem in Selborne steht, dass das dortige Haus nicht 200 Fuß, sondern 300 Fuß höher liegt als das Haus, in dem ich hier schreibe.

Es gehört vielleicht zur Sache, wenn ich hinzufüge, dass die Barometer in Selborne 3/10 Zoll tiefer stehen als die in South Lambeth, woraus wir schließen können, dass ersterer Ort 300 Fuß höher liegt als letzerer, und zwar aus dem einfachen Grund, dass die Flüsse, die bei uns entspringen, bei Weybridge in die Themse und dann weiter nach London fließen. Natürlich muss das Gelände zwischen Selborne und South Lambeth kontinuierlich absinken. Die Entfernung zwischen beiden Orten, alle Windungen und Schlingen eingerechnet, dürfte nicht weniger als 100 Meilen betragen.

Ihr, etc.

61. BRIEF

An Selbigen

Da das Wetter ohne Zweifel zur Naturgeschichte einer Gegend gehört, werde ich mich für die folgenden vier Briefe[1] nicht weiter entschuldigen, da sie viele Details zu den starken Frösten und einige wenige zu den heißen Sommern enthalten, die sich im Laufe meiner Beobachtungen als auffällig herausgeschält haben.

Der Frost im Januar 1768, auch wenn er noch so kurz anhielt, war der strengste seit vielen Jahren und fügte den immergrünen Sträuchern einen beträchtlichen Schaden zu. Deshalb könnte sich ein Bericht über seine Härte und verheerende Wirkung, vor allem, wenn er nicht die Zweckdienlichkeit aus dem Auge verliert, als willkommen und nützlich für Personen erweisen, die sich an der Gartenkunst erfreuen.

In den letzten zwei oder drei Tagen des vorangegangenen Jahres waren erhebliche Schneemengen gefallen, die gleichförmig und ohne Verwehungen den Boden bedeckten und die niedrige Vegetation sicher einhüllten. Vom ersten bis zum fünften Tag des neuen Jahres fiel weiterer Schnee, danach war der Himmel wolkenlos und die Mittagssonne hatte in geschützten Lagen einen beträchtlichen Effekt.

Die immergrünen Sträucher des Autors, die an so einem Standort wuchsen, waren tagsüber dem Tauwetter und nachts starken Frösten ausgesetzt, sodass der Lorbeerschneeball, der Westindische Lorbeer, der Echte Lorbeer und die Erdbeerbäume nach drei oder vier Tagen wie vom Feuer verbrannt aussahen, während dieselben Pflanzen bei einem Nachbarn in ungeschützter Lage keine Schäden davontrugen.

Daraus wäre zu schließen, dass sich das wiederholte Schmelzen und Gefrieren des Schnees verhängnisvoll auf die Vegetation auswirkt, nicht aber die strenge Kälte. Deswegen ist jedem Gärtner anzuraten, der dem großen Verdruss entgehen will, die Arbeit und die Hoffnungen von Jahren in einigen wenigen Tagen zerstört zu sehen, sich gegen solche Notfälle zu wappnen. Sind seine Anpflanzungen klein, kann er kurzzeitig von Matten, Tüchern, Pflanzenstängeln, Stroh, Schilf oder anderem Abdeckmaterial Gebrauch machen. Ist sein Buschwerk ausgedehnt, muss er seine Leute anhalten, mit Harken und Gabeln vorzugehen, um den Schnee vorsichtig von den Zweigen zu entfernen, denn das nackte Laub sorgt besser für sich selbst, als wenn es mit Schnee bedeckt ist, der schmilzt und wieder gefriert.

Es erscheint vielleicht auf den ersten Blick paradox, aber empfindliche Bäume und Sträucher sollten nicht an sonnigen Standorten gepflanzt werden, nicht nur aus dem oben genannten Grund, sondern auch, weil sie unter solchen Umständen bereits im ersten Frühling austreiben und bis in den Spätherbst Wachstum zeigen, also unter den frühen und späten Frösten leiden. Aus ebendiesem Grund vertragen Pflanzen aus Sibirien nicht unser Klima, denn sie treiben bei den ersten Anflügen des Frühlings stark aus und werden von den kalten Nächten im März oder April geschädigt.

Dr. Fothergill und andere erlebten dieselben Schwierigkeiten bei den empfindlicheren Sträuchern aus Nordamerika, die sie deshalb an Nordwänden pflanzen. Eine Ostwand gibt zusätzlichen Schutz vor den schneidenden Winden aus dieser Himmelsrichtung.

Die Beobachtung kann ohne Bedenken auf tierisches Leben übertragen werden, denn kluge Imker haben jetzt herausgefunden, dass die Bienenstöcke im Winter keiner starken Sonneneinstrahlung ausgesetzt sein dürfen, damit die Bewohner durch die unzeitgemäße Wärme nicht zu früh aus ihrem Schlummer geweckt werden und ihre Säfte noch nicht in Bewegung kommen, was sich später, wenn das Wetter wieder umschlägt, negativ auswirken könnte.

Mit dem kurzen, aber heftigen Frosteinbruch ging einher, dass die Pferde epidemisch erkrankten, bei vielen die

Luftwege angegriffen wurden und einige starben, dass die menschliche Spezies verbreitet unter Erkältungen und Husten litt, dass es nächtelang unter den Betten gefror,[2] dass das hartgefrorene Fleisch nicht aufgespießt werden konnte und in die Keller gebracht werden musste, dass viele Rotdrosseln und Singdrosseln in der Kälte verendeten und die Meisen aus den Reetdächern von Häusern und Scheunen auf geschickte Weise lange Strohhalme herauszogen, aus Gründen, die bereits erklärt wurden.*

In der Nacht zum 3. Januar fiel Benjamin Martins Thermometer in einem ungeheizten Raum auf minus 7 Grad, am 4. Januar auf minus 7½ Grad und am 7. Januar auf minus 8 Grad, eine Temperatur, wie er sie noch nie im Haus gemessen hatte. Er bedauert außerordentlich, dass er seine Instrumente zu dem Zeitpunkt nicht draußen postieren konnte. Die ganze Zeit wehte der Wind aus Nord und Nordost, und doch ließen die Hähne, die tagelang still gewesen waren, am 8. Januar ihre Fanfarenstöße erklingen und krähten nach Leibeskräften als Vorboten milderen Wetters; schließlich fingen die Maulwürfe an zu graben und es setzte Tauwetter ein. Aus letzteren Begleitumständen können wir folgern, dass Tauwetter durch warme, aus der Erde aufsteigende Dämpfe hervorgerufen wird, denn wie sollten unterirdisch lebende Tiere sonst frühzeitig eine Vorahnung davon bekommen? Außerdem haben wir oft beobachtet, dass Kälte von oben herabsteigt, denn hängt man in einer frostigen Nacht ein Thermometer draußen auf, steigt das Quecksilber, wenn eine Wolke dazwischentritt, sogleich um 5 Grad, klart der Himmel wieder auf, kehrt es auf den früheren Wert zurück.

In Bezug auf das oben Gesagte wäre vielleicht anzumerken, dass der Frost in ziemlich regelmäßigen Schritten sein Maximum erreicht, das Tauwetter jedoch nicht durch einen vergleichbaren Rückgang der Kälte erfolgt, sondern oft direkt nach dem strengsten Frost, wie Menschen, die unmittelbar nach einem schweren Ausbruch der Krankheit genesen.

* bereits erklärt wurden: Siehe 41. Brief an Mr. Pennant.

Zur Ehre des Portugiesischen Lorbeers und des Westamerikanischen Wacholders muss erwähnt werden, dass sie das allgemeine Unheil unbeschadet überstanden. Darum empfiehlt es sich, in Ziergärten hauptsächlich mit solchen Bäumen zu arbeiten, die gelegentlichen Widrigkeiten trotzen, damit man nicht einen ärgerlichen Verlust erleidet, der einen zwar nur einmal alle zehn Jahre treffen mag, aber ein Leben lang nicht wiedergutzumachen ist.

Wie sich später herausstellte, war der Ilex stark geschädigt, die Zypressen zur Hälfte zerstört, die Erdbeerbäume siechten dahin, ohne sich wieder richtig zu erholen. Lorbeerschneeball, Westindischer und Echter Lorbeer waren bis auf den Boden abgestorben und sogar die Wilden Stechpalmen an warmen Standorten so stark beeinträchtigt, dass sie alle ihre Blätter verloren.

Am 14. Januar war der Schnee vollständig geschmolzen. Die Rüben kamen, bis auf die an sonnigen Plätzen, unbeschadet aus dem Boden; der Weizen machte einen etwas delikaten Eindruck; die Gartenpflanzen waren in guter Verfassung, denn Schnee ist der beste Mantel zum Abdecken des jungen Gemüses. Ohne dieses freundliche Wetterphänomen gäbe es in den nördlichen Regionen kein pflanzliches Leben. In Schweden ist die Erde im April gerade einmal zwei Wochen vom Schnee befreit, bis das ganze Land mit Blumen übersät ist.

62. BRIEF

An Selbigen

Im Zusammenhang mit dem denkwürdigen Frost vom Januar 1776 geschahen so einzigartige und verblüffende Dinge, dass eine kurze Darstellung vielleicht nicht fehl am Platze wäre.

Um so exakt wie möglich zu sein, will ich die Aufzeichnungen, die ich mir im Laufe der Geschehnisse machte, aus meinem Journal übernehmen. Zuvor sollte darauf hingewiesen werden, dass die erste Januarwoche ungewöhnlich nass war und der Regen aus allen Himmelsrichtungen schüttete. Daraus wäre mit gutem Grund zu folgern, dass es selten zu starken Frösten kommt, wenn sich der Boden vorher nicht vollständig mit Wasser vollgesogen hat,* mit anderen Worten: Auf einen trockenen Herbst folgt selten ein harter Winter.

7. Januar: Den ganzen Tag Schneeverwehungen, gefolgt von Frost, Eisregen und etwas Schnee, bis es dann am 12. Januar so stark schneite, dass alles Menschenwerk eingehüllt war, der Schnee bis über die Zäune reichte und die Hohlwege auffüllte.

Am 14. Januar, als der Autor draußen viel zu erledigen hatte, war er mit einem derart rauen sibirischen Wetter konfrontiert, wie er es nie zuvor und auch seitdem nie wieder erlebt hat. Auf den meisten schmaleren Wegen lag der Schnee bis auf Höhe der Hecken, in denen er sich verfangen hatte und zu wildromantisch grotesken Formen aufgetürmt war, so anregend für die Vorstellungskraft, dass sich bei ihrem Anblick nur Staunen und Begeisterung einstellte. Das Geflügel getraute sich nicht aus den Ställen zu kommen, denn die Hühner und Hähne werden vom glitzernden Schnee geblendet und sind so irritiert, dass sie ohne Hilfe bald verloren wären. Auch die Hasen lagen verdrossen in ihren Mulden und bewegten sich nicht von der Stelle, bis der Hunger die armen Tiere dazu zwang, was vielen dann zum Verhängnis wurde, denn sie verrieten sich durch ihre Fußstapfen in den Schneewehen.

Ab dem 14. Januar nahm der Schneefall weiter zu, sodass die Wagen und Postkutschen nicht länger ihre planmäßigen Routen bestreiten konnten, vor allem auf den Straßen im

* vollgesogen hat: Der Herbst vor dem Januar 1768 war sehr nass, vor allem der Monat September, in dem in Lyndon in der Grafschaft Rutland 6½ Zoll Regen fielen. Der schrecklich lange Frost 1739/40 setzte nach einer regenreichen Zeit ein, in der die Quellen sehr stark schütteten.

Westen, wo anscheinend noch mehr Schnee gefallen war als im Süden. Die Postkutschengesellschaft in Bath, die ihre Kunden zum Geburtstag der Königin befördern wollte, wurde stark in Mitleidenschaft gezogen. Viele Kutschen, die es auf dem Weg von Bath nach London unter schlimmsten Strapazen bis Marlborough geschafft hatten, blieben dort stecken. Die Ladies waren sehr beunruhigt und boten den Leuten hohe Summen, damit sie ihnen den Weg nach London freischaufelten. Aber die Schneemassen waren so gewaltig, dass der 18. Januar[1] vorüberging und sich die Gesellschaft unter sehr misslichen Umständen im Castle und anderen Gasthöfen Unterkunft suchen musste.

Am 20. Januar kam die Sonne zum ersten Mal seit Beginn der Frostperiode heraus, ein Umstand, der sich, wie gesagt, günstig auf die Vegetation auswirkte. Die ganze Zeit über war es nicht sehr kalt, denn das Thermometer hatte auf minus 1, minus 2 oder minus 4 Grad gestanden, doch am 21. Januar fiel es auf minus 7 Grad. Die Vögel waren in einer erbarmungswürdigen Verfassung und standen kurz vor dem Verhungern. Gezähmt durch die Jahreszeit, ließen sich die Feldlerchen in der Stadt sehen, weil die Straßen dort frei waren. Die Saatkrähen suchten die Misthaufen auf, die Nebelkrähen flogen hinter den Pferden her und verschlangen gierig, was diese fallen ließen. Die Hasen kamen in die Gärten, kratzten den Schnee weg und fraßen alles, was sie an Pflanzen finden konnten.

Am 22. Januar hatte der Autor Gelegenheit, durch London zu spazieren, das sich in eine lappländische Stadt verwandelt hatte, wirklich sehr wild und grotesk. Die Metropole bot ein noch einzigartigeres Erscheinungsbild als die ländlichen Gegenden, denn da die Straßen tief in Schnee gebettet waren und die Räder und Hufe das Pflaster nicht berührten, bewegten sich die Wagen völlig lautlos. Von Lärm und Geklapper verschont zu werden, war eigenartig und alles andere als angenehm, denn es machte sich ein Gefühl von Unbehagen breit:

»... ipsa silentia terrent.«
[solche Stille erschreckt.]
[Vergil: *Aeneis*, II, 755]

Am 27. Januar fiel den ganzen Tag lang sehr viel Schnee und abends wurde es bitterkalt. In South Lambeth sank das Thermometer in den folgenden vier Nächten auf minus 12, minus 14, minus 15 und wieder minus 15 Grad, in Selborne auf minus 14, minus 15 und minus 12 Grad. Am 31. Januar, kurz vor Sonnenuntergang, mit Raureif an den Bäumen und auf der Glashülle des Thermometers, fiel die Quecksilbersäule auf 18 Grad unter dem Gefrierpunkt. Am nächsten Morgen um elf Uhr war die Temperatur im Schatten auf minus 9 Grad* gestiegen – normalerweise ein ungewöhnlich starker Frost für den Süden Englands! In diesen vier Nächten war die Kälte so durchdringend, dass das Wasser in beheizten Räumen und unter dem Bett gefror. Tagsüber wehte ein sehr scharfer Wind, dem sich selbst Personen mit robuster Konstitution kaum aussetzen konnten. Die Themse war oberhalb und unterhalb der London Bridge tief zugefroren und große Menschenmengen liefen auf dem Eis herum. Die Straßen waren mit einer dicken Schneeschicht bedeckt, die zerbrach und zu grauem Dreck zertreten wurde, der an Meersalz erinnerte. Der Schnee auf den Dächern war die ganze Zeit so trocken, dass er 26 Tage auf den Häusern lag, länger, als es die ältesten Hausmeister jemals erlebt hatten. Allem Anschein nach hätten wir erwarten können, dass das strenge Wetter wochenlang anhalten würde, denn es war von Nacht zu Nacht kälter geworden. Doch siehe da, am 1. Februar setzte scheinbar ohne Grund Tauwetter ein, und noch vor Einbruch der Dunkelheit fing es leicht an zu regnen, was sich mit der obigen Beobachtung deckt, dass Fröste oft mit einem Mal abklingen und

* minus 9 Grad: In Selborne war es kälter als an jedem anderen Ort, von dem der Autor verlässliche Informationen bekam. Gleichwohl war die Rede von einem Dorf in Kent, wo das Thermometer auf 19 Grad unter den Gefrierpunkt gesunken sein soll. Das in Selborne verwendete Thermometer war von Benjamin Martin geeicht worden.

die Kälte nicht allmählich nachlässt. Am 2. Februar dauerte das Tauwetter an und am 3. tanzten und flogen Schwärme kleiner Insekten in einem Hof in South Lambeth herum, als hätte ihnen der Frost nichts anhaben können. Warum die Säfte in den kleinen Körpern und noch kleineren Gliedmaßen solcher winzigen Wesen nicht gefrieren, wäre eine Untersuchung wert.

Strenge Fröste gibt es anscheinend entweder nur stellenweise oder sie verlaufen in Wellen, denn zum selben Zeitpunkt stand das Thermometer, wie dem Autor von verlässlichen Berichterstattern mitgeteilt wurde, in Lyndon in der Grafschaft Rutland auf minus 7, in Blackburn in Lancashire ebenfalls auf minus 7 und in Manchester auf minus 6, minus 6½ und minus 8 Grad. Demnach wirken bestimmte Umstände dem Breitengrad entgegen und sorgen in den südlichen Teilen unseres Königreichs manchmal für sehr viel größere Kälte als in den nördlicheren.

Der Kälteeinbruch hatte in Hampshire folgende Auswirkungen: Der Weizen sah nach der Schneeschmelze gut aus und auch die Rüben hatten kaum Schaden genommen. Lorbeer und Lorbeerschneeball waren ein wenig betroffen, aber nur die an warmen Standorten. Kein einziger immergrüner Strauch wurde komplett vernichtet, die Schädigungen waren nicht halb so schlimm wie die vom Januar 1768. Lorbeerbüsche, die nach Süden leicht verbrannt waren, blieben nach Norden völlig unversehrt. Die Mühe, jeden Tag den Schnee von den Zweigen geschüttelt zu haben, rettete die immergrünen Sträucher des Autors. Die hoch gelegene Lorbeerhecke eines Nachbarn, die nach Norden ausgerichtet war, zeigte ein kräftiges Grün. Der Portugiesische Lorbeer hielt sich schadlos.

Was die Vogelwelt betraf, wurden die Drosseln und Amseln zum größten Teil vernichtet. Die Rebhühner erlitten durch Wetter und Wilderer so große Verluste, dass nur wenige zum Brüten übrig blieben.

63. BRIEF

An Selbigen

Da der Frost vom Dezember 1784 in vielerlei Hinsicht außergewöhnlich war, hoffe ich, nicht Ihr Missfallen zu erregen, wenn ich Sie mit den Einzelheiten behellige, zumal ich versprechen will, nach Abschluss dieses Briefes nichts mehr über strenge Winter verlauten zu lassen.

Die erste Dezemberwoche war ausgesprochen nass und das Barometer stand sehr niedrig. Am 7. Dezember, bei einem Barometerstand von 28½ Zoll, kam es zu starken Schneefällen, die diesen und den nächsten Tag sowie den Großteil der darauffolgenden Nacht anhielten. Am Morgen des 9. Dezember war alles Menschenwerk eingehüllt, die Wege waren unpassierbar und die Erde lag unter einer durchgehenden Schneeschicht von 12 bis 15 Zoll. Am Abend wurde die Luft so schneidend, dass wir aus Neugier zwei Thermometer heraushängten, eins von Martin und eins von Dolland, die uns bald zeigten, was wir zu erwarten hätten, denn um zehn Uhr waren beide auf minus 7 Grad gefallen, um elf Uhr, als wir zu Bett gingen, auf minus 16 Grad. Am Morgen des 10. Dezember stand die Quecksilbersäule in Dollands Instrument auf 18 Grad unter Null. In Martins Thermometer, das fatalerweise nur bis minus 15 Grad anzeigte, sank das Quecksilber bis zur Messinghalterung des Behälters, sodass sich das Instrument bei den interessantesten Wetterlagen als unbrauchbar erwies. Am Abend des 10. Dezember zeigte Dollands Thermometer bei völliger Windstille 18½ Grad unter Null! Ich war sehr gespannt, wie kalt es bei diesem Wetterextrem im nahen Newton mit seiner exponierten Lage wäre. Am Morgen des 10. Dezember hatten wir deshalb Mr. --- geschrieben und ihn gebeten, sein Adams-Thermometer herauszuhängen und es morgens und abends abzulesen, in der Hoffnung auf erstaunliche Ergebnisse an einem so hoch gelegenen Platz, 200 Fuß oder mehr über meinem Haus. Doch siehe da, am 10. Dezember zeigte sein Thermometer abends um elf Uhr nur minus 8 Grad und am nächsten Morgen minus 6, während meins auf minus 12 Grad stand. Wir waren so irritiert über die unerwartete Umkehr im Vergleich der Ortstemperaturen, dass ich mein Thermometer hinaufschickte, weil ich dachte, das von Mr. --- müsste auf irgendeine Weise falsch konstruiert sein. Doch als die beiden Instrumente nebeneinander hingen, stimmten sie genau überein. Also musste es in Newton, zumindest in einer Nacht, 10½ Grad wärmer als in Selborne gewesen sein und während der gesamten Frostperiode 6 bis 7 Grad wärmer, was sich tatsächlich bewahrheitete, als wir die Auswirkungen in Augenschein nahmen: Mein Lorbeerschneeball, mein Echter Lorbeer, meine Erdbeerbäume, meine Zypressen, selbst mein Portugiesischer Lorbeer* und meine schön abgeschrägte Lorbeerhecke (um die es mir am meisten leidtut) waren verbrannt, wohingegen dieselben Gewächse in Newton nicht ein einziges Blatt verloren hatten.

Der ständige Frost hielt bis zum 25. Dezember an, als das Thermometer bei uns auf minus 12 Grad und in Newton auf minus 6 Grad stand. Noch bis zum 31. Dezember kam es immer wieder zu starken Frösten, dann kündigte sich Tauwetter an, das schließlich am 3. Januar 1785 mit einem leichten Regenschauer einsetzte.

Ein für uns völlig neuartiges Phänomen darf ich keinesfalls übergehen, denn am Freitag, den 10. Dezember war die Luft bei klarem Himmel mit *spiculae* oder Eisnadeln gefüllt, die in allen Richtungen schwebten, wie die Atome in einem Sonnenstrahl, der in einen dunklen Raum fällt. Wir hielten sie zuerst für Raureifpartikel, die von den hohen Hecken gefallen waren, aber als wir dieselbe Beobachtung im offenen Gelände machten, wo es keinen Raureif gab, waren

* Portugiesischer Lorbeer: Mr. Miller sagt in seinem Gartenlexikon mit Bestimmtheit, dass der Portugiesische Lorbeer vom denkwürdigen Frost 1739/40 nicht geschädigt wurde. Entweder hat sich dieser präzise Beobachter getäuscht oder der Frost vom Dezember 1784 war viel strenger und zerstörerischer als der im oben erwähnten Jahr.

wir sicher, dass es eine andere Erklärung geben musste. Handelte es sich um Wasserpartikel, die beim Schweben in der Luft gefroren, oder um verdunsteten Schnee, der sich beim Aufsteigen in Eis verwandelte?

Dank der frühzeitigen Auskunft durch die Thermometer konnten wir unsere Äpfel, Birnen, Zwiebeln, Kartoffeln etc. eiligst in den Keller und in warme Verschläge bringen. Wer nicht informiert war oder die Warnungen in den Wind schlug, verlor alle seine Vorräte an Knollen und Früchten; sogar Brot und Käse waren gefroren.

Ich muss Ihnen noch davon berichten, dass meine Hauskatze an den beiden sibirischen Tagen stark elektrisch geladen war. Hätte sie jemand gestreichelt, der selbst gut isoliert war, wäre der Schlag sicherlich in einem Kreis von Person zu Person weitergeleitet worden.[1]

Fast hätte ich vergessen zu erwähnen, dass während der beiden schweren Tage zwei Männern, die im Schnee Hasen verfolgten, die Füße erfroren. Bei zwei anderen, die einer besseren Beschäftigung nachgingen, wurden die Finger beim Dreschen in der Scheune so sehr vom Frost geschädigt, dass sie sich erst Wochen später davon erholten.

Der Frost zerstörte den ganzen Ginster, einen Großteil des Efeus und entlaubte an vielen Orten die Stechpalmen. Er kam sehr früh im Jahr, vor Ende des alten November,[2] und übertraf dennoch in seinen Wirkungen sämtliche Fröste seit 1739/40.

64. BRIEF

An Selbigen

Da es selten bemerkenswerte Folgen der Hitze im nördlichen Klima Englands gibt, wo es im Sommer oft an Wärme und Sonnenschein mangelt und die

Früchte nicht so reifen, wie man es sich wünschen würde, wird mein Bericht über extreme Sommer kürzer ausfallen und eine Art Wiedergutmachung darstellen für die ausschweifende Beschreibung der Kältegrade und Unannehmlichkeiten, unter denen wir in einigen strengen Wintern gelitten haben.

Die Sommer 1781 und 1783 waren außergewöhnlich heiß und trocken, weswegen ich mich auf die beiden Jahre beschränke, ohne in meinen Journalen weiter zurückzugehen. 1781 waren meine Pfirsich- und Nektarinenbäume so stark von der Hitze beeinträchtigt, dass sich die Rinde von den Stämmen löste und herabfiel; die Bäume haben sich nie wieder davon erholt. Das mag gewissenhaften Gärtnern als Hinweis dienen, ihr Wandobst mit Matten oder Brettern abzuschirmen und zu schützen, was leicht zu bewerkstelligen ist, da solche Beeinträchtigungen selten von langer Dauer sind. In jenem Sommer hingen meine Äpfel verschrumpelt am Baum, entwickelten keinen fruchtigen Geschmack und waren nicht bis zum Winter haltbar. Der Vorfall erinnert mich daran, von Reisenden gehört zu haben, sie hätten in Südeuropa niemals gute Äpfel oder Aprikosen gegessen, denn wegen der dort vorherrschenden großen Hitze sei ihr Saft fad und geschmacklos.

Die größte Plage im Garten sind die Wespen, die alle edlen Früchte vernichten, kurz bevor sie zur Reife gelangen. 1781 gab es keine, 1783 Myriaden von Wespen, die meine Gartenfrüchte verschlungen hätten, wären nicht die jungen Burschen von uns angehalten worden, ihre Nester zu zerstören, und hätten wir nicht Tausende von Wespen mit Vogelleim auf Haselnusszweigen gefangen. Wir sind jetzt dazu übergegangen, die Königinnen im Frühling zu töten. Die Maßnahme ist sehr wirksam gegen diese Marodeure und begrenzt sie in ihrer Zahl. Wespenplagen gibt es zwar nur in heißen Sommern, aber nicht in jedem heißen Sommer, wie die Beispiele der beiden oben erwähnten Jahre belegen.

Im schwülen Sommer 1783 gab es so viel Honigtau[1], dass mein Garten in seiner ganzen Schönheit entstellt und verunstaltet war. Die Heckenkirschen waren eine Woche lang eine wahre Augenweide, doch eine Woche später höchst widerlich anzusehen, weil sie mit einer schmierigen Substanz umhüllt und über und über mit schwarzen *Aphides* oder Blattläusen bedeckt waren. Der Grund für die klebrige Erscheinung liegt vermutlich an den Feld-, Wiesen- und Gartenblumen, deren Ausdünstungen bei großer Hitze tagsüber durch die starke Verdunstung aufsteigen und nachts mit dem Tau niedergehen, in dem sich die Dünste verfangen. Unsere Sinne sagen uns, dass die Luft im Sommer stark duftet, weil sie mit Blütenpartikeln durchsetzt ist. Wir wissen, dass die klebrige, süße Substanz pflanzlicher Natur ist, weil die Bienen sie sehr schätzen. Wir können sicher sein, dass der Honigtau in der Nacht gefallen sein muss, weil es das Erste ist, was wir an einem ruhigen, frühen Sommermorgen sehen.

Auf kalkreichen und sandigen Böden und in den warmen Dörfern in der Umgebung von London steigt das Thermometer oft auf 28 oder 29 Grad, doch in unserer hügeligen und waldreichen Gegend habe ich selten Temperaturen von über 27 Grad erlebt, wobei selbst dieser Wert nicht oft erreicht wird. Das dürfte daran liegen, dass sich unser kompakter, lehmiger Boden, der dazu noch im Schatten von Bäumen liegt, nicht so leicht aufheizt wie die oben erwähnten Böden. Darüber hinaus verursacht das Hügelland Luftströmungen und leichte Brisen, dazu kommen die Ausdünstungen unserer Wälder, die sich mäßigend auf die Hitze auswirken.

65. BRIEF

An Selbigen

Der Sommer des Jahres 1783[1] war unheilvoll und zeigte wunderliche und schreckliche Phänomene, denn neben den besorgniserregenden Kometen und gewaltigen Gewitterstürmen, die mehrere Grafschaften des Königreichs in Angst und Schrecken versetzten, lag viele Wochen lang ein seltsamer Dunstschleier oder rauchiger Nebel, wie man ihn seit Menschengedenken nicht gesehen hatte, über unserer Insel, über ganz Europa und noch darüber hinaus. Aus meinen Aufzeichnungen geht hervor, dass die außerordentliche Erscheinung vom 23. Juni bis einschließlich 20. Juli andauerte und der Wind in dieser Zeit aus allen Richtungen wehte, ohne dass die Luftverhältnisse sich geändert hätten. Die Sonne, die zur Mittagszeit so blass wie ein wolkenverhangener Mond war und ein rostfarbenes, metallisches Licht auf den Boden warf, leuchtete beim Auf- und Untergang auffallend grell und in blutigen Farben. Während der ganzen Zeit war die Hitze so stark, dass man das Fleisch am Tag nach dem Schlachten kaum noch essen konnte. Schwärme von Fliegen in den Gassen und Hecken trieben die Pferde halb in den Wahnsinn und machten das Reiten beschwerlich. Die einfachen Leute schauten mit abergläubischer Furcht auf den roten, finsteren Anblick der Sonne. Selbst die aufgeklärtesten Personen hatten Grund zur Sorge, denn Kalabrien und Teile der Insel Sizilien wurden von Erdbeben erschüttert und zerrissen, vor der Küste Norwegens erhob sich zur selben Zeit ein Vulkan aus dem Meer. Bei den Ereignissen kam mir Miltons erhabenes Bild der Sonne im ersten Buch von *Paradise Lost* häufiger in den Sinn, denn es ist zutreffend, wenn er am Ende auf die abergläubische Angst anspielt, die den menschlichen Geist bei solchen seltsamen und ungewöhnlichen Phänomenen immer wieder befällt.

»Wie wenn die eben aufgegangene Sonne
Diesig durch die flachen Nebel schaut,
Beraubt der Strahlen, oder gleich dem Mond

In düsterer Verdunklung Zwielicht wirft
Auf viele Länder, und die Könige aus Furcht
Vor Wandel ängstigt ...«[2]

66. BRIEF

An Selbigen

Wir haben es hier sehr selten mit Gewitterstürmen zu tun, denn erstaunlicherweise erreichen diese, wenn sie im Süden aufkommen, kaum jemals das Dorf und ziehen in östlicher oder westlicher Richtung ab, manche teilen sich auch und verlieren sich in beide Richtungen. So war es auch im Sommer 1783, als das ganze Land ständig von Stürmen, meist aus südlichen Richtungen, heimgesucht wurde, wir aber davon verschont blieben, wie ich meinen Aufzeichnungen aus jenem Sommer entnehme. Die einzige Erklärung, die ich für den erwiesenen Sachverhalt geben kann, sind die Berge zwischen unserem Dorf und dem Meer, ein Berg hinter dem nächsten – Noar Hill, Barnet, Butser Hill und Portsdown, die einer wie der andere die Stürme irgendwie ablenken müssen und ihnen eine andere Richtung weisen. Wie man seit jeher weiß, ziehen hohe Vorgebirge und Hochebenen die Wolken an und nehmen ihnen den verderblichen Inhalt, der sich in den Bäumen und Gipfeln entlädt, sobald diese mit den Wetterturbulenzen in Berührung kommen, wohingegen die bescheidenen Täler der Gefahr entgehen, weil sie so tief darunter liegen.

Wenn ich mich an kein Gewitter aus dem Süden erinnere, heißt das nicht, dass wir nie von Gewittern betroffen sind, denn am 5. Juni 1784, als das Thermometer morgens 17 und mittags 21 Grad zeigte, wobei das Barometer bei Nordwind auf 29,65 Zoll stand, beobachtete ich über unserem Hangwald einen blauen Dunst, der stark nach Schwefel roch und Donner anzukündigen schien. Gegen zwei Uhr nachmittags wurde ich ins Haus gerufen, sodass ich nicht miterleben konnte, wie sich die Wolken im Norden zusammenballten, eine höchst ungewöhliche Erscheinung, wie mir von Personen bestätigt wurde, die sich zu der Zeit draußen aufhielten. Etwa um Viertel nach zwei setzte der Gewittersturm in der Gemeinde Hartley ein, bewegte sich langsam von Norden nach Süden, erreichte die Norton Farm und dann die Grange Farm, beide in unserer Gemeinde gelegen. Zuerst fielen dicke Regentropfen, gefolgt von runden Hagelkörnern und schließlich von gewölbten Eisstückchen mit drei Zoll Umfang. Wäre der Sturm so ausgedehnt gewesen, wie er heftig war, und hätte er länger angedauert, wäre die ganze Umgebung verwüstet worden. In der Gemeinde Hartley richtete er an einer Farm nur wenig Schaden an, doch Norton, im Zentrum des Unwetters, war stark betroffen, so auch das nahe gelegene Grange. Seine Ausläufer reichten genau bis zur Mitte unseres Dorfes, wo der Hagel meine Nordfenster sowie die Glasabdeckungen meiner Frühbeete und die der empfindlichen Pflanzen zerschlug. Auch bei den Nachbarn gingen viele Fenster zu Bruch. Der Sturm hatte eine Ausdehnung von zwei Meilen in der Länge und einer Meile in der Breite. Wir hatten uns gerade zu Tisch begeben, wurden aber sofort durch klappernde Ziegel und schepperndes Glas von der Mahlzeit abgehalten. Gleichzeitig gingen enorme Regenmengen auf die oben erwähnten Farmen nieder und führten zu gewaltigen Überflutungen, die den Wiesen und Brachfeldern großen Schaden zufügten, indem sie die einen überschwemmten und bei den anderen die Böden wegspülten. Der Hohlweg nach Alton war so stark verwüstet und aufgerissen, dass bis zu 200 Pfund schwere Steine beseitigt werden mussten, bevor er wieder passierbar war. Wer den großen Hagel an einem Weiher oder Teich erlebte, erzählte von dem außerordentlichen Anblick von Schaum und Gischt, die bis zu drei Fuß über die Wassseroberfläche gespritzt hätten. Das Trommeln und Dröhnen des heranziehenden Hagels war wirklich zum Fürchten.

Obwohl in South Lambeth nahe London zum selben Zeitpunkt nur leichte Bewölkung aufzog und man nichts von einem Sturm sehen oder hören konnte, war die Luft stark elektrisch aufgeladen, denn die Glocken an einer elektrischen Maschine klingelten wiederholt und es kam zu Entladungen mit starkem Funkenschlag.

Als ich die Arbeit an diesem Werk aufnahm, trug ich mich ursprünglich mit der Absicht, einen *Annus Historico-naturalis* hinzuzufügen, eine Naturgeschichte der zwölf Monate des Jahres. Darin wären viele Vorfälle und Ereignisse enthalten gewesen, die nicht in meiner Folge von Briefen Aufnahme gefunden haben. Da nun aber Mr. Aikin[1] aus Warrington erst kürzlich etwas Ähnliches publizierte und ich mit dem Umfang meiner Korrespondenz Ihre Geduld hinreichend auf die Probe gestellt habe, nehme ich mit allem Respekt Abschied von Ihnen und der Naturgeschichte.

Ihr,
Ihnen voller Respekt und Hochachtung
stets zu Dank verpflichteter
und höchst bescheidener Diener,
GIL. WHITE
Selborne, 25. Juni 1787

elborne Register.

Burials.

A table of the baptisms, burials, & marriages from Jan: 2. 1761: to Decem.r 25: 1780: in the parish of Selborne.

Baptisms. Males	Fem.	Total	Burials. Males	Fem.	Total	Mar.		Baptisms. Males	Fem.	Tot.	Burials. Males	Fem.	Tot.	Mar.
8	10	18	2	4	6	3	1771.	10	6	16	3	4	7	4
7	8	15	10	14	24	6	1772.	11	10	21	6	10	16	3
8	10	18	3	4	7	5	1773.	8	5	13	7	5	12	3
11	9	20	10	8	18	6	1774.	6	13	19	2	8	10	1
12	6	18	9	7	16	6	1775.	20	7	27	13	8	21	6
9	13	22	10	6	16	4	1776.	11	10	21	4	6	10	6
14	5	19	6	5	11	2	1777.	8	13	21	7	3	10	4
7	6	13	2	5	7	6	1778.	7	13	20	3	4	7	5
9	14	23	6	5	11	2	1779.	14	8	22	5	6	11	5
10	13	23	4	7	11	3	1780.	8	9	17	11	4	15	3
95	94	189	62	65	127	43		103	94	197	61	58	119	40
								95	94	189	62	65	127	43
								198	188	386	123	123	246	83

uring this period of 20 years the births of males
ded those of females -- 10:
the burials of each sex were equal:
& the births exceeded the deaths 140.

quiry.

ote.) See his Hist: of Staffordshire.

Total & Average of Burials from ~~[illegible]~~ 1740 to [illegible]
both years inclusive.

~~Total. Males. Females.~~
~~Average. [illegible]~~

	Males.		Females.		
Total.	10/46	Total.	10/38	Total.	10/84
Average.	4„6	Average.	3„8		8„4

Total & Average of Burials from 1750 to 175[9]
years inclusive.

	Males.		Females.		
Total.	10/49	Total.	10/51	Total.	10/100
Average.	4„9	Average.	5„1		10„0

Total & Average of Burials from 1760 to 17[..]
years inclusive.

	Males.		Females.	Total
Total.	10/69	Total	10/65	10/134
Average.	6„9	Aver.	6„5	13„4

BESTAND DER GEMEINDE SELBORNE, AUFGENOMMEN AM 4. OKTOBER 1783

Anzahl der Wohnstätten oder Familien	136
Anzahl der Einwohner im Dorf selbst	313
In der übrigen Gemeinde	363
Insgesamt	676

(fast fünf Einwohner pro Wohnstatt)
Zur Zeit des Pfarrers Rev. Gilbert White, der 1727/8 verstarb, wurde die Einwohnerzahl mit etwa 500 angegeben.

Durchschnittliche Anzahl an Taufen in 60 Jahren:

Zeitraum	männl.	weibl.	insges.
1720 bis 1729	6,9	6,0	12,9
1730 bis 1739	8,2	7,1	15,3
1740 bis 1749	9,2	6,6	15,8
1550 bis 1759	7,6	8,1	15,7
1760 bis 1769	9,1	8,9	18,0
1770 bis 1779	10,5	9,8	20,3

Gesamtzahl an Taufen 1720 bis 1779:

	515	455	980

Durchschnittliche Anzahl an Bestattungen in 60 Jahren:

Zeitraum	männl.	weibl.	insges.
1720 bis 1729	4,8	5,1	9,9
1730 bis 1739	4,8	5,8	10,6
1740 bis 1749	4,6	3,8	8,4
1750 bis 1759	4,9	5,1	10,0
1760 bis 1769	6,9	6,5	13,4
1770 bis 1779	5,7	6,2	11,7

Gesamtzahl an Bestattungen 1720 bis 1779:

	315	325	640

Die Taufen übertreffen die Bestattungen um mehr als ein Drittel. Die Taufen von Männern übertreffen die von Frauen um ein Zehntel. Die Bestattungen von Frauen übertreffen die von Männern um ein Dreißigstel. Es ist ersichtlich, dass Kinder, die in der Gemeinde geboren werden und aufwachsen, eine gleichberechtigte Lebenserwartung von mehr als 40 Jahren haben. Dreizehn Mal Zwillinge, von denen viele jung starben, haben die Lebenserwartung vermindert. Die Lebenserwartung von Männern und Frauen scheint gleich hoch zu sein.

Taufen, Bestattungen und Eheschließungen in der Gemeinde Selborne vom 2. Januar 1761 bis zum 25. Dezember 1780:

	Taufen			Bestattungen			Eheschließungen
	männl.	weibl.	insges.	männl.	weibl.	insges.	
1761	8	10	18	2	4	6	3
1762	7	8	15	10	14	24	6
1763	8	10	18	3	4	7	5
1764	11	9	20	10	8	18	6
1765	12	6	18	9	7	16	6
1766	9	13	22	10	6	16	4
1767	14	5	19	6	5	11	2
1768	7	6	13	2	5	7	6
1769	9	14	23	6	5	11	3
1770	10	13	23	4	7	11	3
1771	10	6	16	3	4	7	4
1772	11	10	21	6	10	16	3
1773	8	5	13	7	5	12	3
1774	6	13	19	2	8	10	1
1775	20	7	27	13	8	21	6
1776	11	10	21	4	6	10	6
1777	8	13	21	7	3	10	4
1778	7	13	20	3	4	7	5
1779	14	8	22	5	6	11	5
1780	8	9	17	11	4	15	3
	198	188	386	123	123	246	83

In den 20 Jahren übertrifft die Anzahl der männlichen Geburten die der weiblichen um 10. Die Bestattungen sind gleichmäßig auf die Geschlechter verteilt. Die Geburten übertreffen die Todesfälle um 140.

ANMERKUNGEN

Briefe an Thomas Pennant, Esquire

1. BRIEF

1 *Esq.*: Abk. für Esquire, Höflichkeitstitel.

2 *auf weißem Gestein*: Oberer Grünsand. Zu Whites Zeiten steckte die Geologie noch in ihren Kinderschuhen.

3 *Weißem Malm*: Chloritischer Mergel, enthält reichlich Phosphatknollen, die für fruchtbare Böden sorgen.

4 *heller Erde*: Oberer Grünsand.

5 *Wolmer Forest*: Mit dem Begriff »Forest« war nicht notwendig und nicht einmal üblicherweise das Vorhandensein von Bäumen verbunden. Es handelte sich um ein der Jagd vorbehaltenes Gebiet, wie ein Moor oder eine Heide.

2. BRIEF

1 *Sturm von 1703*: Der einzige historisch bezeugte Sturm auf den Britischen Inseln, der die Stärke eines tropischen Hurrikans besaß und einen so nachhaltigen Eindruck hinterließ, dass man im ganzen 18. Jahrhundert nur von »dem Sturm« sprach.

3. BRIEF

1 *Cardo*: Schlossband, das die beiden Muschelschalen verbindet.

2 *Crista Galli*: Bei dem Fossil, das White als *Mytilus crista-galli* identifiziert, handelt es sich um *Ostraea carinata*, ein charakteristisches Weichtier im Grünsand.

3 *Museum im Leicester House*: Sir Ashton Levers private Naturaliensammlung in London mit über 1000 Fossilien.

4 *Zoophyt*: Alte Bezeichnung für ein wirbelloses Tier, das äußerlich einer Pflanze gleicht.

5 *einen Pfad zum Hanger*: White und sein Bruder Thomas veranlassten 1780 den Bau eines Weges auf den Hanger, der nicht so steil war wie der Zickzack-Weg von 1753.

6 *in jüngerer Zeit*: Im 18. Jahrhundert gab es neben der bibeltreuen Vorstellung, dass die Erde 6000 Jahre alt war, auch Ansichten, dass sie viel älter war oder ewig existierte.

6. BRIEF

1 *Stufenleiter der Natur*: Vorstellung, dass die ganze belebte und unbelebte Natur, entsprechend ihrem Grad an Perfektion, hierarchisch organisiert ist.

2 *Waltham Blacks*: Nach dem Platzen der Spekulationsblase von 1720 (South Sea Bubble) herrschte in England große Armut. Die Blacks waren organisierte Gruppen von Wilderern, die sich die Gesichter schwärzten, um nicht erkannt zu werden. Die beiden größten Gruppen operierten von Waltham und von Windsor aus.

7. BRIEF

1 *Lurcher*: Kreuzung von Windhunden mit Collies oder Terriern, die früher auf den Britischen Inseln zum Wildern gezüchtet wurde.

8. BRIEF

1 *Schnatgang*: Grenzbegehung wegen Streitigkeiten über angebliche oder tatsächliche Grenzverletzungen.

2 *purlieu*: Ein aus dem königlichen Forst ausgegliedertes, aber noch den Forstgesetzen unterworfenes Land.

3 *diesen Namen trägt*: Der Teich wurde nicht nach dem Forest benannt. In der Gegend zwischen Petersfield, Haslemere und Selborne gab es drei Seen (engl. meres), Hogmere, Cranmere und Wolmere. Der größte der drei gab dem Forest seinen Namen.

4 *Reihe von Briefen*: Die Erstausgabe der *Natural History of Selborne* enthielt auch 26 Briefe zu den *Antiquities*, die zuletzt 1836 veröffentlicht wurden und danach nicht mehr.

10. BRIEF

1 *kleiner, gelber Vogel*: Baumpieper oder Fitislaubsänger.

2 *Fliegenfänger*: Gefleckter Fliegenschnäpper.

3 *in der Stadt*: Das Treffen fand während Whites Aufenthalt in London vom 18. April bis 12. Juli 1767 statt.

4 *qualem dices ... reliquiae*: Phaedrus: *Fabulae, Anus ad Amphoram.*

5 *Spring Gardens*: Straße im Londoner Stadtteil St. James mit dem sog. Great Room, wo Ausstellungen und Konzerte veranstaltet wurden. Der junge Mozart spielte dort 1764 vor dem König.

12. BRIEF

1 *Spezies noch nicht klassifiziert*: Zwergmaus (*Micromys minutus*), von White als Erstem beschrieben.

2 *Sunbury*: Whites Freund John Mulso war dort von 1746 bis 1760 Vikar.

3 *Überwintern der Schwalben*: Linné vertrat die Meinung, dass die Schwalben den Winter am Grund von Seen und Teichen verbringen.

4 *Londoner Vogelbeobachter*: Whites Bruder Thomas White war Großhändler im Stadtteil Southwark.

5 *Michaelis*: 29. September.

13. BRIEF

1 *in der Gegend*: White fuhr jedes Jahr nach Ringmer bei Lewes, um seine Tante Rebecca Snooke zu besuchen.

2 *im letzten Krieg*: Im Siebenjährigen Krieg.

3 *keinen Freund mehr in Sunbury*: John Mulso wurde 1760 Vikar in Thornhill, Yorkshire.

4 *Winter 1739/40*: Die Themse war von Weihnachten bis zum 17. Februar zugefroren.

14. BRIEF

1 *mit der Nase verbunden*: Bei den Öffnungen handelt es sich um Drüsen, die man auch bei Antilopen und Schafen findet. Sie verströmen einen Geruch, der vermutlich zur Attraktivität des Tieres beiträgt, wie Moschus oder Zibet.

15. BRIEF

1 *ein Tier der Gattung Mustelinum*: Es handelt sich vermutlich um ein weibliches Wiesel, das deutlich kleiner ist als das Männchen.

2 *meines Hauses*: White lebte ab 1758 im väterlichen Haus *The Wakes* in Selborne, das er 1763 erbte. Das Haus beherbergt heute das *Gilbert White's House And The Oates Museum*.

3 *British Zoology*: Pennants Erstausgabe von 1766.

16. BRIEF

1 *Linnésche Nomenklatur*: White und Pennant ziehen oft Rays Nomenklatur vor.

17. BRIEF

1 *Tatkraft an den Tag legen*: Pennant bereitete die Veröffentlichung des 3. Bandes seiner *British Zoology* über Reptilien und Fische vor.

2 *Giftigkeit der Kröten*: Kröten sind nicht giftig, aber sie schmecken so eklig, dass sie von Hunden und Fischen verschmäht werden.

3 *Lacerta*: Salamander wurden bis zum 19. Jahrhundert unter die Reptilien klassifiziert und zusammen mit den Echsen der Gattung *Lacerta* zugeordnet.

18. BRIEF

1 *im Hause eines Gentleman*: White war vom 2. bis 16. Juli 1768 bei seinem Bruder Henry White in Fyfield zu Besuch.

2 *Fleet Street*: White schickte die Fische an seinen Bruder Benjamin White, Pennants Verleger, dessen Verlag in der Fleet Street war. Peter Mazell war Pennants Kupferstecher.

3 *Heilen von Krebs*: Pennant erwähnt den Fall im Anhang zum 3. Band seiner *British Zoology*.

4 *Flossen an Schwanz und Rücken*: Die Männchen entwickeln zur Paarungszeit an Schwanz und Rücken eine Membran, um attraktiver zu erscheinen.

19. BRIEF

1 *Laubsängern*: White unterschied als erster zwischen den drei Spezies, die an ihrem Gesang erkennbar sind: Zilpzalp (*Phylloscopus collybita*), Fitislaubsänger (*Phylloscopus trochilus*) und Waldlaubsänger (*Phylloscopus sibilatrix*).

20. BRIEF

1 *Gentleman aus London*: Whites Bruder Benjamin White.

2 *Mariä Verkündigung*: 25. März.

3 *Lurch*: Nördlicher Kammmolch.

4 *Mr. -----*: Vermutlich der Chirurg und Anatom John Hunter, der im selben Jahr wie Pennant in die Royal Society aufgenommen wurde.

5 *Gentleman in Sussex*: John Woods, Schwiegervater von Whites Schwester Rebecca Snooke, lebte bei Chichester.

21. BRIEF

1 *Naturalist's Journal*: Kladde zum systematischen Eintragen von Naturbeobachtungen, wie sie auch White benutzte, erschien ab 1767 im Verlag von Benjamin White.

2 *Ichthyologie*: Fischkunde.

22. BRIEF

1 *Denn jede Art ... Menschen*: Jakobus 3, 7.

2 *zwei Reiherarten*: Pennant erkannte bei seinem Besuch in Cressy Hall, dass es sich bei den Reihern, die er in der *British Zoology* als unterschiedliche Spezies beschrieben hatte, um Männchen und Weibchen handelte.

3 *in der Nähe welcher Stadt es liegt*: Cressy Hall bei Spalding in Lincolnshire war der Familiensitz der Familie Heron (engl. für Reiher).

4 *Hermitage*: Strohgedecktes Sommerhaus im Stil einer Einsiedlerklause, in Selborne am Hanger.

5 *Entomologie*: Insektenkunde.

23. BRIEF

1 *Wenn ... Nachzügler*: Der Absatz wurde von Pennant paraphrasiert in der *British Zoology* abgedruckt.

24. BRIEF

1 *Revesby*: Landsitz des Naturforschers Joseph Banks.
2 *Incredulus odi*: Horaz: *Episteln*, Buch II, 3, 188.
3 *Heros Liebesnest*: Der griechischen Mythologie zufolge lebte Hero in einem Turm am westlichen Ufer des Hellespont, ihr Geliebter Leander am östlichen Ufer. Leander schwamm Nacht für Nacht zu ihr, eine Fackel wies ihm den Weg. Als der Sturm einmal die Fackel auslöschte, ertrank er. Sein Leichnam wurde angeschwemmt. Hero sah ihren toten Geliebten und stürzte sich vom Turm.

25. BRIEF

1 *Fen salicaria*: Schilfrohrsänger, der von White hier und im vorigen Brief erstmals beschrieben wurde.
2 *Ein Gentleman*: Whites Bruder John White aus Gibraltar.

28. BRIEF

1 *Elchkuh des Duke of Richmond*: Im Hintergrund stand die Frage nach den fossilen Überresten eines gigantischen Irischen Elches, die immer wieder ausgegraben wurden. Einige Naturforscher glaubten, es müsse Nachfahren davon geben, weil jedes Geschöpf in der Stufenleiter der Natur seinen notwendigen Platz habe und nichts verloren gehen könne.

30. BRIEF

1 *Scopolis neuem Werk*: *Anni historico-naturales*, veröffentlicht 1769.

31. BRIEF

1 *Vogelbeobachter*: Sampson Newbury vom Exeter College, Oxford, dessen Vater in Devonshire lebte.

32. BRIEF

1 *in der Beschreibung zuvorgekommen ist*: Wer eine Spezies als Erster beschreibt, gilt als ihr Entdecker.
2 *des Berberlandes*: Marokko, Algerien, Tunesien, Lybien.

33. BRIEF

1 *Hirundo melba*: Alpensegler (*Cypselus melba*), den Linné von John White aus Gibraltar geschickt bekam.

34. BRIEF

1 *Physico-Theology*: Die Natürliche Theologie oder Naturtheologie versuchte durch natürliche Quellen, wie Vernunft und Beobachtung, Erkenntnis über Gott zu gewinnen, und nicht durch übernatürliche Offenbarungen, wie die Hl. Schrift und religiöse Erfahrungen.

36. BRIEF

1 *ausgespannten Flügeln*: White war der Erste in England, der diese Fledermaus beschrieb.

38. BRIEF

1 *ein Naturforscher aus den nördlichen Regionen*: Linné, siehe Anmerkung zum 12. Brief an Pennant.

39. BRIEF

1 *British Zoology*: Dieser und der nachfolgende Brief wurden offenbar auf Pennants Bitte um Material für seine *British Zoology* geschrieben und dort auf den unten angegebenen Seiten verwendet.

40. BRIEF

1 *Fortpflanzung der Aale*: *Isle of Ely* ist eine Region in Cambridgeshire, benannt nach den vielen Aalen (engl. eels) in den umliegenden Flüssen. Die von White erwähnten Fäden sind parasitäre Würmer. Dass die europäischen Aale zur Fortpflanzung in die Saragossasee südlich der Bahamas wandern, wurde erst im frühen 20. Jahrhundert erkannt.

41. BRIEF

1 *41. Brief*: ursprünglich Teil des 3. Briefes an Barrington vom 15. Januar 1770.

42. BRIEF

1 *Prämien*: Zahlungen für die Bewirtschaftung von Brachland oder den Anbau bestimmter Feldfrüchte.

44. BRIEF

1 *Ormeshead:* Felsen an der Nordwestküste von Wales in der Grafschaft Caernarfonshire.

Briefe an Honourable Daines Barrington

1. BRIEF

1 *Hon.*: Abk. für Honourable, Titel der jüngeren Kinder von englischen Grafen und Baronen. Daines Barrington war vierter Sohn des 1. Lord Barrington.

2. BRIEF

1 *Hirundo agrestis*: Hier verwendet White eine alternative Bezeichung für die Hausschwalbe oder Mehlschwalbe (*Hirundo domesticus*). Dass nicht eine weitere Art gemeint ist, zeigen die vier Monographien der Hausschwalbe (16. Brief), der Rauchschwalbe (18. Brief), der Uferschwalbe (20. Brief) und des fälschlicherweise zu den Schwalben gezählten Mauerseglers (21. Brief).

3. BRIEF

1 *Und stimmt … Sang*: William Shakespeare: *Wie es euch gefällt*, 2. Akt, 5. Szene, übersetzt von August Wilhelm Schlegel, 1799.

5. BRIEF

1 *der unwillkürlichen Transpiration*: In der Medizin des 18. Jahrhunderts ging man davon aus, dass dieser Vorgang das Körpergewicht reguliert und zur Gesundheit beiträgt.

2 *aus den Eierstöcken*: Der Kuckuck hat immer nur ein Ei im Eileiter und legt mehrere Male im Jahr.

3 *Ihre Annahme*: Barrington veröffentlichte seine Untersuchungen des Kehlkopfs von Singvögeln 1773 in den *Philosophical Transactions*.

4 *Untersuchungen …*: Barrington hatte in einem 1768 in den *Philosophical Transactions* veröffentlichten Aufsatz auf Vergils Beschreibungen zugefrorener Flüsse in Süditalien Bezug genommen.

6. BRIEF

1 *Quecksilberminen*: Im Herzogtum Krain, heute Teil Sloweniens, wurde das hochgiftige Zinnober abgebaut, aus dem man durch Erhitzen Quecksilber gewann.

7. BRIEF

1 *Entomologie*: Scopolis *Entomologia carniolica* erschien 1763, seine *Anni historico-naturales* 1769–72.

2 *Die Gegend hier*: White war zu Besuch bei seiner Tante Rebecca Snooke in den South Downs.

3 *Eine Landschildkröte*: Timothy, die Schildkröte von Whites Tante.

8. BRIEF

1 *21½ Zoll*: Die Informationen hatte White von seinem Schwager Thomas Barker.

9. BRIEF

1 *Migrationsthese*: Barrington hatte sich in seinen *Miscellanies* gegen die Wahrscheinlichkeit eines regelmäßigen Vogelzugs ausgesprochen.

2 *deren Blut ... erhitzt ist*: Nach der antiken Humoralpathologie, die im 18. Jahrhundert verbreitet war, wurden vier Körpersäfte durch physikalische Qualitäten wie kalt/warm oder trocken/feucht bestimmt. Ihre richtige Mischung galt als Voraussetzung für die Gesundheit.

3 *meine andalusischen Vögel*: Barrington und der Ornithologe Marmaduke Tunstall hatten die Vögel bei Whites Bruder Thomas White in London gesehen, an den sie von John White aus Andalusien geschickt worden waren.

4 *Tenant*: evtl. Gilbert Tennent (1703–1764), irischer Geistlicher.

5 *in dessen Haus*: Wohnsitz von Whites Bruder Henry White in Fyfield, Hampshire.

12. BRIEF

1 *mit einem Gentleman*: White und sein Bruder Thomas White besuchten am 1. November 1771 ihre Tante Rebecca Snooke in Ringmer.

15. BRIEF

1 *veröffentlicht wurden*: Whites vier Briefe an Barrington wurden in den *Philosophical Transactions*, 64 (1774), S. 196–201 und 65 (1775), S. 258–276, abgedruckt. Die *Philosophical Transactions* waren eine naturphilosophische Fachzeitschrift, die seit 1665 von der Royal Society herausgegeben wurde.

17. BRIEF

1 *vorgelegt wird*: Der Brief wurde am 10. Februar 1774 in der Royal Society verlesen.

2 *Meine Auffassung ... wuchteten*: Gedanken, wie sie John Ray in seiner *Physico-Theology* von 1713 entwickelt.

3 *Labans Herden*: 1. Moses, 31.

19. BRIEF

1 *Juturna*: In der römischen Mythologie und in Vergils *Aeneis* lenkt Juturna den Wagen, mit dem sich ihr Bruder Turnus vor Aeneas retten kann.

2 *Abmachungen*: In Zeitungen wurde behauptet, die Bauern hielten die Getreidepreise absichtlich hoch und wären somit schuld an den Aufständen in vielen Regionen.

21. BRIEF

1 *Am 5. Juli 1775*: White fügte den folgenden Absatz bei der Publikation des Buches in den Brief ein.

22. BRIEF

1 *Tobias*: »Es begab sich aber eines Tages, als er Tote begraben hatte und müde heimkam, dass er sich im Schutz einer Mauer niederlegte und einschlief. Da ließ eine Schwalbe aus ihrem Nest ihren heißen Dreck auf seine Augen fallen; davon wurde er blind.« (Tobias 2, 10–11).

2 *drei ... Grafschaften*: Der Informant aus Devonshire war der Geistliche Sampson Newbury, der aus Lancashire Whites Bruder John White.

23. BRIEF

1 *einen Gentleman*: Whites Vater, John White.

2 *abergläubischen Vorstellungen*: Man hielt die Fäden für den Schleier der Jungfrau Maria, der bei ihrer Himmelfahrt auf die Erde niedergefallen war.

26. BRIEF

1 *sichtbares Dunkel*: Anspielung auf Miltons *Paradise Lost*, I, 63.

2 *Farthing*: ¼ Penny.

27. BRIEF

1 *Bienen-Schaustellers*: Thomas Wildman, der 1768 ein Buch über Bienen schrieb und berühmt für seine Vorführungen mit Bienenschwärmen war.

2 *Wären Dir ... Wildman sein*: Anspielung auf eine Gedichtzeile von John Philipps, die mit »könntest Du Churchill sein« endet. John Churchill, 1. Duke of Marlborough, errang 1704 im Spanischen Erbfolgekrieg einen entscheidenden Sieg über die Franzosen.

28. BRIEF

1 *Der ... verbrannte ihn*: Anspielung auf Jonathan Swifts Gedicht *Baucis and Philemon*.

29. BRIEF

1 *Alembiks*: Destillierapparate.

31. BRIEF

1 *4. August 1775*: White war mit seinem Neffen Samuel Barker bei seiner Tante Rebecca Snooke in Ringmer.

35. BRIEF

1 *Stufenleiter der Natur*: Siehe Anmerkung zu 6. Brief an Pennant.

37. BRIEF

1 *Doktrin der sehnsüchtigen Begierde*: Die Vorstellung, dass ungestillte Begierden einer Schwangeren für Geburtsfehler verantwortlich seien, wurde bereits im 18. Jahrhundert von Ärzten heftig bestritten.
2 *die überdrüssigen Barone*: 1308 rebellierte eine Gruppe von Baronen gegen König Edward II.
3 *Regulierung der Körpersäfte*: Siehe Anmerkung zum 9. Brief an Barrington.
4 *verdienen ein Vermögen*: Im 18. Jahrhundert waren exotische Gemüse, wie etwa Broccoli aus Italien, in London sehr gefragt. Es wurden auch heimische Produkte vor der Saison zu hohen Preisen angeboten. So erntete White bereits am 5. April 1763 Gurken und notierte, dass sie in London 2 Shilling das Stück kosteten, während im Sommer 2 Gurken für 1½ Penny verkauft wurden.
5 *Kartoffeln*: Unter George II. (reg. 1727–1760) waren Kartoffeln als Auslöser von Lepra und wegen ihrer Zugehörigkeit zu den tödlichen Nachtschattengewächsen verpönt.
6 *Prämien*: Siehe Anmerkung zum 42. Brief an Pennant.
7 *Monat Februar*: Der angelsächsische Monatsname »sprout-cale« ist eine Fehlübersetzung des flämischen »sprock-kelle« (Versammlungsmonat).

38. BRIEF

1 *Daktylen*: Der Versfuß des Daktylus besteht aus einer langen und zwei kurzen Silben.
2 *Spondeen*: Der Versfuß des Spondäus besteht aus zwei langen Silben.
3 *Anatot*: Name einer biblischen Stadt mit vielen Echos, aus Jesaja 10, 30.

39. BRIEF

1 *Monographien*: siehe den 16. und 18. Brief an Barrington.

40. BRIEF

1 *Phytologen*: Pflanzenkundler.
2 *zwei Grashalme ... einer war*: Anspielung auf einen Ausspruch des Königs von Brobdingnag in Jonathan Swifts *Gullivers Travels* von 1726.

44. BRIEF

1 *Trompe-l'œil*: Augentäuschung, etwa in Form eines perspektivischen Ganges.

2 *zwei Heliotrope*: Skizze nach Ernst-Günter Meierarend.

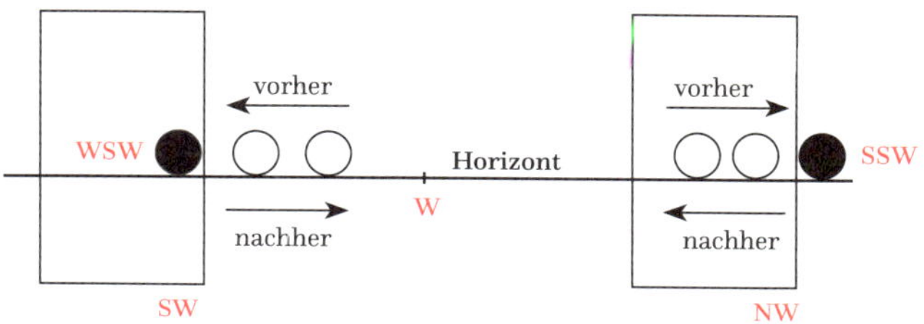

45. BRIEF

1 *Chronicle*: Richard Baker berichtet im *Chronicle of the Kings of England* von 1634, wie Marcley Hill 1571 nach einem Erdbeben in Herefordshire zu wandern begann und alles vernichtete, was ihm in den Weg kam.

2 *Stück des Hangwaldes bei Hawkley weggerissen*: Der Erdrutsch zog an einigen Tagen bis zu 1000 Schaulustige an. White war zu der Zeit in London und bekam das Geschehen von seinem fünfzehnjährigen Neffen John White erzählt, der mit ihm in Selborne wohnte.

48. BRIEF

1 *In einem Haus*: Bei Whites Tante Rebecca Snooke in Ringmer.

49. BRIEF

1 *Charadrius himantopus*: Gemeint ist *Himantopus himantopus*, der Stelzenläufer.

2 *mit Pfeffer präpariert*: Im 18. Jahrhundert enthielten die meisten Rezepte zur Präparierung von Tieren auch Pfeffer.

3 *Naturbeobachter*: Whites Bruder John White, von dem er auch den Flamingo geschickt bekam.

50. BRIEF

1 *Schildkröte aus Sussex*: White übernahm die Schildkröte Timothy, nachdem seine Tante Rebecca Snooke am 8. März 1780 in Ringmer verstorben war.

2 *weitere Einzelheiten*: Der folgende Abschnitt war in der Erstausgabe des Buches als Ergänzung abgedruckt.

3 *viel zu ... fallen*: Alexander Pope: *The Second Epistle of the Second Book of Horace Imitated*, London 1737, S. 13.

4 *Ha-Ha*: In einen Graben versenkter Grenzzaun, der verhindert, dass das Vieh in den Garten kommt, aber den Eindruck erweckt, der Garten ginge übergangslos in die Felder über. White hatte sich dieses Gestaltungsmittel der Gartenkunst auf seinem Anwesen bauen lassen.

5 *wie der Dichter sagt*: William Shakespeare: *Heinrich IV., Zweiter Teil*, 4. Akt. 4. Szene.

51. BRIEF

1 *Miscellanies*: Barrington gab 1781 seine *Vermischten Schriften* heraus, die einen breiten Themenbereich von Ornithologie bis Mozart abdeckten.

53. BRIEF

1 *früher von dort geschickt wurden*: Whites Bruder John White verließ Gibraltar 1772.

2 *Naturgeschichte Gibraltars*: Das Werk von Whites Bruder John White, der 1780 verstorben war, wurde erst 1911 veröffentlicht, da sich der Verleger und Bruder Benjamin White keinen Erfolg davon versprach.

54. BRIEF

1 *Haus eines Freundes*: Das Haus von Whites Bruder Henry White in Fyfield. Goldfische wurden schon im 17. Jahrhundert aus China importiert, wurden aber erst populär, als man sie 1728 in Holland zu züchten begann.

56. BRIEF

1 *viel von Musik verstehen*: Barrington testete die außerordentlichen Fähigkeiten des achtjährigen Mozart und anderer musikalischer Wunderkinder.

2 *Vita Peireskii*: Pierre Gassendis Biographie seines Freundes Nicolas-Claude Fabri de Peiresc (1580–1637), eines Naturforschers aus der Provence.

58. BRIEF

1 *Mein nächster Nachbar*: Charles Etty, der 1787 aus Kanton zurückkehrte.

59. BRIEF

1 *er füttert ... anrufen*: Psalm 147, 9. Das Mädchen ist Whites Nichte Mary, die Tochter von Thomas White.

60. BRIEF

1 *mein Freund*: Whites Neffe Edmund White, der 1785 Vikar in der Nachbargemeinde Newton Valence wurde.

2 *Drehbassen*: Leicht drehbares Geschütz mit kurzer Reichweite, das meist auf der Schiffsreling angebracht war.
3 *Hermitage*: Siehe Anmerkung zum 22. Brief an Pennant.
4 *Anatot*: Siehe Anmerkung zum 38. Brief an Barrington.
5 *27 Zoll*: 30 Zoll = 762 mm.

61. BRIEF

1 *folgenden vier Briefe*: White entschloss sich offenbar kurz vor der Drucklegung, einen sehr langen Brief in drei kürzere zu unterteilen, ohne »vier« in »sechs« zu korrigieren.
2 *unter den Betten gefror*: Gemeint ist der Urin in den Nachttöpfen, dessen Gefrierpunkt unter dem von Wasser liegt.

62. BRIEF

1 *18. Januar*: Offizieller Geburtstag von Queen Charlotte.

63. BRIEF

1 *elektrisch ... worden*: Vorführungen elektrischer Phänomene waren im 18. Jahrhundert sehr beliebt. Dazu gehörte auch die Übertragung an einen Kreis von Menschen, die sich an den Händen hielten.
2 *des alten November*: Der Gregorianische Kalender von 1582, bei dessen Einführung elf Tage übersprungen wurden, galt in Großbritannien ab 1752.

64. BRIEF

1 *Honigtau*: Zuckerhaltiges Ausscheidungsprodukt von Blattläusen, die White auch auf den Pflanzen beobachtet, ohne jedoch einen kausalen Zusammenhang zu vermuten.

65. BRIEF

1 *Der Sommer des Jahres 1783*: Auslöser der von White beschriebenen Phänomene war der Ausbruch der Laki-Krater im Süden Islands vom 8. Juni 1783.
2 *Wie wenn ... ängstigt*: John Milton, *Paradise Lost*, I, 594–599.

66. BRIEF

1 *Mr. Aikin*: John Aikins *A Calendar of Nature* kam 1787 in der 3. Auflage heraus.

WHITES SELBORNE

Virgina Woolf

»... so weisen zumindest die meisten Gattungen spezifische Merkmale auf, die einen verständigen Beobachter auf den ersten Blick erkennen lassen, worum es sich handelt.« Gilbert White spricht natürlich von Vögeln. Ein guter Ornithologe, sagt er, sollte sie »nach Gesang, Farbe und Gestalt unterscheiden können, und zwar am Boden, in der Luft, im Gebüsch und in der Hand.« Doch wenn es um Gilbert White selbst ginge, wenn wir versuchen wollten, diese äußerst rare Vogelart nach Farbe und Gestalt zu bestimmen, kämen wir in Verlegenheit. Ist er, wie der prächtig von Hand kolorierte Vogel auf dem Frontispiz der zweiten Auflage, ein Hybrid – etwa zwischen einer gackernden Henne und einer tirillierenden Nachtigall? Wir haben es mit einem dieser schillernden Bücher zu tun, die scheinbar eine simple Geschichte erzählen, *Die Erkundung von Selborne*, aber der Autor hat mit einem wohl unbewussten Kunstgriff eine Tür aufgelassen, durch die wir ferne Geräusche hören, einen Hund, der bellt, Wagenräder, die knarzen, und durch die wir, während »der Baum, der Busch verschwimmt im fahlen Licht«, wenn nicht Venus persönlich, dann doch zumindest eine Geistereule sehen.

Sein Vorhaben scheint schlicht genug – bestimmte Beobachtungen über die Fauna und Flora seines Heimatdorfes mit seinen Freunden Thomas Pennant und Daines Barrington zu teilen. Doch nicht diesen beiden Gentlemen zuliebe verfasste er die nüchterne und würdige Beschreibung von Selborne, mit der das Buch beginnt. Wir sehen das Dorf vor uns liegen, dort in der östlichsten Ecke der Grafschaft Hampshire, mit dem Hangwald, den Schafweiden und den Hohlwegen, vor denen »die Ladies erschrecken und furchtsame Reiter erschaudern.« Der Boden teils Lehm, teils Malm; die Cottages aus Stein oder Ziegel; die Männer arbeiten auf den Hopfenfeldern, die Frauen jäten im Frühling und Sommer das Getreide. Kein Romanautor hätte besser eröffnen können. Selborne ist fest im Vordergrund aufgebaut. Doch etwas fehlt. Bevor sich die Szene mit Vögeln, Mäusen, Maulwürfen, Grillen und dem Elch des Duke of Richmond füllt, bevor es auf den Seiten ganz familiär zwitschert, meckert, blökt und grunzt, haben wir Queen Anne vor Augen, an der Böschung, wie sie dem Rotwild zusieht, das an ihr vorbeigetrieben wird. Eine Anekdote, beiläufig erzählt, die er von einem alten Waldhüter gehört hat, Adams, dessen Urgroßvater, Großvater und Vater schon denselben Wald hüteten. So ist eine einfache Straße an die Geschichte gebunden und in Tradition gehüllt. Kein Romanautor hätte uns kürzer und umfassender mit dem bekannt machen können, was wir wissen müssen, bevor seine Geschichte beginnt.

Es ist eine Pflanzen- und Tiergeschichte, die in Selborne spielt. Klatsch und Tratsch gibt es über die Gepflogenheiten der Vipern, für Liebesabenteuer sind vor allem die Frösche zuständig. Verglichen mit Gilbert White ist der erzrealistische Romanautor ein unbesonnener Romantiker. Der Kropf des Kuckucks wird untersucht, die Viper seziert, die Grille mit einem biegsamen Grashalm aus dem Erdloch geholt, die Maus vermessen und gewogen: Sie wiegt genauso viel wie ein kupfernes Halfpenny-Stück. Die Genauigkeit der Beobachtungen und die Gewissenhaftigkeit ihrer Durchführung sind unübertrefflich. Wichtigste Streitfrage – und das ist tatsächlich das Thema des Buches – ist die Migration der Schwalben. Barrington glaubt, dass sie über den Winter schlafen. White, der darüber von einem Neffen aus Andalusien informiert wird, tendiert zur Migration, nimmt dann aber wieder Abstand davon. Jedes Körnchen Beweismaterial wird gesichtet, nichts verschleiert. Wenn er mit

Selborne aus nordöstlicher Richtung

allen seinen Fähigkeiten über dieser großen Frage sitzt, ein Bild der Wissenschaft in ihrer ganzen Unschuld und Aufrichtigkeit, verliert er die Befangenheit, die uns so oft von unseren Mitgeschöpfen trennt, und erscheint uns wie ein emsiger Vogel, den wir mit dem Fernglas drüben in einer Hecke sehen. Das ist der Moment, wenn sein Blick fest auf die Schwalbe gerichtet ist, Gilbert White selbst in Augenschein zu nehmen.

Zuerst einmal sehen wir die entzückende Schlichtheit dieses Wesens. Was die anderen von ihm denken, ist ihm gleichgültig. Er holt sich eine Kolonie Grillen in seinen Garten, sperrt eine in einen Papierkäfig und stellt sie sich auf den Tisch; er brüllt seine Bienen durch ein Sprachrohr an, aber sie reagieren nicht darauf; er reist mit Tante Snookes betagter Schildkröte neben sich in der Postkutsche nach Selborne. Während er so ganz bei der Sache ist, gluckst er immer wieder vor Freude auf, murmelt etwas, spricht halb unbewusst vor sich hin, was ihn selber so »bezaubernd« macht wie einen seiner Vögel. »Doch ihre ungleiche Größe«, sinniert er über die misslungene Paarung zwischen Elch und Rotwild, »muss stets eine Schranke gewesen sein für einen Verkehr geschlechtlicher Art.« »Die Kopulation der Frösche«, merkt er an, »ist notorisch … doch habe ich niemals gesehen oder gelesen, dass sich Kröten genauso verhielten.« »Bemitleidenswert sind die Lebensumstände dieses armen, verwirrten Reptils«, bedauert er die Schildkröte, »doch gibt es eine Zeit (gewöhnlich Anfang Juni), wenn sie auf Zehenspitzen … den Garten durchquert« und auf Liebe aus ist.

Genauso wie der Garten des Pfarrhauses für Tante Snookes Schildkröte eine ganze Welt darstellt, ist England, mit den Augen Gilbert Whites gesehen, riesig. Die South Downs, die er Jahr für Jahr mit dem Pferd durchquert, werden ihm zu einer »ausladenden Bergkette«. Das Land ist menschenleer. In Selborne ist er einsamer als heutzutage ein Bauer auf den Äußeren Hebriden. Es stimmt, er hat – und darauf ist er stolz – einen Neffen in Andalusien, doch einen Bekannten, der zur See fährt, hat er zurzeit nicht. Natürlich gibt es London und Bath – London weist in der Tat eine ganz ausgezeichnete Geweihsammlung auf –, aber die Gerüchte von dort kommen nur sehr zögerlich über die wilden Moore und Straßen, die der Schnee unpassierbar gemacht hat. Die Stille verstärkt die Geräusche. Wir hören das Zirpen des Feldschwirls, das Krächzen der Krähen, das wie »ein Rudel Jagdhunde in den nachhallenden Wäldern« klingt, und sogar die Kanone aus Portsmouth, die an einem ruhigen Sommerabend genau in dem Moment losdonnert, da der Ziegenmelker zu singen beginnt. Gilbert Whites Geist ist voller Insekten und zarter, grüner Triebe, wie das Grüngemüse im Kropf des Vogels, den sich die Bauersfrau zum Abendessen brät. Sein unschuldiges, unbewusstes Glück erwächst nicht aus Beteuerungen, sondern viel wirksamer noch aus Erinnerungen, die man nicht sucht und die sich von ganz alleine einstellen. Und zwar immer an warmen Abenden im Sommer – im Innenhof des Christ Church College in Oxford oder auf der Flussfahrt von Richmond nach Sunbury, wenn die Schwalben über das Wasser streichen.

The Wakes zur Heuernte

Sogar der schrille Ton der Grillen, so dissonant für manchen, ruft in ihm »sommerliche Vorstellungen von üppigem Grün und fröhlichem Landleben hervor«. Sein Glück kennt die Wiederkehr, dieselben Gedanken kommen ihm beim selben Anlass. »Ich erinnerte mich, das auch in früheren Jahren festgestellt zu haben, als ich hier vorbeikam.« Jahr für Jahr dachte er an die Schwalben.

Doch hat die Landschaft, in der dieser Vogel so frei umherschwirrt, ihre Hecken. Sie schließen ein, aber sie schützen auch. Das ist, was er ganz treffend *Vorsehung* nennt. Kirchturmspitzen sind, bemerkt er, »unerlässliche Bestandteile einer eleganten Landschaft«. Die Vorsehung ist allgegenwärtig – und unergründlich, denn warum gesteht sie Tante Snookes Schildkröte so viele Lebensjahre zu? Und allwissend – man denke nur an die Beine der Frösche: »Wie wunderbar ist die Ökonomie der Vorsehung in Bezug auf die Gliedmaßen dieser gemeinen Geschöpfe!« Fünfzig Jahre später wäre die Vorsehung weder unergründlich noch allwissend – sie hätte ihre Aura verloren. Aber um 1760 stand sie in voller Blüte; sie beruhigte alle Zweifel und ermöglichte dem Verstand, praktisch alles zu befragen. Neben der Vorsehung gibt es auch die Schlösser und Stammsitze des Adels. Er respektiert sie fast gleichermaßen. Die alten Familien – die Howes und die Mordaunts – kennen ihren Platz und weisen den Armen den ihrigen zu. Gilbert White ist den Armen gegenüber nicht sonderlich liebevoll. »Wir haben reichlich arme Leute«, schreibt er, als wäre das Kroppzeug nicht seiner Beachtung wert – dann lieber zu den Grillen, die er so behutsam aus ihren Löchern holt und von denen er einmal eine unbeabsichtigt zerquetscht. Und dann ist da noch die Literatur, die mit ihrem erlauchten Lorbeer die Landschaft schmückt – lateinische Literatur, versteht sich. In seinem Kopf spuken die Klassiker herum. Gelegentlich horcht er eine lateinische Phrase ab, wie um sein Englisch zu stimmen. Das Echo, für das Selborne so berühmt war, schreit beinahe wie von selbst *Tityre, tu patulae recubans* ... Mit Vergil im Sinn beschreibt Gilbert White, wie die Frauen in Selborne Binsenkerzen machen.

Wir beobachten dieses prachtvolle Exemplar eines Naturforschers des 18. Jahrhunderts im Fernglas. Doch kaum glauben wir, ihn fixiert zu haben, bewegt er sich. Er gibt einen Ton von sich, der nicht zu einem gewöhnlichen englischen Geistlichen passt. »Wenn ich schöne Musik höre, verfolgen mich einzelne Passagen Tag und Nacht, und zwar mit einer Eindringlichkeit, die mir vor allem, wenn ich morgens aufwache, mehr Unbehagen als Vergnügen bereitet.« Warum kann die Musik, fragt er sich, »manche Menschen auf so besondere Weise ergreifen, und das sogar in der Erinnerung, Tage nach einem Konzert?«

Verblüfft wenden wir uns mit dieser Frage seiner Biographie zu. Aber wir erfahren nur, was wir bereits wussten – dass seine Zuneigung zu Kitty Mulso nicht sonderlich leidenschaftlich war, dass er 1720 in Selborne geboren wurde und dort 1793 verstarb, dass »seine Tage ruhig und gelassen, mit wenig anderen Wechselfällen als denen der Jahreszeiten« verliefen. Nur eins ist dem hinzuzufügen, etwas Negatives, aber Erhellendes: Es existiert kein einziges

Portrait von ihm. Er hat kein Gesicht. Vielleicht entkommt er deswegen der Identifizierung. Minutiös beobachtet er das Insekt im Gras, aber er hebt auch seine Augen zum Horizont und schaut und lauscht. In diesem Moment der Entrücktheit fürchtet er die Töne, die ihn frühmorgens beunruhigen; er flieht aus Selborne, aus seiner Zeit und kommt in der Abenddämmerung die Hecke entlang zu uns geflogen. Eine klerikale Eule? Ein Geistlicher mit Vogelflügeln? Ein Hybrid? Seine eigene Beschreibung passt am besten. »Der Turmfalke oder Rüttler«, sagt er, »steht auf besondere Weise an einer Stelle in der Luft, wobei er die ganze Zeit heftig mit den Flügeln schlägt.«

(Virgina Woolf: *The Captains's Death Bed and other Essays*, New York 1950)

ZEITLEISTE ZU GILBERT WHITE

1720 · Gilbert White wird am 18. Juli als ältestes der elf Kinder von John White (1688–1758), Rechtsanwalt und Friedensrichter für Hampshire, und Anne Holt (1693–1739) in Selborne, Hampshire geboren.

· Spekulationsblase (South Sea Bubble) mit folgender Rezession und Verarmung der Bevölkerung.

1723 · Black Act erklärt Diebstahl und Wilderei zu Kapitalverbrechen.

1726 · Jonathan Swift veröffentlicht *Gulliver's Travels*.

1727 · Georg II. wird König von Großbritannien und Irland.

1728 · Tod von Whites Großvater, Gilbert White, Vikar von Selborne.

1729 · Umzug der Famile von Surrey nach Selborne in den Familiensitz *The Wakes*.

· Ende des Spanischen Erbfolgekrieges mit der Bestätigung des britischen Besitzes von Gibraltar.

1733 · Beginn des Unterrichts bei Reverend Thomas Warton in Basingstoke.

1735 · Carl von Linné veröffentlicht *Systema Naturae* (bis 1768 zwölf Auflagen).

1736 · Erste naturgeschichtliche Aufzeichnungen Whites während eines Urlaubs in Rutland.

1739 · Tod der Mutter am 17. Dezember

· Englisch-spanischer Kolonialkrieg in der Karibik (bis 1748).

· David Hume veröffentlicht sein philosophisches Hauptwerk *A Treatise of Human Nature*.

1740 · Beginn des Studiums am Oriel College, Oxford.
1743 · Graduierung an der Universität Oxford.
1744 · Gewählter Fellow am Oriel College, Oxford.
1745 · Jakobitenaufstand in Schottland. Die Jakobiten waren Anhänger des 1688 abgesetzten katholischen Königs Jakob II.
1746 · Sechsmonatiger Aufenthalt in Ely zur Regelung von Besitztümern der Verwandtschaft.
1747 · Diakon an der Christ Church Cathedral, Oxford.
· Kurat (Hilfsgeistlicher) in Swarraton, Hampshire.
1750 · Voltaire geht an den Hof des preußischen Königs Friedrich II.
1751 · Kurat in Selborne (für 5 Monate).
· Erweiterung des Gartens von *The Wakes* in Selborne.
1752 · Dekan am Oriel College, Oxford.
· Proktor (Disziplinar- und Aufsichtsbeamter) der Prüfunsgkammer der Universität Oxford.
· Einführung des Gregorianischen Kalenders in England am 3. September.
1753 · Jahresbeginn am 1. Januar statt 25. März.
· Kurat in Durley, Hampshire (für 18 Monate).
1755 · Erdbeben von Lissabon mit bis zu 100 000 Toten.
· Kurat in West Dean, Wiltshire (bis 1756).
· Kurat in Newton Valence, Hampshire (bis 1757).
1756 · Kurat in Selborne (bis 1757).
· Siebenjähriger Krieg (bis 1763).
1757 · Erfolglose Kandidatur als Kanzler des Oriel College, Oxford.
· Kurat ohne Residenzpflicht in Moreton Pinkney, Northamptonshire.
1758 · Tod des Vaters am 29. September.
· Kurat in Selborne (bis 1759).
1759 · Eröffnung des British Museum in London.
· Lawrence Sterne veröffentlicht den 1. Band des *Tristram Shandy*.

1760 · Reise durch Rutland.
· George III. wird König von Großbritannien und Irland.
· Gesetz zur Umwandlung von Gemeindeland in Privatbesitz.

1761 · Bau des Ha-Ha in *The Wakes*.
· Kurat in Farringdon, Hampshire (bis 1784).

1762 · Jean-Jacques Rousseau veröffentlicht sein politisch-theoretisches Hauptwerk *Du contrat social ou Principes du droit politique*.

1763 · White erbt *The Wakes*, wo er seit 1729 lebt.

1765 · Erfindung der Dampfmaschine durch James Watt.

1766 · Erste Auflage der *British Zoology* von Thomas Pennant.

1767 · Treffen mit Joseph Banks und Daniel Solander in London vor ihrer Weltreise mit James Cook.
· Beginn der Korrespondenz mit Thomas Pennant.

1768 · Beginn regelmäßiger Aufzeichnungen im *Naturalist's Journal*.
· Erste Auflage der *Encyclopedia Britannica* in Edinburgh.
· Captain Cooks erste Weltumsegelung (bis 1772).

1769 · Beginn der Korrespondenz mit Daines Barrington.

1770 · Daines Barrington regt White an, eine Naturgeschichte von Selborne zu schreiben.

1771 · Beschreibung des Sauerstoffs durch Joseph Priestley.

1772 · Rückkehr von John White aus Gibraltar.

1774 · Verlesung von Whites Monographie über die Hausschwalbe in der Royal Society, London.

1775 · Verlesung von Whites Monographien über die Rauchschwalbe, den Mauersegler und die Uferschwalbe in der Royal Society, London.
· Beginn des amerikanischen Unabhängigkeitskrieges (bis 1783).

1776 · Unabhängigkeitserklärung der Vereinigten Staaten.
· Adam Smith veröffentlicht sein ökonomisches Hauptwerk *An Inquiry into the Nature and Causes of the Wealth of Nations*.
1777 · Der Bruder Thomas White wird Mitglied der Royal Society.
1780 · Die Schildkröte Timothy kommt nach Selborne.
· Tod des Bruders John White.
· Abschluss der *Encyclopédie* durch Diderot und d'Alembert (begonnen 1751).
1781 · Barbara White, John Whites Witwe, zieht nach *The Wakes*.
· Entdeckung des Planeten Uranus durch William Herschel.
· Immanuel Kant veröffentlicht sein erkenntnistheoretisches Hauptwerk *Kritik der reinen Vernunft*.
1783 · Erste bemannte Fahrt im Heißluftballon der Brüder Montgolfier.
· Extrem heißer Juli infolge eines Vulkanausbruchs in Island.
· Letzte öffentliche Hinrichtung in London.
1784 · Kurat in Selborne (bis 1793).
· Jean-Pierre Blanchard fliegt im Ballon über Selborne.
1785 · Erfindung des Mechanischen Webstuhls durch Edmund Cartwright.
· Erstausgabe des *Daily Universal Register* (seit 1788 *The Times*).
1788 · Veröffentlichung von *The Natural History and Antiquities of Selborne* (datiert auf 1789).
· Landung der ersten Strafgefangenen in New South Wales, Australien.
· Gründung der Linnean Society in London.
1789 · Beginn der Französischen Revolution.

1791 · Tod des Freundes Reverend John Mulso.
1793 · Exekution des französischen Königs Ludwig XVI. am 21. Januar.
· Kriegserklärung Englands an Frankreich am 8. Februar.
· Letzter Eintrag ins *Naturalist's Journal* am 26. Juni.
· Gilbert White stirbt am 1. Juli und wird auf dem Friedhof von Selborne beigesetzt.

PERSONENVERZEICHNIS

George Adams (1709–1772), englischer Instrumentenbauer und Globenhersteller, berühmt für seine Teleskope und Mikroskope.

Michel Adanson (1727–1806), französischer Botaniker, Ethnologe und Naturforscher, veröffentlichte 1757 die *Histoire naturelle du Sénégal.*

John Aikin (1747–1822), englischer Arzt und Autor, veröffentlichte ab 1784 *A Calendar of Nature*, für den er 1795 nach Whites Tod auch dessen Journal benutzte.

Anne Stuart (1656–1714), ab 1702 Königin von England, Irland und Schottland, ab 1707 Königin von Großbritannien, letzte britische Königin des Hauses Stuart.

Philip Astley (1742–1814), Betreiber einer Reitschule, eröffnete 1773 in London *Astley's Amphitheatre* mit akrobatischen Shows und gilt als Begründer des modernen Zirkus.

Sir Joseph Banks (1742–1820), englischer Naturforscher, begleitete James Cook auf seiner ersten Weltumsegelung, ab 1780 Präsident der Royal Society.

Thomas Barker (1722–1809), englischer Meteorologe, Gutsherr in Lyndon Hall, Rutland, Whites Schwager, veröffentlichte seine Wetterstatistiken in den *Philosophical Transactions* der Royal Society.

Daines Barrington (1727–1800), Rechtsanwalt und Vizepräsident der Royal Society, sorgte dafür, dass einige von Whites Briefen in den *Philosophical Transactions* veröffentlicht wurden.

John Bell (1691–1780), schottischer Arzt und Reiseschriftsteller, veröffentlichte 1763 *Travels from St. Petersburg in Russia to various parts of Asia.*

Thomas Bell (1792–1880), Zoologe, Vizepräsident der Royal Society, erwarb 1844 Whites Haus in Selborne und veröffentlichte 1877 eine erweiterte Ausgabe von *The Natural History of Selborne*.

Pierre Belon (1517–1564), französischer Naturforscher und Botaniker, veröffentlichte 1555 *L'histoire de la nature des oyseaux*, worin er auch die Skelette von Menschen und Vögeln verglich.

Mathurin-Jacques Brisson (1723–1806), französischer Zoologe und Naturforscher, lehnte das binäre System von Linné ab und veröffentlichte 1760 seine sechsbändige *Ornithologia*.

Frank Buckland (1828–1880), englischer Chirurg und Zoologe, veröffentlichte 1868 die *Curiosities of Natural History*.

Georges-Louis Leclerc, Comte de Buffon (1707–1788), französischer Naturforscher und Ornithologe, veröffentlichte ab 1770 seine neunbändige *Histoire naturelle des oiseaux*.

Charles I. (1600–1649), ab 1625 König von England, Schottland und Irland, versuchte das Parlament zu umgehen, löste den englischen Bürgerkrieg aus und wurde 1649 unter Oliver Cromwell hingerichtet.

Sophie Charlotte zu Mecklenburg-Strelitz (1744–1818), ab 1761 Gemahlin von König George III., engagierte sich für den Ausbau des Botanischen Gartens in Kew.

Lord Cobham, Richard Temple (1675–1749), britischer Feldmarschall und Politiker, gestaltete Landschaft und Gärten um den Familiensitz in Buckinghamshire.

James Cook (1728–1779), britischer Seefahrer, Kartograph und Entdecker, berühmt für seine drei Südseereisen zwischen 1768 und 1780.

Peter Courthope (1639–1725), britischer Naturforscher und Mitarbeiter von John Ray, wohnte in Danny Park, Sussex.

William Augustus, Duke of Cumberland (1721–1765), schlug als Oberbefehlshaber der britischen Streitkräfte 1745 den Jakobitenaufstand nieder, Aufseher des königlichen Windsor Forest.

William Derham (1657–1735), englischer Geistlicher und Naturforscher, veröffentlichte 1713 die *Physico-Theology* und gab John Rays Schriften heraus.

Hugh le Despenser, 1. Earl of Winchester (1261–1326), Verwalter und Höfling der englischen Könige Edward I. und Edward II.

John Dolland (1706–1761), Optiker und Instrumentenmacher in London, stellte als Erster achromatische Linsen her, die farbreine Bilder zeigten.

Edward Edwards (1738–1806), englischer Maler, Professor an der Royal Academy.

Carl Daniel Ekmarck (1734–1789), schwedischer Ornithologe, Student von Linné.

John Ellis (1710–1776), irischer Naturforscher, untersuchte Korallen mit einem Wassermikroskop.

John Fothergill (1712–1780), englischer Arzt und Botaniker, propagierte die Mund-zu-Mund-Beatmung.

Pierre Gassendi (1592–1655), französischer Philosoph und Mathematiker, formulierte als Erster das physikalische Trägheitsprinzip.

Étienne-Louis Geoffroy (1685–1752), französischer Insektenforscher und Apotheker.

Steven Hales (1677–1761), englischer Naturphilosoph, Pfarrer in dem zwei Meilen von Selmore entfernten Farringdon, veröffentlichte seine Untersuchungen 1727 in den *Vegetable Statics*.

Fredrik Hasselquist (1722–1752), schwedischer Naturforscher, bereiste 1749–1752 den Vorderen Orient und vermachte Linné seine umfangreichen Sammlungen.

François-David Hérissant (1714–1773), französischer Anatom und Naturforscher.

Benjamin Hoadly (1676–1761), englischer Geistlicher, nacheinander Bischof von Bangor, Hereford, Salisbury und Winchester.

Emanuel Scrope Howe (um 1663–1709), englischer Offizier und Parlamentsabgeordneter, war mit Ruperta Howe verheiratet, der unehelichen Tochter von Prince Rupert.

Quintus Horatius Flaccus, deutsch gewöhnlich Horaz (65–8 v. Chr.), römischer Dichter, bedeutendes Vorbild für den englischen Klassizismus.

John Hunter (1728–1793), britischer Chirurg und Anatom, veröffentlichte 1771 die erste wissenschaftliche Arbeit über menschliche Zähne.

John Huxham (1692–1768), Mediziner in Plymouth, Sekretär der Royal Society, veröffentlichte ab 1739 seine Wetterbeobachtungen.

Evert Ysbrants Ides (1657–1708), dänischer Reisender und Autor, Gesandter des Zaren am Hofe des Kaisers von China, veröffentlichte 1706 den Reisebericht *Three Years Travels from Moscow over-land to China*.

Earl of Ila, Archibald Campbell (1682–1761), schottischer Politiker, baute Zitrusfrüchte an.

Ralph Johnson (ca. 1629–1695), Geistlicher in Brignall, Durham, Briefpartner von John Ray.

Pehr Kalm (1716–1779), schwedischer Naturforscher, Schüler Linnés, bereiste 1748–1751 Nordamerika und veröffentlichte 1753–1761 die dreiteilige *En resa till Norra Amerika*.

Wilhelm Heinrich Kramer (1724–1765), deutscher Arzt und Naturforscher, veröffentlichte 1756 sein *Elenchus vegetabilium et animalium per Austriam inferiorem* und gehörte zu den Ersten, die Linnés binomische Nomenklatur übernahmen.

Tesser Samuel Kuckalm, Plantagenbesitzer aus Kingston, Jamaica, veröffentlichte 1770 in den *Philosophical Transactions* einen Aufsatz über die Präparierung und Konservierung von Vögeln in heißen Klimaten.

Sir Ashton Lever (1729–1788) stellte seine große naturgeschichtliche Sammlung ab 1744 im Leicester House in London aus.

John Lightfoot (1735–1788), englischer Geistlicher und Botaniker, begleitete Thomas Pennant auf seiner Schottlandreise und veröffentlichte 1788 die *Flora Scotica*.

Carl von Linné, latinisiert Linnaeus (1707–1778), schwedischer Naturforscher, legte in seiner *Systema naturae* von 1758 die Grundlagen der modernen botanischen und zoologischen Taxonomie.

Edward Lisle (ca. 1666–1722), Landbesitzer aus Hampshire. 1757 erschien sein Buch über die Landwirtschaft, *Observations in Husbandry*.

Martin Lister (um 1639–1712), Arzt von Queen Anne, Naturforscher und Spinnenexperte.

Titus Lucretius Carus, deutsch gewöhnlich Lukrez (um 99 – um 55 v. Chr.), römischer Dichter und Philosoph, verfasste das Lehrgedicht *De rerum natura* (Über die Natur der Dinge).

Benjamin Martin (1705–1782), Wissenschaftler und Instrumentenmacher in London, veröffentlichte 1737 die *Bibliotheca Technologia* und 1749 das *New English Dictionary*.

Peter Mazell, irischer Maler und Kupferstecher, lebte 1761–1797 in London, illustrierte u.a. Pennants *British Zoology*.

Christopher Merret (1614–1695), englischer Arzt, Mineraloge und Naturforscher, erfand 1662 die Herstellung von Schaumweinen, legte 1666 einen alphabetischen Katalog der britischen Flora, Fauna und Fossilien vor.

François Eudes de Mézeray (1610–1683), französischer Geschichtsschreiber.

Philip Miller (1691–1771), Botaniker und Kurator des Apothekergartens in Chelsea, bevorzugte in seinen Veröffentlichungen die botanischen Bezeichnungen nach Ray.

John Milton (1608–1674), englischer Dichter und Staatsbediensteter unter Oliver Cromwell, Autor von *Paradise Lost* (1667).

Herman Moll (1654–1732), berühmtester englischer Kartograph seiner Zeit.

Sir Roger Mostyn (1734–1796), englischer Politiker und Nachbar von Thomas Pennant.

Thomas Muffet (1553–1604), englischer Arzt und Naturforscher, bekannt für sein *Insectorium* von 1589.

John Mulso (1721–1791), englischer Geistlicher, Mitstudent Whites am Oxforder Oriel College und sein lebenslanger Freund.

General Charles O'Hara (1740–1802), ab 1766 Kommandant des Afrikacorps in Senegal, das die Briten 1758 von Frankreich erbeutet hatten.

Publius Ovidius Naso, deutsch gewöhnlich Ovid (43 v. Chr. – 17/18 n. Chr.), römischer Dichter und Autor der *Metamorphosen*, wurde 8 n. Chr. von Kaiser Augustus nach Tomi am Schwarzen Meer verbannt.

Henry Herbert, 10. Earl of Pembroke (1734–1794), kommandierte eine Kavalleriebrigade im Siebenjährigen Krieg und gründete 1755 eine Reitschule in Wilton House, dem Landsitz der Famile.

Esq. Thomas Pennant (1726–1798), englischer Ornithologe, Zoologe und Altertumsforscher, veröffentlichte ab 1766 die mehrbändige *British Zoology*.

Gaius Julius Phaedrus (20/15 v. Chr. – 50/60 n. Chr.), römischer Fabeldichter, von Kaiser Augustus freigelassener Sklave.

John Philips (1676–1709), englischer Dichter, veröffentlichte 1708 den populären Gedichtband *Cyder* im Stil von Vergils *Georgica*.

Gaius Plinius Secundus (23–79), römischer Offizier und Gelehrter, Verfasser der Enzyklopädie *Naturalis historia*.

Robert Plot (1640–1696), englischer Naturforscher und Autor einer Geschichte von Oxfordshire und Staffordshire.

Alexander Pope (1688–1744), englischer Dichter und Übersetzer, nach Shakespeare der im Englischen am häufigsten zitierte Schriftsteller.

John Ray (1627–1705), englischer Theologe, Altphilologe und Naturforscher, beschrieb in seiner *Historia genera-*

lis plantarum etwa 6000 Arten und entwickelte ein eigenes Klassifikationssystem.

René-Antoine Ferchault de Réaumur (1683–1757), französischer Naturphilosoph, veröffentlichte 1734–42 die sechsbändigen *Mémoires pour servir à l'histoire des insectes* und definierte die nach ihm benannte Temperaturskala.

Giovanni Antonio Scopoli (1723–1788), Tiroler Arzt und Naturforscher, lebte in Paris. Das Alkaloid des Stechapfels, Scopolamin, wurde nach ihm benannt.

Rebecca Snooke (1694–1780), Whites Tante, lebte in Ringmer bei Lewes, Besitzerin der Schildkröte Timothy.

Benjamin Stillingfleet (1702–1771), englischer Botaniker, Übersetzer und Autor, lebte in Herefordshire, einer der Ersten, der Linnés Erkenntnisse in England verbreitete.

Jan Swammerdam (1637–1680), niederländischer Anatom und Naturforscher, isolierte als Erster Froschmuskeln.

James Thomson (1700–1748), schottischer Dichter, veröffentlichte 1730 das populäre Gedicht *The Seasons*.

Charles Townshend, 2. Viscount Townshend (1674–1738), britischer Politiker, forcierte den Anbau von Futterrüben und erhielt deshalb den Beinamen »Turnip« (engl. für Rübe).

Marmaduke Tunstall (1743–1790), englischer Ornithologe, verwendete in seiner *Ornithologica Britannica* von 1771 Linnés binominale Nomenklatur und besaß ein ornithologisches Museum in London.

Antonio de Ulloa (1716–1795), spanischer Naturforscher und Admiral, veröffentlichte 1759 den Reisebericht *A Voyage to South America*.

Publius Vergilius Maro, deutsch gewöhnlich Vergil (70–19 v. Chr.), wichtigster Autor der klassischen römischen Antike, verfasste mit der *Aeneis* den Gründungsmythos der Stadt Rom.

George Wade (1673–1748), britischer Feldmarschall, wurde 1724 als Inspekteur nach Schottland gesandt.

Edmund Waller (1607–1687), englischer Dichter und Politiker, Gründungsmitglied der Royal Society.

Benjamin White (um 1725–1794), Verleger in London, Whites Bruder, verlegte die *British Zoology* von Thomas Pennant.

Henry White (1733–1788), Geistlicher, Whites Bruder, Pfarrer in Fyfield, Hampshire.

John White (1688–1758), Whites Vater, arbeitete von 1713 bis zu seiner Heirat 1719 als Anwalt, widmete sich dann dem Landleben.

John White (1727–1780), Geistlicher und Naturforscher, Whites Bruder, war 1756–72 Kaplan in Gibraltar, dann Vikar in Blackburn, Lancashire.

John (Jack) White (1759–1821), Chirurg, Whites Neffe, Sohn von John, verbrachte seine Kindheit bei White in Selborne.

Thomas Holt White (1724–1797), Naturforscher und Literaturkritiker, Whites Bruder, erbte einen großen Besitz von der Familie seiner Frau und lebte in South Lambeth, Surrey.

Francis Willughby (1635–1672), englischer Ornithologe und Ichtyologe, Schüler von John Ray, veröffentlichte 1676 *Ornithologia libri tres*.

EDITORISCHE NOTIZ

Textgrundlage für die Übersetzung ist *The Natural History and Antiquities of Selborne. By the late Rev. Gilbert White*, London 1813.

Für die Anmerkungen herangezogen wurden *The Natural History of Selborne*, edited by Anne Secord, Oxford University Press 2013, und *The Natural History of Selborne*, edited by Grant Allen, Wordsworth Editions Limited, London 1996.

Ortsbezeichnungen sind in der heute üblichen Schreibweise wiedergegeben. Englische Gewichte, Längen- und Hohlmaße wurden durch deutsche Pendants ersetzt, auch wenn es dadurch manchmal zu kleinen Abweichungen kommt. Temperaturangaben wurden von Fahrenheit in Celsius umgerechnet.

In den Anmerkungen wurden nicht alle wissenschaftlich überholten Schlussfolgerungen und Erkenntnisse aus der Frühzeit der Naturforschung auf den neuesten Stand gebracht. Wo inhaltliche Fehler gravierend sind, wurden sie richtiggestellt.

Mit eckigen Klammern eingeführte Übersetzungen, Erklärungen und Quellenangaben sowie die im Anmerkungsteil gefassten weiterführenden Erläuterungen stammen von der Hand des Übersetzers, die Fußnoten von Gilbert White.

DANKSAGUNG

Für wertvolle Hinweise danke ich Gudrun Fleege, Manfred Gies, Ernst-Günter Meierarend und Florian Stubenvoll.

Die Übersetzung ist Isolde gewidmet, einer begeisterten Leserin von Alphonse Karrs Gartenbuch aus dem 19. Jahrhundert.

Rolf Schönlau

ABBILDUNGSNACHWEIS

Wir danken dem Gilbert White House, Selborne, für die Genehmigung zur Verwendung der Illustrationen von Samuel Hieronymus Grimm, die dieser für die Erstausgabe von Gilbert Whites *Natural History of Selborne* angefertigt hat. Die hier versammelten zwölf Landschaftsansichten von Grimms Hand sind zum ersten Mal in einer Ausgabe zu sehen. S. 8, 12, 15, 16, 19, 22/23, 33, 42, 98, 284, 375, 377

Donovan, Edward (1768–1837): *The Natural History of British Birds, or, A selection of the Most Rare, Beautiful and Interesting Birds Which Inhabit This Country: The Descriptions from the Systema Naturae of Linnaeus; with General Observations, either Original, or Collected from the Latest and Most Esteemed English Ornithologists; and Embellished with Figures, Drawn, Engraved, and Coloured from the Original Specimens.* Printed for the Author, and for F. and C. Rivington, 10 Bände, London 1794–1819. S. 58, 61, 67, 70, 110, 134, 136, 139, 169, 189, 209, 216, 219, 278, 324, 327, 333

Donovan, Edward (1768–1837): *The Natural History of British Fishes, Including Scientific and General Descriptions of the Most Interesting Species, and an Extensive Selection of Accurately Finished Coloured Plates Taken Entirely from Original Drawings, Purposely Made from the Specimens in a Recent State, and for the Most Part Whilst Living.* Printed for the Author, and for F. and C. Rivington, 5 Bände, London 1802–1808. S. 62

Lord, Thomas (tätig 1791–96): *Lord's Entire New System of Ornithology, or, Oecumenical History of British birds. Under the Inspection and Patronage of the Rev. Mr. Peters. Chaplain to His Royal Highness the Prince of Wales.* Pub. by the

Author, London 1791. S. 40, 104, 140, 144, 149, 173, 178, 183, 191, 194, 226, 288

Pennant, Thomas (1726–98): *The British Zoology. Class I. Quadrupeds. II. Birds. Published under the Inspection of the Cymmrodrion Society, Instituted for the Promoting of Useful Charities, and the Knowledge of Nature, among the Descendants of the Ancient Britons.* J. and J. March, on Tower Hill, for the Society, London 1766. S. 45, 51, 53, 64, 75, 78, 93, 97, 100, 114, 118, 125, 151, 161, 164, 186, 203, 204, 257, 287, 291, 309, 322, 330

Shaw, George (1751–1813): *Cimelia Physica. Figures of Rare and Curious Quadrupeds, Birds, &c. Together with Several of the Most Elegant Plants. Engraved and Coloured from the Subjects Themselves by John Frederick Miller.* Bensley for Benjamin and John White, London 1796. S. 197

Shaw, George (1751–1813): *The Naturalist's Miscellany: or, Coloured Figures of Natural Objects; Drawn and Described Immediately from Nature.* Nodder & Co., 24 Bände, London 1789–1813. S. 79, 82, 84, 89, 264

Sowerby, James (1757–1822): *British mineralogy: or Coloured Figures Intended to Elucidate the Mineralogy of Great Britain.* Richard Taylor & Co, Band 4, London 1811. S. 36

Thomas Gainsborough: Portrait von Thomas Pennant, 1776. © Heritage-Images/National Museum of Wales/akg-images. S. 27

Portrait von Daines Barrington von unbekannter Hand, aus: *Illustrations of the Literary History of the 18th Century*, 1817–1858. © Science Photo Library/akg-images. S. 155

Die Erkundung von Selborne durch Reverend Gilbert White ist im Mai 2021 als vierhundertsiebenunddreißigster Band der ANDEREN BIBLIOTHEK erschienen.

Die Herausgabe lag in den Händen von Christian Döring.

Die Text- und Bildredaktion besorgte Ron Mieczkowski.

Die Übersetzung stammt von Rolf Schönlau, der Gilbert Whites *Natural History of Selborne* auch mit erklärenden Anmerkungen und einem Personenverzeichnis versah. Über die Textgrundlagen gibt die »Editorische Notiz« (S. 394) Aufschluss. Virginia Woolfs Essay *Gilbert Whites Selborne* wurde zuerst veröffentlicht am 30. September 1939 im *New Statesman and Nation*; er fand später Eingang in postum publizierte Essaybände.

June E. Chatfields Einführung in Gilbert Whites Leben und Werk wurde zuerst in *The Illustrated Natural History of Selborne*, Exeter 1981, veröffentlicht. In der vorliegenden deutschen Erstübersetzung von Gilbert Whites gesamter *Natural History of Selborne* erscheint sie in angepasster Fassung.

Über die Quellen der Abbildungen gibt der Bildnachweis Auskunft. Wir danken dem Gilbert White's House & The Oates Collections für freundlichen Rat und die Genehmigung zur Verwendung der Illustrationen von S. H. Grimm.

Dieses Buch wurde von Anja Sicka, Hamburg, und Claudia Schenk, London, (trockenbrot) gestaltet.

Den Satz übernahm Dörlemann Satz, Lemförde, mit den Schriften Questa, Calendas Plus und Bariol.

Die Herstellung und Ausstattung lagen bei Katja Jaeger, Berlin.

Das Memminger MedienCentrum druckte auf 100 g/m² holz- und säurefreies, ungestrichenes Munken Pure. Dieses wurde von Arctic Paper ressourcenschonend hergestellt.

Den Einband besorgte die Verlagsbuchbinderei Conzella in Aschheim-Dornach.

Die Originalausgaben der ANDEREN BIBLIOTHEK sind limitiert und nummeriert.

1.– 3.333 2021

Dieses Buch trägt die Nummer: 

ISBN 978-3-8477-0437-9
AB – DIE ANDERE BIBLIOTHEK GmbH & Co. KG
Berlin 2021

ual consumption by cattle, yet constantly main
ate share of water, without overflowing in the w
, as they would do if supplyed by springs. By my
May 1775. it appears, "that the small & even consi
ds in the vales are now dryed up, while the sma
on the very tops of hill are but little affecte
difference be accounted for from evapor
ne, which certainly is more prevalent in
s? or rather have not those elevated pools
nnoticed recruits, which in the night-time
[illegible] counterbalance the waste of the day;
which the cattle alone must soon exh
And here it will be necessary to ente
minutely into the cause. Dr Hales in h
[illegible] advances from experiment, "that the
r the earth is, the more dew falls on it i
t: & more than a double quantity of dew fa
rface of water, than there does on an equ
e of moist earth." Hence we see that wate
coolness is enabled to assimilate to itsel
[illegible] quantity of moisture nightly by
nsation: & that the air when loaded with
apours, & even with copious dews, can alo
ce a considerable & never-failing resourc
s that are much abroad, & travel early &
uch as shepherds, fishermen, &c can tel
rodigious fogs prevail in the night on e
owns even in the hottest parts of summer;
uch the surfaces of things are drenche
e swimming vapours, tho' to the senses all the while little
I am &c.

since the woods & forests have been grubbed
l bodies of water are much diminished; so that
eams that were very considerable a century
now drive a common mill. [Vid. Note: Kalm's tra
America.] Besides most woodlands, forests, &
h us abound with pools & morasses; no doub
son given above.

To a thinking mind few phenom
re strange than the state of little ponds
nmits of chalk-hills; many of which are nev
most trying droughts of summer. On chalk
ay, because in many rocky & gravelly so
cally break out pretty high on the sides of
unds & mountains: but no person acquain
alky districts will allow that they ever saw
such a soil but in valleys & bottoms; since
so pervious a stratum as chalk all lie on
vel; as well-diggers have assured me ago
gain.

Now such little round ponds we ha
this district; & one in particular on ou
wn, 300 feet above my house; which tho' nev
feet deep in the middle, & not more than
iameter, & containing perhaps not mo
or 300 hogsh: of water, yet never is known to
ffords drink for 300 or 400 sheeps, & for
of large cattle beside. This pond, it is
ver-hung with two moderate beeches, th
at times afford it much supply: bu
have others as small that without th
... ts of evaporation from ...